"绿十字"安全基础建设新知丛书

安全员安全工作知识

"'绿十字'安全基础建设新知丛书"编委会　编

中国劳动社会保障出版社

图书在版编目（CIP）数据

安全员安全工作知识/《"绿十字"安全基础建设新知丛书》编委会编. —北京：中国劳动社会保障出版社，2016

（"绿十字"安全基础建设新知丛书）

ISBN 978-7-5167-2460-6

Ⅰ.①安… Ⅱ.①绿… Ⅲ.①安全管理-基本知识 Ⅳ.①X92

中国版本图书馆 CIP 数据核字(2016)第 065601 号

中国劳动社会保障出版社出版发行

（北京市惠新东街 1 号 邮政编码：100029）

*

北京市白帆印务有限公司印刷装订 新华书店经销

787 毫米×1092 毫米 16 开本 17.75 印张 344 千字

2016 年 4 月第 1 版 2021 年 9 月第 7 次印刷

定价：**45.00 元**

读者服务部电话：(010) 64929211/84209101/64921644

营销中心电话：(010) 64962347

出版社网址：http://www.class.com.cn

编 委 会

内 容 提 要

　　在企业，安全员是生产一线安全生产的组织管理者，其工作责任重、头绪多、难度大，要履行好岗位职责并不容易。如何做好安全员工作是值得认真思考的问题。做好安全员工作，首先要加强自身的学习。人的能力来自于不断地学习，能力是做好工作的前提和保证。安全员必须把学习作为开展工作的方面常抓不懈，不仅要抓好自身的学习提高，把自己培养成安全工作的内行，以能力赢得职工的信任，同时还要十分重视抓好班组职工的学习，因为安全工作需要全体职工的共同努力，只有通过学习，掌握安全知识和安全技术，才能为安全工作提供保障。

　　在本书中，针对安全生产法律法规知识、企业安全管理知识、安全生产教育培训知识、作业现场安全管理知识、安全心理知识与违章行为的纠正、职业病防治相关知识、事故应急救援与应急处置知识等内容进行了全面详细的介绍。本书适合于各类企业对安全员的业务培训，也是各类企业车间班组安全员进行安全管理的必备图书。

前　言

　　党中央、国务院高度重视安全生产工作，确立了安全发展理念和"安全第一、预防为主、综合治理"的方针，采取一系列重大举措加强安全生产工作。目前，以新《安全生产法》为基础的安全生产法律法规体系不断完善，以"关爱生命、关注安全"为主旨的安全文化建设不断深入，安全生产形势也在不断好转，事故起数、重特大事故起数连续几年持续下降。

　　2015 年 10 月 29 日，中国共产党第十八届中央委员会第五次全体会议通过的《中共中央十三五规划建议》指出："牢固树立安全发展观念，坚持人民利益至上，加强全民安全意识教育，健全公共安全体系。完善和落实安全生产责任和管理制度，实行党政同责、一岗双责、失职追责，强化预防治本，改革安全评审制度，健全预警应急机制，加大监管执法力度，及时排查化解安全隐患，坚决遏制重特大安全事故频发势头。实施危险化学品和化工企业生产、仓储安全环保搬迁工程，加强安全生产基础能力和防灾减灾能力建设，切实维护人民生命财产安全。"

　　"十三五"时期是我国全面建成小康社会的决胜阶段，《中共中央十三五规划建议》中有关安全生产工作的论述，为这一阶段的安全生产工作指明了方向。这一阶段的安全生产工作既要解决长期积累的深层次、结构性和区域性问题，又要积极应对新情况、新挑战，任务十分艰巨。随着经济发展和社会进步，全社会对安全生产的期望值不断提高，广大从业人员安全健康观念不断增强，对加强安全监管、改善作业环境、保障职工安全健康权益等方面的要求越来越高。企业也迫切需要我们按照国家安全监管总局制定的安全生产"十三五"规划和工作部署，根据新的法律法规、部门规章组织编写"'绿十字'安全基础建设新知丛书"，以满足企业在安全管理、安全教育、技术培训方面的要求。

　　本套丛书内容全面、重点突出，主要分为四个部分，即安全管理知识、安全培训知识、通用技术知识、行业安全知识。在这套丛书中，介绍了新的相关法律法规知识、企业安全管理知识、班组安全管理知识、行业安全知识和通用技术知识。读者对象主要为安全生产监管人员、企业管理人员、企业班组长和员工。

本套丛书的编写人员除安全生产方面的专家外，还有许多来自企业，他们对企业的安全生产工作十分熟悉，有着切身的感受，从选材、叙述、语言文字等方面更加注重企业的实际需要。

在企业安全生产工作中，人是起决定作用的关键因素，企业安全生产工作需要具体人员来贯彻落实，企业的生产、技术、经营等活动也需要人员来实现。因此，加强人员的安全培训，实际上就是在保障企业的安全。安全生产是人们共同的追求与期盼，是国家经济发展的需要，也是企业发展的需要。

"'绿十字'安全基础建设新知丛书"编委会

2016 年 4 月

目　录

第一章 安全生产法律法规知识

企业安全生产管理涉及面广、管理幅度大，一方面是对生产作业人员的管理，另一方面是对设备设施、生产环境、技术措施的管理。在这两个方面的管理中，如果出现管理缺位、管理失误，就会引发事故。因此，企业需要针对常见多发事故特点，在安全管理过程中，以法律法规为基准，积极贯彻落实《安全生产法》《职业病防治法》《特种设备安全法》等法律法规，落实安全生产责任，全面加强企业安全管理，防范各类事故的发生，保证安全生产。

第一节 安全生产重要法律相关要点

近年来，国家先后对《安全生产法》《职业病防治法》等法律进行了修订，并出台了《特种设备安全法》，使安全法律法规体系更加完善。这几部法律与企业的安全管理关系密切，企业安全员要做好安全生产工作，就要认真学习并贯彻执行。在此主要介绍《安全生产法》《职业病防治法》《特种设备安全法》的相关内容。

一、《安全生产法》相关要点

2014年8月31日，第十二届全国人民代表大会常务委员会第十次会议审议通过《关于修改〈中华人民共和国安全生产法〉的决定》，自2014年12月1日起施行。

新修订的《安全生产法》分为七章一百一十四条，各章内容为：第一章总则，第二章生产经营单位的安全生产保障，第三章从业人员的安全生产权利义务，第四章安全生产的监督管理，第五章生产安全事故的应急救援与调查处理，第六章法律责任，第七章附则。制定《安全生产法》的目的是为了加强安全生产工作，防止和减少生产安全事故，保障人民群众生命和财产安全，促进经济社会持续健康发展。

修改后的《安全生产法》，在加强预防、强化安全生产主体责任、加强隐患排查、完善监管、加大违法惩处力度等方面做了修改，涉及修改的条款达70多条，旨在为我国经济社会健康发展营造安全的生产环境提供有力的法制保障。

1. 总则中的有关规定

在第一章总则中，对相关事项做了规定。

◆在中华人民共和国领域内从事生产经营活动的单位（以下统称生产经营单位）的安全生产，适用本法；有关法律、行政法规对消防安全和道路交通安全、铁路交通安全、水上交通安全、民用航空安全以及核与辐射安全、特种设备安全另有规定的，适用其规定。

◆安全生产工作应当以人为本，按照安全发展战略的要求，坚持安全第一、预防为主、综合治理的方针，强化和落实生产经营单位的主体责任，建立生产经营单位负责、职工参与、政府监督、行业自律和社会监督的机制。

◆生产经营单位必须遵守本法和其他有关安全生产的法律、法规，加强安全生产管理，建立、健全安全生产责任制和安全生产规章制度，改善安全生产条件，推进安全生产标准化建设，提高安全生产水平，确保安全生产。

◆生产经营单位的主要负责人对本单位的安全生产工作全面负责。

◆生产经营单位的从业人员有依法获得安全生产保障的权利，并应当依法履行安全生产方面的义务。

◆工会依法对安全生产工作进行监督。生产经营单位的工会依法组织职工参加本单位安全生产工作的民主管理和民主监督，维护职工在安全生产方面的合法权益。生产经营单位制定或者修改有关安全生产的规章制度，应当听取工会的意见。

◆国务院安全生产监督管理部门依照本法，对全国安全生产工作实施综合监督管理；县级以上地方各级人民政府安全生产监督管理部门依照本法，对本行政区域内安全生产工作实施综合监督管理。

◆国家实行生产安全事故责任追究制度，依照本法和有关法律、法规的规定，追究生产安全事故责任人员的法律责任。

◆国家对在改善安全生产条件、防止生产安全事故、参加抢险救护等方面取得显著成绩的单位和个人，给予奖励。

2. 生产经营单位安全生产保障的有关规定

在第二章生产经营单位的安全生产保障中，对相关事项做了规定。

◆生产经营单位应当具备本法和有关法律、行政法规和国家标准或者行业标准规定的安全生产条件；不具备安全生产条件的，不得从事生产经营活动。

◆生产经营单位的主要负责人对本单位安全生产工作负有下列职责：

(1) 建立、健全本单位安全生产责任制。

(2) 组织制定本单位安全生产规章制度和操作规程。

(3) 组织制订并实施本单位安全生产教育和培训计划。

(4) 保证本单位安全生产投入的有效实施。

(5) 督促、检查本单位的安全生产工作，及时消除生产安全事故隐患。

（6）组织制定并实施本单位的生产安全事故应急救援预案。

（7）及时、如实报告生产安全事故。

◆生产经营单位的安全生产责任制应当明确各岗位的责任人员、责任范围和考核标准等内容。

生产经营单位应当建立相应的机制，加强对安全生产责任制落实情况的监督考核，保证安全生产责任制的落实。

◆生产经营单位应当具备的安全生产条件所必需的资金投入，由生产经营单位的决策机构、主要负责人或者个人经营的投资人予以保证，并对由于安全生产所必需的资金投入不足导致的后果承担责任。

◆矿山、金属冶炼、建筑施工、道路运输单位和危险物品的生产、经营、储存单位，应当设置安全生产管理机构或者配备专职安全生产管理人员。

前款规定以外的其他生产经营单位，从业人员超过 100 人的，应当设置安全生产管理机构或者配备专职安全生产管理人员；从业人员在 100 人以下的，应当配备专职或者兼职的安全生产管理人员。

◆生产经营单位的安全生产管理机构以及安全生产管理人员履行下列职责：

（1）组织或者参与拟订本单位安全生产规章制度、操作规程和生产安全事故应急救援预案。

（2）组织或者参与本单位安全生产教育和培训，如实记录安全生产教育和培训情况。

（3）督促落实本单位重大危险源的安全管理措施。

（4）组织或者参与本单位应急救援演练。

（5）检查本单位的安全生产状况，及时排查生产安全事故隐患，提出改进安全生产管理的建议。

（6）制止和纠正违章指挥、强令冒险作业、违反操作规程的行为。

（7）督促落实本单位安全生产整改措施。

◆生产经营单位的安全生产管理机构以及安全生产管理人员应当恪尽职守，依法履行职责。

生产经营单位做出涉及安全生产的经营决策，应当听取安全生产管理机构以及安全生产管理人员的意见。

生产经营单位不得因安全生产管理人员依法履行职责而降低其工资、福利等待遇，或者解除与其订立的劳动合同。

◆生产经营单位的主要负责人和安全生产管理人员必须具备与本单位所从事的生产经营活动相应的安全生产知识和管理能力。

◆生产经营单位应当对从业人员进行安全生产教育和培训，保证从业人员具备必要的安全生产知识，熟悉有关的安全生产规章制度和安全操作规程，掌握本岗位的安全操作技能，了解事故应急处理措施，知悉自身在安全生产方面的权利和义务。未经安全生产教育和培训合格的从业人员，不得上岗作业。

◆生产经营单位使用被派遣劳动者的，应当将被派遣劳动者纳入本单位从业人员统一管理，对被派遣劳动者进行岗位安全操作规程和安全操作技能的教育和培训。劳务派遣单位应当对被派遣劳动者进行必要的安全生产教育和培训。

◆生产经营单位接收中等职业学校、高等学校学生实习的，应当对实习学生进行相应的安全生产教育和培训，提供必要的劳动防护用品。学校应当协助生产经营单位对实习学生进行安全生产教育和培训。

◆生产经营单位应当建立安全生产教育和培训档案，如实记录安全生产教育和培训的时间、内容、参加人员以及考核结果等情况。

◆生产经营单位采用新工艺、新技术、新材料或者使用新设备，必须了解、掌握其安全技术特性，采取有效的安全防护措施，并对从业人员进行专门的安全生产教育和培训。

◆生产经营单位的特种作业人员必须按照国家有关规定经专门的安全作业培训，取得相应资格，方可上岗作业。

◆生产经营单位新建、改建、扩建工程项目（以下统称建设项目）的安全设施，必须与主体工程同时设计、同时施工、同时投入生产和使用。安全设施投资应当纳入建设项目概算。

◆生产经营单位应当在有较大危险因素的生产经营场所和有关设施、设备上，设置明显的安全警示标志。

◆生产经营单位必须对安全设备进行经常性维护、保养，并定期检测，保证正常运转。维护、保养、检测应当做好记录，并由有关人员签字。

◆生产经营单位对重大危险源应当登记建档，进行定期检测、评估、监控，并制定应急预案，告知从业人员和相关人员在紧急情况下应当采取的应急措施。

◆生产经营单位应当建立健全生产安全事故隐患排查治理制度，采取技术、管理措施，及时发现并消除事故隐患。事故隐患排查治理情况应当如实记录，并向从业人员通报。

◆生产、经营、储存、使用危险物品的车间、商店、仓库不得与员工宿舍在同一座建筑物内，并应当与员工宿舍保持安全距离。

生产经营场所和员工宿舍应当设有符合紧急疏散要求、标志明显、保持畅通的出口。禁止锁闭、封堵生产经营场所或者员工宿舍的出口。

◆生产经营单位应当教育和督促从业人员严格执行本单位的安全生产规章制度和安全操作规程；并向从业人员如实告知作业场所和工作岗位存在的危险因素、防范措施以及事故应急措施。

◆生产经营单位必须为从业人员提供符合国家标准或者行业标准的劳动防护用品，并监督、教育从业人员按照使用规则佩戴、使用。

◆生产经营单位的安全生产管理人员应当根据本单位的生产经营特点，对安全生产状况进行经常性检查；对检查中发现的安全问题，应当立即处理；不能处理的，应当及时报告本单位有关负责人，有关负责人应当及时处理。检查及处理情况应当如实记录在案。

◆生产经营单位应当安排用于配备劳动防护用品、进行安全生产培训的经费。

◆两个以上生产经营单位在同一作业区域内进行生产经营活动，可能危及对方生产安全的，应当签订安全生产管理协议，明确各自的安全生产管理职责和应当采取的安全措施，并指定专职安全生产管理人员进行安全检查与协调。

◆生产经营单位不得将生产经营项目、场所、设备发包或者出租给不具备安全生产条件或者相应资质的单位或者个人。

◆生产经营单位发生生产安全事故时，单位的主要负责人应当立即组织抢救，并不得在事故调查处理期间擅离职守。

◆生产经营单位必须依法参加工伤社会保险，为从业人员缴纳保险费。国家鼓励生产经营单位投保安全生产责任保险。

3. 从业人员安全生产权利义务的有关规定

在第三章从业人员的安全生产权利义务中，对相关事项做了规定。

◆生产经营单位与从业人员订立的劳动合同，应当载明有关保障从业人员劳动安全、防止职业危害的事项，以及依法为从业人员办理工伤社会保险的事项。生产经营单位不得以任何形式与从业人员订立协议，免除或者减轻其对从业人员因生产安全事故伤亡依法应承担的责任。

◆生产经营单位的从业人员有权了解其作业场所和工作岗位存在的危险因素、防范措施及事故应急措施，有权对本单位的安全生产工作提出建议。

◆从业人员有权对本单位安全生产工作中存在的问题提出批评、检举、控告；有权拒绝违章指挥和强令冒险作业。生产经营单位不得因从业人员对本单位安全生产工作提出批评、检举、控告或者拒绝违章指挥、强令冒险作业而降低其工资、福利等待遇或者解除与其订立的劳动合同。

◆从业人员发现直接危及人身安全的紧急情况时，有权停止作业或者在采取可能的应急措施后撤离作业场所。生产经营单位不得因从业人员在前款紧急情况下停止作业或者采取紧急撤离措施而降低其工资、福利等待遇或者解除与其订立的劳动合同。

◆因生产安全事故受到损害的从业人员，除依法享有工伤社会保险外，依照有关民事法律尚有获得赔偿的权利的，有权向本单位提出赔偿要求。

◆从业人员在作业过程中，应当严格遵守本单位的安全生产规章制度和操作规程，服从管理，正确佩戴和使用劳动防护用品。

◆从业人员应当接受安全生产教育和培训，掌握本职工作所需的安全生产知识，提高安全生产技能，增强事故预防和应急处理能力。

◆从业人员发现事故隐患或者其他不安全因素，应当立即向现场安全生产管理人员或者本单位负责人报告；接到报告的人员应当及时予以处理。

◆工会有权对建设项目的安全设施与主体工程同时设计、同时施工、同时投入生产和使用进行监督，提出意见。工会对生产经营单位违反安全生产法律法规，侵犯从业人员合法权益的行为，有权要求纠正；发现生产经营单位违章指挥、强令冒险作业或者发现事故隐患时，有权提出解决的建议，生产经营单位应当及时研究答复；发现危及从业人员生命安全的情况时，有权向生产经营单位建议组织从业人员撤离危险场所，生产经营单位必须立即做出处理。工会有权依法参加事故调查，向有关部门提出处理意见，并要求追究有关人员的责任。

◆生产经营单位使用被派遣劳动者的，被派遣劳动者享有本法规定的从业人员的权利，并应当履行本法规定的从业人员的义务。

4. 生产安全事故应急救援与调查处理的有关规定

在第五章生产安全事故的应急救援与调查处理中，对相关事项做了明确规定。

◆生产经营单位应当制定本单位生产安全事故应急救援预案，与所在地县级以上地方人民政府组织制定的生产安全事故应急救援预案相衔接，并定期组织演练。

◆生产经营单位发生生产安全事故后，事故现场有关人员应当立即报告本单位负责人。单位负责人接到事故报告后，应当迅速采取有效措施，组织抢救，防止事故扩大，减少人员伤亡和财产损失，并按照国家有关规定立即如实报告当地负有安全生产监督管理职责的部门，不得隐瞒不报、谎报或者迟报，不得故意破坏事故现场、毁灭有关证据。

◆任何单位和个人都应当支持、配合事故抢救，并提供一切便利条件。

◆任何单位和个人不得阻挠和干涉对事故的依法调查处理。

5. 法律责任的有关规定

在第六章法律责任中，对法律责任相关事项做了明确规定。

◆生产经营单位有下列行为之一的，责令限期改正，可以处 5 万元以下的罚款；逾期未改正的，责令停产停业整顿，并处 5 万元以上 10 万元以下的罚款，对其直接负责的主管人员和其他直接责任人员处 1 万元以上 2 万元以下的罚款：

（1）未按照规定设置安全生产管理机构或者配备安全生产管理人员的。

（2）危险物品的生产、经营、储存单位以及矿山、金属冶炼、建筑施工、道路运输单位的主要负责人和安全生产管理人员未按照规定经考核合格的。

（3）未按照规定对从业人员、被派遣劳动者、实习学生进行安全生产教育和培训，或者未按照规定如实告知有关的安全生产事项的。

（4）未如实记录安全生产教育和培训情况的。

（5）未将事故隐患排查治理情况如实记录或者未向从业人员通报的。

（6）未按照规定制定生产安全事故应急救援预案或者未定期组织演练的。

（7）特种作业人员未按照规定经专门的安全作业培训并取得相应资格，上岗作业的。

◆生产经营单位有下列行为之一的，责令限期改正，可以处 5 万元以下的罚款；逾期未改正的，处 5 万元以上 10 万元以下的罚款，对其直接负责的主管人员和其他直接责任人员处 1 万元以上 2 万元以下的罚款；情节严重的，责令停产停业整顿；构成犯罪的，依照刑法有关规定追究刑事责任：

（1）未在有较大危险因素的生产经营场所和有关设施、设备上设置明显的安全警示标志的。

（2）安全设备的安装、使用、检测、改造和报废不符合国家标准或者行业标准的。

（3）未对安全设备进行经常性维护、保养和定期检测的。

（4）未为从业人员提供符合国家标准或者行业标准的劳动防护用品的。

（5）危险物品的容器、运输工具，以及涉及人身安全、危险性较大的海洋石油开采特种设备和矿山井下特种设备未经具有专业资质的机构检测、检验合格，取得安全使用证或者安全标志，投入使用的。

（6）使用应当淘汰的危及生产安全的工艺、设备的。

◆生产经营单位的从业人员不服从管理，违反安全生产规章制度或者操作规程的，由生产经营单位给予批评教育，依照有关规章制度给予处分；构成犯罪的，依照刑法有关规定追究刑事责任。

二、《职业病防治法》相关要点

2011 年 12 月 31 日，第十一届全国人民代表大会常务委员会第二十四次会议审议通过《关于修改〈职业病防治法〉的决定》，自公布之日起施行。

修订后的《职业病防治法》分为七章九十条，各章内容为：第一章总则，第二章前期预防，第三章劳动过程中的防护与管理，第四章职业病诊断与职业病病人保障，第五章监督检查，第六章法律责任，第七章附则。

《职业病防治法》所称职业病，是指企业、事业单位和个体经济组织等用人单位的劳动者在职业活动中，因接触粉尘、放射性物质和其他有毒、有害因素而引起的疾病。《职业病防治法》适用于中华人民共和国领域内的职业病防治活动。制定《职业病防治法》的目的是根据宪法，为了预防、控制和消除职业病危害，防治职业病，保护劳动者健康及其相关权益，促进经济社会发展。

1. 总则中的有关规定

在第一章总则中，对相关事项做了规定。

◆职业病防治工作坚持预防为主、防治结合的方针，建立用人单位负责、行政机关监管、行业自律、职工参与和社会监督的机制，实行分类管理、综合治理。

◆劳动者依法享有职业卫生保护的权利。用人单位应当为劳动者创造符合国家职业卫生标准和卫生要求的工作环境和条件，并采取措施保障劳动者获得职业卫生保护。工会组织依法对职业病防治工作进行监督，维护劳动者的合法权益。用人单位制定或者修改有关职业病防治的规章制度，应当听取工会组织的意见。

◆用人单位应当建立、健全职业病防治责任制，加强对职业病防治的管理，提高职业病防治水平，对本单位产生的职业病危害承担责任。用人单位的主要负责人对本单位的职业病防治工作全面负责。

◆用人单位必须依法参加工伤保险。

◆任何单位和个人有权对违反本法的行为进行检举和控告。有关部门收到相关的检举和控告后，应当及时处理。对防治职业病成绩显著的单位和个人，给予奖励。

2. 对职业病前期预防的有关规定

在第二章前期预防中，对相关事项做了规定。

◆用人单位应当依照法律、法规要求，严格遵守国家职业卫生标准，落实职业病预防措施，从源头上控制和消除职业病危害。

◆产生职业病危害的用人单位的设立除应当符合法律、行政法规规定的设立条件外，其工作场所还应当符合下列职业卫生要求：

（1）职业病危害因素的强度或者浓度符合国家职业卫生标准。

（2）有与职业病危害防护相适应的设施。

（3）生产布局合理，符合有害与无害作业分开的原则。

（4）有配套的更衣间、洗浴间、孕妇休息间等卫生设施。

（5）设备、工具、用具等设施符合保护劳动者生理、心理健康的要求。

（6）法律、行政法规和国务院卫生行政部门、安全生产监督管理部门关于保护劳动者健康的其他要求。

◆国家建立职业病危害项目申报制度。用人单位工作场所存在职业病目录所列职业病的危害因素的，应当及时、如实向所在地安全生产监督管理部门申报危害项目，接受监督。

◆国家对从事放射性、高毒、高危粉尘等作业实行特殊管理。具体管理办法由国务院制定。

3. 劳动过程中防护与管理的有关规定

在第三章劳动过程中的防护与管理中，对相关事项做了规定。

◆用人单位应当采取下列职业病防治管理措施：

（1）设置或者指定职业卫生管理机构或者组织，配备专职或者兼职的职业卫生管理人员，负责本单位的职业病防治工作。

（2）制定职业病防治计划和实施方案。

（3）建立、健全职业卫生管理制度和操作规程。

（4）建立、健全职业卫生档案和劳动者健康监护档案。

（5）建立、健全工作场所职业病危害因素监测及评价制度。

（6）建立、健全职业病危害事故应急救援预案。

◆用人单位应当保障职业病防治所需的资金投入，不得挤占、挪用，并对因资金投入不足导致的后果承担责任。

◆用人单位必须采用有效的职业病防护设施，并为劳动者提供个人使用的职业病防护用品。用人单位为劳动者个人提供的职业病防护用品必须符合防治职业病的要求；不符合要求的，不得使用。

◆用人单位应当优先采用有利于防治职业病和保护劳动者健康的新技术、新工艺、新设备、新材料，逐步替代职业病危害严重的技术、工艺、设备、材料。

◆产生职业病危害的用人单位，应当在醒目位置设置公告栏，公布有关职业病防治的规章制度、操作规程、职业病危害事故应急救援措施和工作场所职业病危害因素检测结果。

对产生严重职业病危害的作业岗位，应当在其醒目位置，设置警示标识和中文警示说明。警示说明应当载明产生职业病危害的种类、后果、预防以及应急救治措施等内容。

◆对可能发生急性职业损伤的有毒、有害工作场所，用人单位应当设置报警装置，配置现场急救用品、冲洗设备、应急撤离通道和必要的泄险区。

对放射工作场所和放射性同位素的运输、储存，用人单位必须配置防护设备和报警装置，保证接触放射线的工作人员佩戴个人剂量计。

对职业病防护设备、应急救援设施和个人使用的职业病防护用品，用人单位应当进行经常性的维护、检修，定期检测其性能和效果，确保其处于正常状态，不得擅自拆除或者停止使用。

◆用人单位应当实施由专人负责的职业病危害因素日常监测，并确保监测系统处于正常运行状态。

用人单位应当按照国务院安全生产监督管理部门的规定，定期对工作场所进行职业病危害因素检测、评价。检测、评价结果存入用人单位职业卫生档案，定期向所在地安全生产监督管理部门报告并向劳动者公布。

发现工作场所职业病危害因素不符合国家职业卫生标准和卫生要求时，用人单位应当立即采取相应治理措施，仍然达不到国家职业卫生标准和卫生要求的，必须停止存在职业病危害因素的作业；职业病危害因素经治理后，符合国家职业卫生标准和卫生要求的，方可重新作业。

◆向用人单位提供可能产生职业病危害的设备的，应当提供中文说明书，并在设备的醒目位置设置警示标识和中文警示说明。警示说明应当载明设备性能、可能产生的职业病危害、安全操作和维护注意事项、职业病防护以及应急救治措施等内容。

◆向用人单位提供可能产生职业病危害的化学品、放射性同位素和含有放射性物质的材料的，应当提供中文说明书。说明书应当载明产品特性、主要成分、存在的有害因素、可能产生的危害后果、安全使用注意事项、职业病防护以及应急救治措施等内容。产品包装应当有醒目的警示标识和中文警示说明。储存上述材料的场所应当在规定的部位设置危险物品标识或者放射性警示标识。

◆任何单位和个人不得生产、经营、进口和使用国家明令禁止使用的可能产生职业病危害的设备或者材料。

◆任何单位和个人不得将产生职业病危害的作业转移给不具备职业病防护条件的单位和个人。不具备职业病防护条件的单位和个人不得接受产生职业病危害的作业。

◆用人单位对采用的技术、工艺、设备、材料，应当知悉其产生的职业病危害，对有职业病危害的技术、工艺、设备、材料隐瞒其危害而采用的，对所造成的职业病危害后果承担责任。

◆用人单位与劳动者订立劳动合同（含聘用合同，下同）时，应当将工作过程中可能产生的职业病危害及其后果、职业病防护措施和待遇等如实告知劳动者，并在劳动合同中写明，不得隐瞒或者欺骗。

劳动者在已订立劳动合同期间因工作岗位或者工作内容变更，从事与所订立劳动合同中未告知的存在职业病危害的作业时，用人单位应当依照前款规定，向劳动者履行如实告知的义务，并协商变更原劳动合同相关条款。

用人单位违反前两款规定的，劳动者有权拒绝从事存在职业病危害的作业，用人单位不得因此解除与劳动者所订立的劳动合同。

◆用人单位的主要负责人和职业卫生管理人员应当接受职业卫生培训，遵守职业病防治法律、法规，依法组织本单位的职业病防治工作。

用人单位应当对劳动者进行上岗前的职业卫生培训和在岗期间的定期职业卫生培训，普及职业卫生知识，督促劳动者遵守职业病防治法律、法规、规章和操作规程，指导劳动者正确使用职业病防护设备和个人使用的职业病防护用品。

劳动者应当学习和掌握相关的职业卫生知识，增强职业病防范意识，遵守职业病防治法律、法规、规章和操作规程，正确使用、维护职业病防护设备和个人使用的职业病防护用品，发现职业病危害事故隐患应当及时报告。

劳动者不履行前款规定义务的，用人单位应当对其进行教育。

◆对从事接触职业病危害的作业的劳动者，用人单位应当按照国务院安全生产监督管理部门、卫生行政部门的规定组织上岗前、在岗期间和离岗时的职业健康检查，并将检查结果书面告知劳动者。职业健康检查费用由用人单位承担。

用人单位不得安排未经上岗前职业健康检查的劳动者从事接触职业病危害的作业；不得安排有职业禁忌的劳动者从事其所禁忌的作业；对在职业健康检查中发现有与所从事的职业相关的健康损害的劳动者，应当调离原工作岗位，并妥善安置；对未进行离岗前职业健康检查的劳动者不得解除或者终止与其订立的劳动合同。

职业健康检查应当由省级以上人民政府卫生行政部门批准的医疗卫生机构承担。

◆用人单位应当为劳动者建立职业健康监护档案，并按照规定的期限妥善保存。

职业健康监护档案应当包括劳动者的职业史、职业病危害接触史、职业健康检查结果和职业病诊疗等有关个人健康资料。

劳动者离开用人单位时，有权索取本人职业健康监护档案复印件，用人单位应当如实、无偿提供，并在所提供的复印件上签章。

◆发生或者可能发生急性职业病危害事故时，用人单位应当立即采取应急救援和控制措施，并及时报告所在地安全生产监督管理部门和有关部门。安全生产监督管理部门接到报告后，应当及时会同有关部门组织调查处理；必要时，可以采取临时控制措施。卫生行政部门应当组织做好医疗救治工作。

对遭受或者可能遭受急性职业病危害的劳动者，用人单位应当及时组织救治、进行健康检查和医学观察，所需费用由用人单位承担。

◆用人单位不得安排未成年工从事接触职业病危害的作业；不得安排孕期、哺乳期的女职工从事对本人和胎儿、婴儿有危害的作业。

◆劳动者享有下列职业卫生保护权利：

（1）获得职业卫生教育、培训。

（2）获得职业健康检查、职业病诊疗、康复等职业病防治服务。

（3）了解工作场所产生或者可能产生的职业病危害因素、危害后果和应当采取的职业病防护措施。

（4）要求用人单位提供符合防治职业病要求的职业病防护设施和个人使用的职业病防护用品，改善工作条件。

（5）对违反职业病防治法律、法规以及危及生命健康的行为提出批评、检举和控告。

（6）拒绝违章指挥和强令进行没有职业病防护措施的作业。

（7）参与用人单位职业卫生工作的民主管理，对职业病防治工作提出意见和建议。

用人单位应当保障劳动者行使前款所列权利。因劳动者依法行使正当权利而降低其工资、福利等待遇或者解除、终止与其订立的劳动合同的，其行为无效。

◆工会组织应当督促并协助用人单位开展职业卫生宣传教育和培训，有权对用人单位的职业病防治工作提出意见和建议，依法代表劳动者与用人单位签订劳动安全卫生专项集体合同，与用人单位就劳动者反映的有关职业病防治的问题进行协调并督促解决。

工会组织对用人单位违反职业病防治法律、法规，侵犯劳动者合法权益的行为，有权要求纠正；产生严重职业病危害时，有权要求采取防护措施，或者向政府有关部门建议采取强制性措施；发生职业病危害事故时，有权参与事故调查处理；发现危及劳动者生命健康的情形时，有权向用人单位建议组织劳动者撤离危险现场，用人单位应当立即做出处理。

◆用人单位按照职业病防治要求，用于预防和治理职业病危害、工作场所卫生检测、健康监护和职业卫生培训等费用，按照国家有关规定，在生产成本中据实列支。

◆职业卫生监督管理部门应当按照职责分工，加强对用人单位落实职业病防护管理措施情况的监督检查，依法行使职权，承担责任。

4. 职业病诊断与职业病病人保障的有关规定

在第四章职业病诊断与职业病病人保障中，对相关事项做了规定。

◆劳动者可以在用人单位所在地、本人户籍所在地或者经常居住地依法承担职业病诊断的医疗卫生机构进行职业病诊断。

◆职业病诊断，应当综合分析下列因素：

（1）病人的职业史。

（2）职业病危害接触史和工作场所职业病危害因素情况。

（3）临床表现以及辅助检查结果等。

没有证据否定职业病危害因素与病人临床表现之间的必然联系的，应当诊断为职业病。

承担职业病诊断的医疗卫生机构在进行职业病诊断时，应当组织 3 名以上取得职业病诊断资格的执业医师集体诊断。职业病诊断证明书应当由参与诊断的医师共同签署，并经承担职业病诊断的医疗卫生机构审核盖章。

◆用人单位应当如实提供职业病诊断、鉴定所需的劳动者职业史和职业病危害接触史、工作场所职业病危害因素检测结果等资料；安全生产监督管理部门应当监督检查和督促用人单位提供上述资料；劳动者和有关机构也应当提供与职业病诊断、鉴定有关的资料。

职业病诊断、鉴定机构需要了解工作场所职业病危害因素情况时，可以对工作场所进行现场调查，也可以向安全生产监督管理部门提出，安全生产监督管理部门应当在10日内组织现场调查。用人单位不得拒绝、阻挠。

◆职业病诊断、鉴定过程中，用人单位不提供工作场所职业病危害因素检测结果等资料的，诊断、鉴定机构应当结合劳动者的临床表现、辅助检查结果和劳动者的职业史、职业病危害接触史，并参考劳动者的自述、安全生产监督管理部门提供的日常监督检查信息等，做出职业病诊断、鉴定结论。

劳动者对用人单位提供的工作场所职业病危害因素检测结果等资料有异议，或者因劳动者的用人单位解散、破产，无用人单位提供上述资料的，诊断、鉴定机构应当提请安全生产监督管理部门进行调查，安全生产监督管理部门应当自接到申请之日起30日内对存在异议的资料或者工作场所职业病危害因素情况做出判定；有关部门应当配合。

◆职业病诊断、鉴定过程中，在确认劳动者职业史、职业病危害接触史时，当事人对劳动关系、工种、工作岗位或者在岗时间有争议的，可以向当地的劳动人事争议仲裁委员会申请仲裁；接到申请的劳动人事争议仲裁委员会应当受理，并在30日内做出裁决。

劳动者对仲裁裁决不服的，可以依法向人民法院提起诉讼。

用人单位对仲裁裁决不服的，可以在职业病诊断、鉴定程序结束之日起15日内依法向人民法院提起诉讼；诉讼期间，劳动者的治疗费用按照职业病待遇规定的途径支付。

◆当事人对职业病诊断有异议的，可以向做出诊断的医疗卫生机构所在地地方人民政府卫生行政部门申请鉴定。

职业病诊断争议由设区的市级以上地方人民政府卫生行政部门根据当事人的申请，组织职业病诊断鉴定委员会进行鉴定。

当事人对设区的市级职业病诊断鉴定委员会的鉴定结论不服的，可以向省、自治区、直辖市人民政府卫生行政部门申请再鉴定。

◆职业病诊断鉴定委员会由相关专业的专家组成。

◆职业病诊断鉴定委员会组成人员应当遵守职业道德，客观、公正地进行诊断鉴定，并承担相应的责任。职业病诊断鉴定委员会组成人员不得私下接触当事人，不得收受当事人的财物或者其他好处，与当事人有利害关系的，应当回避。

人民法院受理有关案件需要进行职业病鉴定时，应当从省、自治区、直辖市人民政府卫生行政部门依法设立的相关的专家库中选取参加鉴定的专家。

◆医疗卫生机构发现疑似职业病病人时，应当告知劳动者本人并及时通知用人单位。用人单位应当及时安排对疑似职业病病人进行诊断；在疑似职业病病人诊断或者医学观察期间，不得解除或者终止与其订立的劳动合同。

疑似职业病病人在诊断、医学观察期间的费用，由用人单位承担。

◆用人单位应当保障职业病病人依法享受国家规定的职业病待遇。用人单位应当按照国家有关规定，安排职业病病人进行治疗、康复和定期检查。用人单位对不适宜继续从事原工作的职业病病人，应当调离原岗位，并妥善安置。用人单位对从事接触职业病危害的作业的劳动者，应当给予适当岗位津贴。

◆职业病病人的诊疗、康复费用，伤残以及丧失劳动能力的职业病病人的社会保障，按照国家有关工伤保险的规定执行。

◆职业病病人除依法享有工伤保险外，依照有关民事法律，尚有获得赔偿的权利的，有权向用人单位提出赔偿要求。

◆劳动者被诊断患有职业病，但用人单位没有依法参加工伤保险的，其医疗和生活保障由该用人单位承担。

◆职业病病人变动工作单位，其依法享有的待遇不变。用人单位在发生分立、合并、解散、破产等情形时，应当对从事接触职业病危害的作业的劳动者进行健康检查，并按照国家有关规定妥善安置职业病病人。

◆用人单位已经不存在或者无法确认劳动关系的职业病病人，可以向地方人民政府民政部门申请医疗救助和生活等方面的救助。

5. 法律责任的有关规定

在第六章法律责任中，对相关事项做了规定。

◆违反本法规定，有下列行为之一的，由安全生产监督管理部门给予警告，责令限期改正；逾期不改正的，处 10 万元以下的罚款：

（1）工作场所职业病危害因素检测、评价结果没有存档、上报、公布的。

（2）未采取本法规定的职业病防治管理措施的。

（3）未按照规定公布有关职业病防治的规章制度、操作规程、职业病危害事故应急救援措施的。

（4）未按照规定组织劳动者进行职业卫生培训，或者未对劳动者个人职业病防护采取指导、督促措施的。

（5）国内首次使用或者首次进口与职业病危害有关的化学材料，未按照规定报送毒性鉴定资料以及经有关部门登记注册或者批准进口的文件的。

◆用人单位违反本法规定，有下列行为之一的，由安全生产监督管理部门责令限期改正，给予警告，可以并处 5 万元以上 10 万元以下的罚款：

（1）未按照规定及时、如实向安全生产监督管理部门申报产生职业病危害的项目的。

（2）未实施由专人负责的职业病危害因素日常监测，或者监测系统不能正常监测的。

（3）订立或者变更劳动合同时，未告知劳动者职业病危害真实情况的。

（4）未按照规定组织职业健康检查、建立职业健康监护档案或者未将检查结果书面告知劳动者的。

（5）未依照本法规定在劳动者离开用人单位时提供职业健康监护档案复印件的。

◆用人单位违反本法规定，有下列行为之一的，由安全生产监督管理部门给予警告，责令限期改正，逾期不改正的，处 5 万元以上 20 万元以下的罚款；情节严重的，责令停止产生职业病危害的作业，或者提请有关人民政府按照国务院规定的权限责令关闭：

（1）工作场所职业病危害因素的强度或者浓度超过国家职业卫生标准的。

（2）未提供职业病防护设施和个人使用的职业病防护用品，或者提供的职业病防护设施和个人使用的职业病防护用品不符合国家职业卫生标准和卫生要求的。

（3）对职业病防护设备、应急救援设施和个人使用的职业病防护用品未按照规定进行维护、检修、检测，或者不能保持正常运行、使用状态的。

（4）未按照规定对工作场所职业病危害因素进行检测、评价的。

（5）工作场所职业病危害因素经治理仍然达不到国家职业卫生标准和卫生要求时，未停止存在职业病危害因素的作业的。

（6）未按照规定安排职业病病人、疑似职业病病人进行诊治的。

（7）发生或者可能发生急性职业病危害事故时，未立即采取应急救援和控制措施或者未按照规定及时报告的。

（8）未按照规定在产生严重职业病危害的作业岗位醒目位置设置警示标识和中文警示说明的。

（9）拒绝职业卫生监督管理部门监督检查的。

（10）隐瞒、伪造、篡改、毁损职业健康监护档案、工作场所职业病危害因素检测评价结果等相关资料，或者拒不提供职业病诊断、鉴定所需资料的。

（11）未按照规定承担职业病诊断、鉴定费用和职业病病人的医疗、生活保障费用的。

◆违反本法规定，构成犯罪的，依法追究刑事责任。

三、《特种设备安全法》相关要点

2013 年 6 月 29 日，第十二届全国人民代表大会常务委员会第三次会议通过《中华人民共和国特种设备安全法》（简称《特种设备安全法》），自 2014 年 1 月 1 日起施行。

《特种设备安全法》分为七章一百零一条，各章内容为：第一章总则，第二章生产、经营、使用，第三章检验、检测，第四章监督管理，第五章事故应急救援与调查处理，第六章法律责任，第七章附则。制定本法的目的是为了加强特种设备安全工作，预防特种设备事故，保障人身和财产安全，促进经济社会发展。

1. 总则中的有关规定

在第一章总则中，对相关事项做了规定。

◆特种设备的生产（包括设计、制造、安装、改造、修理）、经营、使用、检验、检测和特种设备安全的监督管理，适用本法。

本法所称特种设备，是指对人身和财产安全有较大危险性的锅炉、压力容器（含气瓶）、压力管道、电梯、起重机械、客运索道、大型游乐设施、场（厂）内专用机动车辆，以及法律、行政法规规定适用本法的其他特种设备。

◆特种设备安全工作应当坚持安全第一、预防为主、节能环保、综合治理的原则。

◆国家对特种设备的生产、经营、使用，实施分类的、全过程的安全监督管理。

◆国务院负责特种设备安全监督管理的部门对全国特种设备安全实施监督管理。县级以上地方各级人民政府负责特种设备安全监督管理的部门对本行政区域内特种设备安全实施监督管理。

◆特种设备生产、经营、使用单位应当遵守本法和其他有关法律、法规，建立、健全特种设备安全和节能责任制度，加强特种设备安全和节能管理，确保特种设备生产、经营、使用安全，符合节能要求。

◆特种设备生产、经营、使用、检验、检测应当遵守有关特种设备安全技术规范及相关标准。

◆任何单位和个人有权向负责特种设备安全监督管理的部门和有关部门举报涉及特种设备安全的违法行为，接到举报的部门应当及时处理。

2. 特种设备生产、经营、使用的有关规定

在第二章生产、经营、使用中，对相关事项做了规定。

◆特种设备生产、经营、使用单位及其主要负责人对其生产、经营、使用的特种设备安全负责。

特种设备生产、经营、使用单位应当按照国家有关规定配备特种设备安全管理人员、检测人员和作业人员，并对其进行必要的安全生产教育和技能培训。

◆特种设备安全管理人员、检测人员和作业人员应当按照国家有关规定取得相应资格，方可从事相关工作。特种设备安全管理人员、检测人员和作业人员应当严格执行安全技术规范和管理制度，保证特种设备安全。

◆特种设备生产、经营、使用单位对其生产、经营、使用的特种设备应当进行自行检

测和维护保养，对国家规定实行检验的特种设备应当及时申报并接受检验。

◆国家鼓励投保特种设备安全责任保险。

◆国家按照分类监督管理的原则对特种设备生产实行许可制度。特种设备生产单位应当具备下列条件，并经负责特种设备安全监督管理的部门许可，方可从事生产活动：

（1）有与生产相适应的专业技术人员。

（2）有与生产相适应的设备、设施和工作场所。

（3）有健全的质量保证、安全管理和岗位责任等制度。

◆特种设备使用单位应当使用取得许可生产并经检验合格的特种设备。禁止使用国家明令淘汰和已经报废的特种设备。

◆特种设备使用单位应当在特种设备投入使用前或者投入使用后 30 日内，向负责特种设备安全监督管理的部门办理使用登记，取得使用登记证书。登记标志应当置于该特种设备的显著位置。

◆特种设备使用单位应当建立岗位责任、隐患治理、应急救援等安全管理制度，制定操作规程，保证特种设备安全运行。

◆特种设备使用单位应当建立特种设备安全技术档案。安全技术档案应当包括以下内容：

（1）特种设备的设计文件、产品质量合格证明、安装及使用维护保养说明、监督检验证明等相关技术资料和文件。

（2）特种设备的定期检验和定期自行检查记录。

（3）特种设备的日常使用状况记录。

（4）特种设备及其附属仪器仪表的维护保养记录。

（5）特种设备的运行故障和事故记录。

◆电梯、客运索道、大型游乐设施等为公众提供服务的特种设备的运营使用单位，应当对特种设备的使用安全负责，设置特种设备安全管理机构或者配备专职的特种设备安全管理人员；其他特种设备使用单位，应当根据情况设置特种设备安全管理机构或者配备专职、兼职的特种设备安全管理人员。

◆特种设备的使用应当具有规定的安全距离、安全防护措施。与特种设备安全相关的建筑物、附属设施，应当符合有关法律、行政法规的规定。

◆特种设备使用单位应当对其使用的特种设备进行经常性维护保养和定期自行检查，并做出记录。

特种设备使用单位应当对其使用的特种设备的安全附件、安全保护装置进行定期校验、检修，并做出记录。

◆特种设备使用单位应当按照安全技术规范的要求，在检验合格有效期届满前一个月向特种设备检验机构提出定期检验要求。

特种设备检验机构接到定期检验要求后，应当按照安全技术规范的要求及时进行安全性能检验。特种设备使用单位应当将定期检验标志置于该特种设备的显著位置。

未经定期检验或者检验不合格的特种设备，不得继续使用。

◆特种设备安全管理人员应当对特种设备使用状况进行经常性检查，发现问题应当立即处理；情况紧急时，可以决定停止使用特种设备并及时报告本单位有关负责人。

特种设备作业人员在作业过程中发现事故隐患或者其他不安全因素，应当立即向特种设备安全管理人员和单位有关负责人报告；特种设备运行不正常时，特种设备作业人员应当按照操作规程采取有效措施保证安全。

◆特种设备出现故障或者发生异常情况，特种设备使用单位应当对其进行全面检查，消除事故隐患，方可继续使用。

◆特种设备进行改造、修理，按照规定需要变更使用登记的，应当办理变更登记，方可继续使用。

◆特种设备存在严重事故隐患，无改造、修理价值，或者达到安全技术规范规定的其他报废条件的，特种设备使用单位应当依法履行报废义务，采取必要措施消除该特种设备的使用功能，并向原登记的负责特种设备安全监督管理的部门办理使用登记证书注销手续。

3. 特种设备检验、检测的有关规定

在第三章检验、检测中，对相关事项做了规定。

◆从事本法规定的监督检验、定期检验的特种设备检验机构，以及为特种设备生产、经营、使用提供检测服务的特种设备检测机构，应当具备下列条件，并经负责特种设备安全监督管理的部门核准，方可从事检验、检测工作：

(1) 有与检验、检测工作相适应的检验、检测人员。

(2) 有与检验、检测工作相适应的检验、检测仪器和设备。

(3) 有健全的检验、检测管理制度和责任制度。

◆特种设备检验、检测机构的检验、检测人员应当经考核，取得检验、检测人员资格，方可从事检验、检测工作。

特种设备检验、检测机构的检验、检测人员不得同时在两个以上检验、检测机构中执业；变更执业机构的，应当依法办理变更手续。

◆特种设备检验、检测工作应当遵守法律、行政法规的规定，并按照安全技术规范的要求进行。

特种设备检验、检测机构及其检验、检测人员应当依法为特种设备生产、经营、使用单位提供安全、可靠、便捷、诚信的检验、检测服务。

◆特种设备生产、经营、使用单位应当按照安全技术规范的要求向特种设备检验、检测机构及其检验、检测人员提供特种设备相关资料和必要的检验、检测条件，并对资料的真实性负责。

◆特种设备检验、检测机构及其检验、检测人员对检验、检测过程中知悉的商业秘密，负有保密义务。

◆特种设备检验机构及其检验人员利用检验工作故意刁难特种设备生产、经营、使用单位的，特种设备生产、经营、使用单位有权向负责特种设备安全监督管理的部门投诉，接到投诉的部门应当及时进行调查处理。

4. 监督管理的有关规定

在第四章监督管理中，对相关事项做了规定。

◆负责特种设备安全监督管理的部门依照本法规定，对特种设备生产、经营、使用单位和检验、检测机构实施监督检查。

负责特种设备安全监督管理的部门应当对学校、幼儿园以及医院、车站、客运码头、商场、体育场馆、展览馆、公园等公众聚集场所的特种设备，实施重点安全监督检查。

◆负责特种设备安全监督管理的部门在依法履行监督检查职责时，可以行使下列职权：

（1）进入现场进行检查，向特种设备生产、经营、使用单位和检验、检测机构的主要负责人和其他有关人员调查、了解有关情况。

（2）根据举报或者取得的涉嫌违法证据，查阅、复制特种设备生产、经营、使用单位和检验、检测机构的有关合同、发票、账簿以及其他有关资料。

（3）对有证据表明不符合安全技术规范要求或者存在严重事故隐患的特种设备实施查封、扣押。

（4）对流入市场的达到报废条件或者已经报废的特种设备实施查封、扣押。

（5）对违反本法规定的行为做出行政处罚决定。

◆负责特种设备安全监督管理的部门在依法履行职责过程中，发现违反本法规定和安全技术规范要求的行为或者特种设备存在事故隐患时，应当以书面形式发出特种设备安全监察指令，责令有关单位及时采取措施予以改正或者消除事故隐患。紧急情况下要求有关单位采取紧急处置措施的，应当随后补发特种设备安全监察指令。

◆负责特种设备安全监督管理的部门在依法履行职责过程中，发现重大违法行为或者特种设备存在严重事故隐患时，应当责令有关单位立即停止违法行为、采取措施消除事故隐患，并及时向上级负责特种设备安全监督管理的部门报告。接到报告的负责特种设备安全监督管理的部门应当采取必要措施，及时予以处理。

对违法行为、严重事故隐患的处理需要当地人民政府和有关部门的支持、配合时，负责特种设备安全监督管理的部门应当报告当地人民政府，并通知其他有关部门。当地人民政府和其他有关部门应当采取必要措施，及时予以处理。

5. 事故应急救援与调查处理的有关规定

在第五章事故应急救援与调查处理中，对相关事项做了规定。

◆特种设备使用单位应当制定特种设备事故应急专项预案，并定期进行应急演练。

◆特种设备发生事故后，事故发生单位应当按照应急预案采取措施，组织抢救，防止事故扩大，减少人员伤亡和财产损失，保护事故现场和有关证据，并及时向事故发生地县级以上人民政府负责特种设备安全监督管理的部门和有关部门报告。

与事故相关的单位和人员不得迟报、谎报或者瞒报事故情况，不得隐匿、毁灭有关证据或者故意破坏事故现场。

◆事故发生地人民政府接到事故报告，应当依法启动应急预案，采取应急处置措施，组织应急救援。

◆特种设备发生特别重大事故，由国务院或者国务院授权有关部门组织事故调查组进行调查。

发生重大事故，由国务院负责特种设备安全监督管理的部门会同有关部门组织事故调查组进行调查。

发生较大事故，由省、自治区、直辖市人民政府负责特种设备安全监督管理的部门会同有关部门组织事故调查组进行调查。

发生一般事故，由设区的市级人民政府负责特种设备安全监督管理的部门会同有关部门组织事故调查组进行调查。

事故调查组应当依法、独立、公正开展调查，提出事故调查报告。

◆组织事故调查的部门应当将事故调查报告报本级人民政府，并报上一级人民政府负责特种设备安全监督管理的部门备案。有关部门和单位应当依照法律、行政法规的规定，追究事故责任单位和人员的责任。

事故责任单位应当依法落实整改措施，预防同类事故发生。事故造成损害的，事故责任单位应当依法承担赔偿责任。

6. 法律责任的有关规定

在第六章法律责任中，对相关事项做了规定。

◆违反本法规定，特种设备使用单位有下列行为之一的，责令限期改正；逾期未改正的，责令停止使用有关特种设备，处 1 万元以上 10 万元以下罚款：

（1）使用特种设备未按照规定办理使用登记的。

（2）未建立特种设备安全技术档案或者安全技术档案不符合规定要求，或者未依法设置使用登记标志、定期检验标志的。

（3）未对其使用的特种设备进行经常性维护保养和定期自行检查，或者未对其使用的特种设备的安全附件、安全保护装置进行定期校验、检修，并做出记录的。

（4）未按照安全技术规范的要求及时申报并接受检验的。

（5）未按照安全技术规范的要求进行锅炉水（介）质处理的。

（6）未制定特种设备事故应急专项预案的。

◆违反本法规定，特种设备使用单位有下列行为之一的，责令停止使用有关特种设备，处3万元以上30万元以下罚款：

（1）使用未取得许可生产，未经检验或者检验不合格的特种设备，或者国家明令淘汰、已经报废的特种设备的。

（2）特种设备出现故障或者发生异常情况，未对其进行全面检查、消除事故隐患，继续使用的。

（3）特种设备存在严重事故隐患，无改造、修理价值，或者达到安全技术规范规定的其他报废条件，未依法履行报废义务，并办理使用登记证书注销手续的。

◆违反本法规定，特种设备生产、经营、使用单位有下列情形之一的，责令限期改正；逾期未改正的，责令停止使用有关特种设备或者停产停业整顿，处1万元以上5万元以下罚款：

（1）未配备具有相应资格的特种设备安全管理人员、检测人员和作业人员的。

（2）使用未取得相应资格的人员从事特种设备安全管理、检测和作业的。

（3）未对特种设备安全管理人员、检测人员和作业人员进行安全生产教育和技能培训的。

◆发生特种设备事故，有下列情形之一的，对单位处5万元以上20万元以下罚款；对主要负责人处1万元以上5万元以下罚款；主要负责人属于国家工作人员的，并依法给予处分：

（1）发生特种设备事故时，不立即组织抢救或者在事故调查处理期间擅离职守或者逃匿的。

（2）对特种设备事故迟报、谎报或者瞒报的。

◆违反本法规定，特种设备安全管理人员、检测人员和作业人员不履行岗位职责，违反操作规程和有关安全规章制度，造成事故的，吊销相关人员的资格。

◆违反本法规定，造成人身、财产损害的，依法承担民事责任。

违反本法规定，应当承担民事赔偿责任和缴纳罚款、罚金，其财产不足以同时支付时，先承担民事赔偿责任。

◆违反本法规定，构成违反治安管理行为的，依法给予治安管理处罚；构成犯罪的，依法追究刑事责任。

第二节　安全生产重要法规相关要点

安全生产事关人民群众生命财产安全，事关改革发展稳定大局，事关党和政府形象和声誉。近年来，国务院高度重视安全生产，确立了安全发展理念和"安全第一、预防为主、综合治理"的方针，采取一系列重大举措加强安全生产工作，先后颁布实施了一系列安全生产重要法规。在此介绍《工伤保险条例》《生产安全事故报告和调查处理条例》，这两部法规与安全员工作有密切的关系。

一、《工伤保险条例》相关要点

2010年12月8日，国务院第136次常务会议通过《国务院关于修改〈工伤保险条例〉的决定》（国务院令第586号），自2011年1月1日起施行。

《工伤保险条例》分为八章六十七条，各章内容为：第一章总则，第二章工伤保险基金，第三章工伤认定，第四章劳动能力鉴定，第五章工伤保险待遇，第六章监督管理，第七章法律责任，第八章附则。制定《工伤保险条例》的目的是为了保障因工作遭受事故伤害或者患职业病的职工获得医疗救治和经济补偿，促进工伤预防和职业康复，分散用人单位的工伤风险。

1. 总则和工伤保险基金的有关规定

在第一章总则和第二章工伤保险基金中，对相关事项做了规定。

◆国务院社会保险行政部门负责全国的工伤保险工作。

县级以上地方各级人民政府社会保险行政部门负责本行政区域内的工伤保险工作。

社会保险行政部门按照国务院有关规定设立的社会保险经办机构（以下称经办机构）具体承办工伤保险事务。

◆工伤保险基金由用人单位缴纳的工伤保险费、工伤保险基金的利息和依法纳入工伤保险基金的其他资金构成。

◆用人单位应当按时缴纳工伤保险费。职工个人不缴纳工伤保险费。用人单位缴纳工伤保险费的数额为本单位职工工资总额乘以单位缴费费率之积。对难以按照工资总额缴纳工伤保险费的行业，其缴纳工伤保险费的具体方式，由国务院社会保险行政部门规定。

2. 工伤认定的有关规定

在第三章工伤认定中，对相关事项做了规定。

◆职工有下列情形之一的，应当认定为工伤：

（1）在工作时间和工作场所内，因工作原因受到事故伤害的。

（2）工作时间前后在工作场所内，从事与工作有关的预备性或者收尾性工作受到事故伤害的。

（3）在工作时间和工作场所内，因履行工作职责受到暴力等意外伤害的。

（4）患职业病的。

（5）因工外出期间，由于工作原因受到伤害或者发生事故下落不明的。

（6）在上下班途中，受到非本人主要责任的交通事故或者城市轨道交通、客运轮渡、火车事故伤害的。

（7）法律、行政法规规定应当认定为工伤的其他情形。

◆职工有下列情形之一的，视同工伤：

（1）在工作时间和工作岗位，突发疾病死亡或者在48小时之内经抢救无效死亡的。

（2）在抢险救灾等维护国家利益、公共利益活动中受到伤害的。

（3）职工原在军队服役，因战、因公负伤致残，已取得革命伤残军人证，到用人单位后旧伤复发的。

◆职工有下列情形之一的，不得认定为工伤或者视同工伤：

（1）故意犯罪的。

（2）醉酒或者吸毒的。

（3）自残或者自杀的。

◆职工发生事故伤害或者按照职业病防治法规定被诊断、鉴定为职业病，所在单位应当自事故伤害发生之日或者被诊断、鉴定为职业病之日起30日内，向统筹地区社会保险行政部门提出工伤认定申请。遇有特殊情况，经报社会保险行政部门同意，申请时限可以适当延长。

用人单位未按前款规定提出工伤认定申请的，工伤职工或者其近亲属、工会组织在事故伤害发生之日或者被诊断、鉴定为职业病之日起1年内，可以直接向用人单位所在地统筹地区社会保险行政部门提出工伤认定申请。

◆提出工伤认定申请应当提交下列材料：

（1）工伤认定申请表。

（2）与用人单位存在劳动关系（包括事实劳动关系）的证明材料。

(3) 医疗诊断证明或者职业病诊断证明书（或者职业病诊断鉴定书）。

工伤认定申请表应当包括事故发生的时间、地点、原因以及职工伤害程度等基本情况。

工伤认定申请人提供材料不完整的，社会保险行政部门应当一次性书面告知工伤认定申请人需要补正的全部材料。申请人按照书面告知要求补正材料后，社会保险行政部门应当受理。

◆社会保险行政部门受理工伤认定申请后，根据审核需要可以对事故伤害进行调查核实，用人单位、职工、工会组织、医疗机构以及有关部门应当予以协助。职业病诊断和诊断争议的鉴定，依照职业病防治法的有关规定执行。对依法取得职业病诊断证明书或者职业病诊断鉴定书的，社会保险行政部门不再进行调查核实。

职工或者其近亲属认为是工伤，用人单位不认为是工伤的，由用人单位承担举证责任。

◆社会保险行政部门应当自受理工伤认定申请之日起 60 日内做出工伤认定的决定，并书面通知申请工伤认定的职工或者其近亲属和该职工所在单位。

社会保险行政部门对受理的事实清楚、权利义务明确的工伤认定申请，应当在 15 日内做出工伤认定的决定。

做出工伤认定决定需要以司法机关或者有关行政主管部门的结论为依据的，在司法机关或者有关行政主管部门尚未做出结论期间，做出工伤认定决定的时限中止。

3. 劳动能力鉴定的有关规定

在第四章劳动能力鉴定中，对相关事项做了规定。

◆职工发生工伤，经治疗伤情相对稳定后存在残疾、影响劳动能力的，应当进行劳动能力鉴定。

◆劳动能力鉴定是指劳动功能障碍程度和生活自理障碍程度的等级鉴定。

劳动功能障碍分为十个伤残等级，最重的为一级，最轻的为十级。

生活自理障碍分为三个等级：生活完全不能自理、生活大部分不能自理和生活部分不能自理。

◆劳动能力鉴定由用人单位、工伤职工或者其近亲属向设区的市级劳动能力鉴定委员会提出申请，并提供工伤认定决定和职工工伤医疗的有关资料。

◆省、自治区、直辖市劳动能力鉴定委员会和设区的市级劳动能力鉴定委员会分别由省、自治区、直辖市和设区的市级社会保险行政部门、卫生行政部门、工会组织、经办机构代表以及用人单位代表组成。

◆劳动能力鉴定工作应当客观、公正。劳动能力鉴定委员会组成人员或者参加鉴定的专家与当事人有利害关系的，应当回避。

◆自劳动能力鉴定结论做出之日起 1 年后，工伤职工或者其近亲属、所在单位或者经办机构认为伤残情况发生变化的，可以申请劳动能力复查鉴定。

4. 工伤保险待遇的有关规定

在第五章工伤保险待遇中，对相关事项做了规定。

◆职工因工作遭受事故伤害或者患职业病进行治疗，享受工伤医疗待遇。

职工治疗工伤应当在签订服务协议的医疗机构就医，情况紧急时可以先到就近的医疗机构急救。

◆社会保险行政部门做出认定为工伤的决定后发生行政复议、行政诉讼的，行政复议和行政诉讼期间不停止支付工伤职工治疗工伤的医疗费用。

◆工伤职工因日常生活或者就业需要，经劳动能力鉴定委员会确认，可以安装假肢、矫形器、假眼、假牙和配置轮椅等辅助器具，所需费用按照国家规定的标准从工伤保险基金支付。

◆职工因工作遭受事故伤害或者患职业病需要暂停工作接受工伤医疗的，在停工留薪期内，原工资福利待遇不变，由所在单位按月支付。

◆工伤职工已经评定伤残等级并经劳动能力鉴定委员会确认需要生活护理的，从工伤保险基金按月支付生活护理费。

生活护理费按照生活完全不能自理、生活大部分不能自理或者生活部分不能自理三个不同等级支付，其标准分别为统筹地区上年度职工月平均工资的 50%、40% 或者 30%。

◆职工因工死亡，其近亲属按照有关规定从工伤保险基金领取丧葬补助金、供养亲属抚恤金和一次性工亡补助金。

◆伤残津贴、供养亲属抚恤金、生活护理费由统筹地区社会保险行政部门根据职工平均工资和生活费用变化等情况适时调整。调整办法由省、自治区、直辖市人民政府规定。

需要注意的是，2010 年 7 月 19 日，国务院颁布《关于进一步加强企业安全生产工作的通知》（国发〔2010〕23 号），要求从 2011 年 1 月 1 日起，依照《工伤保险条例》的规定，对因生产安全事故造成的职工死亡，其一次性工亡补助金标准调整为按全国上一年度城镇居民人均可支配收入的 20 倍计算，发放给工亡职工近亲属。

◆职工因工外出期间发生事故或者在抢险救灾中下落不明的，从事故发生当月起 3 个月内照发工资，从第四个月起停发工资，由工伤保险基金向其供养亲属按月支付供养亲属抚恤金。生活有困难的，可以预支一次性工亡补助金的 50%。

◆工伤职工有下列情形之一的，停止享受工伤保险待遇：

（1）丧失享受待遇条件的。

（2）拒不接受劳动能力鉴定的。

（3）拒绝治疗的。

◆用人单位分立、合并、转让的，承继单位应当承担原用人单位的工伤保险责任；原用人单位已经参加工伤保险的，承继单位应当到当地经办机构办理工伤保险变更登记。

用人单位实行承包经营的，工伤保险责任由职工劳动关系所在单位承担。

职工被借调期间受到工伤事故伤害的，由原用人单位承担工伤保险责任，但原用人单位与借调单位可以约定补偿办法。

企业破产的，在破产清算时依法拨付应当由单位支付的工伤保险待遇费用。

◆职工被派遣出境工作，依据前往国家或者地区的法律应当参加当地工伤保险的，参加当地工伤保险，其国内工伤保险关系中止；不能参加当地工伤保险的，其国内工伤保险关系不中止。

◆职工再次发生工伤，根据规定应当享受伤残津贴的，按照新认定的伤残等级享受伤残津贴待遇。

5. 监督管理的有关规定

在第六章监督管理中，对相关事项做了规定。

◆工会组织依法维护工伤职工的合法权益，对用人单位的工伤保险工作实行监督。

◆职工与用人单位发生工伤待遇方面的争议，按照处理劳动争议的有关规定处理。

◆有下列情形之一的，有关单位或者个人可以依法申请行政复议，也可以依法向人民法院提起行政诉讼：

（1）申请工伤认定的职工或者其近亲属、该职工所在单位对工伤认定申请不予受理的决定不服的。

（2）申请工伤认定的职工或者其近亲属、该职工所在单位对工伤认定结论不服的。

（3）用人单位对经办机构确定的单位缴费费率不服的。

（4）签订服务协议的医疗机构、辅助器具配置机构认为经办机构未履行有关协议或者规定的。

（5）工伤职工或者其近亲属对经办机构核定的工伤保险待遇有异议的。

6. 法律责任的有关规定

在第七章法律责任中，对相关事项做了规定。

◆社会保险行政部门工作人员有下列情形之一的，依法给予处分；情节严重，构成犯罪的，依法追究刑事责任：

（1）无正当理由不受理工伤认定申请，或者弄虚作假将不符合工伤条件的人员认定为工伤职工的。

（2）未妥善保管申请工伤认定的证据材料，致使有关证据灭失的。

（3）收受当事人财物的。

◆用人单位、工伤职工或者其近亲属骗取工伤保险待遇，医疗机构、辅助器具配置机构骗取工伤保险基金支出的，由社会保险行政部门责令退还，处骗取金额 2 倍以上 5 倍以下的罚款；情节严重，构成犯罪的，依法追究刑事责任。

◆用人单位依照本条例规定应当参加工伤保险而未参加的，由社会保险行政部门责令限期参加，补缴应当缴纳的工伤保险费，并自欠缴之日起，按日加收万分之五的滞纳金；逾期仍不缴纳的，处欠缴数额 1 倍以上 3 倍以下的罚款。

依照本条例规定应当参加工伤保险而未参加工伤保险的用人单位职工发生工伤的，由该用人单位按照本条例规定的工伤保险待遇项目和标准支付费用。

用人单位参加工伤保险并补缴应当缴纳的工伤保险费、滞纳金后，由工伤保险基金和用人单位依照本条例的规定支付新发生的费用。

二、《生产安全事故报告和调查处理条例》相关要点

2007 年 4 月 9 日，国务院公布《生产安全事故报告和调查处理条例》（国务院令第 493 号），自 2007 年 6 月 1 日起施行。国务院 1989 年 3 月 29 日公布的《特别重大事故调查程序暂行规定》和 1991 年 2 月 22 日公布的《企业职工伤亡事故报告和处理规定》同时废止。

《生产安全事故报告和调查处理条例》分为六章四十六条，各章内容为：第一章总则，第二章事故报告，第三章事故调查，第四章事故处理，第五章法律责任，第六章附则。制定《生产安全事故报告和调查处理条例》的目的是根据《安全生产法》和有关法律，为了规范生产安全事故的报告和调查处理，落实生产安全事故责任追究制度，防止和减少生产安全事故。

1. 总则中的有关规定

在第一章总则中，对相关事项做了规定。

◆本条例适用于生产经营活动中发生的造成人身伤亡或者直接经济损失的生产安全事故的报告和调查处理。

◆根据生产安全事故（以下简称事故）造成的人员伤亡或者直接经济损失，事故一般分为以下等级：

（1）特别重大事故，是指造成 30 人以上死亡，或者 100 人以上重伤（包括急性工业中毒，下同），或者 1 亿元以上直接经济损失的事故。

（2）重大事故，是指造成 10 人以上 30 人以下死亡，或者 50 人以上 100 人以下重伤，或者 5 000 万元以上 1 亿元以下直接经济损失的事故。

（3）较大事故，是指造成 3 人以上 10 人以下死亡，或者 10 人以上 50 人以下重伤，或者 1 000 万元以上 5 000 万元以下直接经济损失的事故。

（4）一般事故，是指造成 3 人以下死亡，或者 10 人以下重伤，或者 1 000 万元以下直接经济损失的事故。

◆事故报告应当及时、准确、完整，任何单位和个人对事故不得迟报、漏报、谎报或者瞒报。

事故调查处理应当坚持实事求是、尊重科学的原则，及时、准确地查清事故经过、事故原因和事故损失，查明事故性质，认定事故责任，总结事故教训，提出整改措施，并对事故责任者依法追究责任。

◆县级以上人民政府应当依照本条例的规定，严格履行职责，及时、准确地完成事故调查处理工作。

事故发生地有关地方人民政府应当支持、配合上级人民政府或者有关部门的事故调查处理工作，并提供必要的便利条件。

参加事故调查处理的部门和单位应当互相配合，提高事故调查处理工作的效率。

◆工会依法参加事故调查处理，有权向有关部门提出处理意见。

◆任何单位和个人不得阻挠和干涉对事故的报告和依法调查处理。

◆对事故报告和调查处理中的违法行为，任何单位和个人有权向安全生产监督管理部门、监察机关或者其他有关部门举报，接到举报的部门应当依法及时处理。

2. 事故报告的有关规定

在第二章事故报告中，对相关事项做了规定。

◆事故发生后，事故现场有关人员应当立即向本单位负责人报告；单位负责人接到报告后，应当于 1 小时内向事故发生地县级以上人民政府安全生产监督管理部门和负有安全生产监督管理职责的有关部门报告。

情况紧急时，事故现场有关人员可以直接向事故发生地县级以上人民政府安全生产监督管理部门和负有安全生产监督管理职责的有关部门报告。

◆报告事故应当包括下列内容：

（1）事故发生单位概况。

（2）事故发生的时间、地点以及事故现场情况。

（3）事故的简要经过。

（4）事故已经造成或者可能造成的伤亡人数（包括下落不明的人数）和初步估计的直接经济损失。

（5）已经采取的措施。

（6）其他应当报告的情况。

◆事故报告后出现新情况的，应当及时补报。

自事故发生之日起 30 日内，事故造成的伤亡人数发生变化的，应当及时补报。道路交通事故、火灾事故自发生之日起 7 日内，事故造成的伤亡人数发生变化的，应当及时补报。

◆事故发生单位负责人接到事故报告后，应当立即启动事故相应应急预案，或者采取有效措施，组织抢救，防止事故扩大，减少人员伤亡和财产损失。

◆事故发生地有关地方人民政府、安全生产监督管理部门和负有安全生产监督管理职责的有关部门接到事故报告后，其负责人应当立即赶赴事故现场，组织事故救援。

◆事故发生后，有关单位和人员应当妥善保护事故现场以及相关证据，任何单位和个人不得破坏事故现场、毁灭相关证据。

因抢救人员、防止事故扩大以及疏通交通等原因，需要移动事故现场物件的，应当做出标志，绘制现场简图并做出书面记录，妥善保存现场重要痕迹、物证。

◆事故发生地公安机关根据事故的情况，对涉嫌犯罪的，应当依法立案侦查，采取强制措施和侦查措施。犯罪嫌疑人逃匿的，公安机关应当迅速追捕归案。

◆安全生产监督管理部门和负有安全生产监督管理职责的有关部门应当建立值班制度，并向社会公布值班电话，受理事故报告和举报。

3. 事故调查与事故处理的有关规定

在第三章事故调查和第四章事故处理中，对相关事项做了规定。

◆特别重大事故由国务院或者国务院授权有关部门组织事故调查组进行调查。

重大事故、较大事故、一般事故分别由事故发生地省级人民政府、设区的市级人民政府、县级人民政府负责调查。省级人民政府、设区的市级人民政府、县级人民政府可以直接组织事故调查组进行调查，也可以授权或者委托有关部门组织事故调查组进行调查。

未造成人员伤亡的一般事故，县级人民政府也可以委托事故发生单位组织事故调查组进行调查。

◆事故调查组履行下列职责：

（1）查明事故发生的经过、原因、人员伤亡情况及直接经济损失。

（2）认定事故的性质和事故责任。

（3）提出对事故责任者的处理建议。

（4）总结事故教训，提出防范和整改措施。

（5）提交事故调查报告。

◆事故调查组有权向有关单位和个人了解与事故有关的情况，并要求其提供相关文件、资料，有关单位和个人不得拒绝。

事故发生单位的负责人和有关人员在事故调查期间不得擅离职守，并应当随时接受事故调查组的询问，如实提供有关情况。

事故调查中发现涉嫌犯罪的，事故调查组应当及时将有关材料或者其复印件移交司法机关处理。

◆事故调查报告应当包括下列内容：

（1）事故发生单位概况。

（2）事故发生经过和事故救援情况。

（3）事故造成的人员伤亡和直接经济损失。

（4）事故发生的原因和事故性质。

（5）事故责任的认定以及对事故责任者的处理建议。

（6）事故防范和整改措施。

事故调查报告应当附具有关证据材料。事故调查组成员应当在事故调查报告上签名。

◆事故发生单位应当认真吸取事故教训，落实防范和整改措施，防止事故再次发生。防范和整改措施的落实情况应当接受工会和职工的监督。

需要注意的是，根据2011年9月1日国家安全监管总局关于修改《〈生产安全事故报告和调查处理条例〉罚款处罚暂行规定》的决定，对迟报、漏报、谎报和瞒报行为，对伪造、故意破坏事故现场，或者转移、隐匿资金、财产、销毁有关证据、资料，或者拒绝接受调查，或者拒绝提供有关情况和资料，或者在事故调查中作伪证，或者指使他人作伪证的，事故发生后逃匿的行为等，明确规定了给予处罚的具体额度和方式。

第二章 企业安全管理知识

企业安全管理是指为保证生产在良好的环境和工作秩序下进行，以杜绝人身和设备事故的发生，使劳动者的人身安全和生产过程中设备安全得到保障而进行的一系列管理工作。企业安全管理的基本目标，是通过科学有效的管理方法，使生产过程顺利进行，不断提高劳动生产率，不断实现企业发展要求。这个基本目标只有通过搞好安全生产才能实现。搞好安全生产，不仅能够消除危害人身安全和设备安全的不良因素，保障职工的安全和健康，还可以调动广大劳动者的生产热情和积极性。

第一节 企业安全管理的内容与模式

企业安全管理是企业管理的一个重要组成部分，与企业其他各项管理工作密切关联、互相渗透。企业安全生产管理的基本对象是企业的员工，涉及企业中的所有人员、设备设施、物料、环境、财务、信息等各个方面。安全生产管理的目的是减少和控制事故危害，尽量避免生产过程中由于事故造成的人身伤害、财产损失、环境污染以及其他损失，保护员工的生命和健康。

一、企业安全管理的概念与作用

1. 安全管理的概念

安全管理是为了实现安全目标而进行的有关决策、计划、组织和控制等方面的活动；主要运用现代安全管理原理、方法和手段，分析和研究各种不安全因素，从技术上、组织上和管理上采取有力的措施，解决和消除各种不安全因素，防止事故的发生。

企业安全管理的内容主要包括行政管理、技术管理、工业卫生管理；安全管理的对象包括生产的人员、生产的设备和环境、生产的动力和能量，以及管理的信息和资料；安全管理的手段有行政手段、法制手段、经济手段、文化手段等。

安全管理不是少数人和安全机构的事，而是一切与生产有关的人共同的事情。缺乏全员的参与，安全管理就不会出现好的管理效果。这并非否定安全管理者和安全机构的作用，而是安全管理必须发动群众，全员参与，这样才能实现安全管理的目标。

2. 安全管理的作用

安全工作的根本目的是保护广大职工的安全与健康，防止伤亡事故和职业危害，保护国家和集体的财产不受损失。为了达到这一目的，需要开展三方面的工作，即安全管理、安全技术、职业危害，而这三者之中，安全管理起着决定性的作用。安全管理的作用主要体现在以下几个方面：

（1）搞好安全管理是防止伤亡事故和职业危害的根本对策。造成伤亡事故的直接原因，概括起来就是人的不安全行为和物的不安全状态。然而在这些直接原因的背后还隐藏着若干层次的背景原因，直至最深层的本质原因，即管理上的原因。发生事故以后，经常把导致事故的原因简单地归咎为人员违章，但是人员之所以违章作业，往往还存在许多更深层次的原因。如果不深入分析这些深层次的原因，并采取措施加以消除，就难免再次发生类似的事故。因此，防止发生事故和职业危害，归根结底应从改进安全管理做起。

（2）搞好安全管理是贯彻落实安全工作指导方针的基本保证。"安全第一、预防为主"是我国安全工作的指导方针，是多年来做好劳动保护工作，实现安全生产实践经验的科学总结。为了贯彻这一方针，一方面需要各级领导要具有高度的安全责任感和自觉性，千方百计地在各方面实施防止事故和职业危害的对策；另一方面需要广大职工提高安全意识，自觉贯彻执行各项安全生产的规章制度，不断增强自我防护能力。而所有这些都有赖于良好的安全管理工作。因此，唯有设定目标，建立制度，计划组织，加强教育，督促检查，考核激励，综合各方面的管理手段，才能够调动起各级领导和广大职工安全生产的积极性。

（3）安全技术和职业卫生措施要靠有效的安全管理才能发挥应有的作用。安全技术指各行业有关安全方面的专门技术，如电气、锅炉与压力容器、起重、运输、防火、防爆等安全技术。职业卫生是指对尘毒、噪声、辐射等各方面物理化学危害因素的预防和治理。一般来说，安全技术和职业卫生措施对从根本上改善劳动条件，实现安全生产起着巨大的作用。通过安全管理，运用计划、组织、督促、检查等手段，进行有效的安全管理活动才能发挥它们应有的作用。另外，单独某一方面的安全技术，其安全保障作用也是有限的，需要应用各方面的安全技术，才能实现整体的安全，而这种横向综合的功能也只有依靠有效的安全管理才能得以实现。

（4）搞好安全管理，有助于改进企业管理，全面推动企业各方面工作的发展，促进经济效益的提高。安全管理是企业管理的一个组成部分，与生产管理密切联系，互相影响，互相促进。为了防止伤亡事故和职业危害，必须从人、物、环境等方面采取对策。包括提高人员的素质，改善作业环境，对设备与设施进行检查、维修、改造和更新，劳动组织的科学化，以及作业方法的改进等。当然，为了实现这些方面的对策，势必要对企业各方面管理工作提出越来越高的要求，从而推动企业管理的改善和全面工作的发展。企业管理的改善和全面工作的发展反过来又为改进安全管理创造了条件，促使安全管理水平不断得到提高。

实践表明，一个企业安全生产状况的好坏可以反映出企业的管理水平。企业管理得好，安全工作也必然受到重视，安全管理自然就比较好；反之，安全管理混乱，伤亡事故不断，职工则无法安心工作。在这种情况下，是不可能建立正常稳定的工作秩序的，也不可能促进企业的发展。由此可见，安全管理的改善，能够调动职工的积极性，能够促进劳动生产率的提高，从而带来企业经济效益的增长。

3. 企业安全管理机构的设置

企业安全管理机构可分为四个层次：第一个层次是成立以厂长、分管副厂长、各职能部门负责人、车间领导和工会领导组成的企业安全生产委员会，对企业安全工作的重大问题进行研究、决策、督促、处理。第二个层次是成立安全管理部门，负责企业日常安全管理工作。上对厂长负责，成为厂长的参谋和助手；下对车间、班组负责，指导车间、班组安全员的工作。第三个层次是各级各部门的兼职安全员，负责部门日常安全检查、措施制定、现场监护等方面的工作。第四个层次是成立工会劳动保护监督检查委员会，组织职工广泛开展遵章守纪和预防事故的群众性检查活动，发动群众搞好安全生产。这样自上而下，形成"纵到底、横到边"的安全管理监督网络。

根据《安全生产法》第二十一条的规定，矿山、金属冶炼、建筑施工、道路运输单位和危险物品的生产、经营、储存单位，应当设置安全生产管理机构或者配备专职安全生产管理人员。前款规定以外的其他生产经营单位，从业人员超过100人的，应当设置安全生产管理机构或者配备专职安全生产管理人员；从业人员在100人以下的，应当配备专职或者兼职的安全生产管理人员。

4. 企业安全管理部门的主要职责

企业安全管理部门是企业领导的参谋和助手，应当全面负责安全生产工作，贯彻执行上级的安全生产、劳动保护的方针、政策、法规和标准，检查企业有关职能部门执行安全生产制度和规定的情况，督促和协助这些部门采取整改措施，防止发生伤亡事故和职业病，保障职工的安全、健康和生产建设的顺利进行。其主要职责是：

（1）协助企业领导，认真贯彻执行安全生产、劳动保护有关法规、制度。

（2）汇总和审查安全技术措施计划，并督促有关部门切实执行落实。

（3）组织和协助有关部门制定或修订安全生产制度和安全技术操作规程。

（4）经常进行现场检查，协助解决问题，遇到特别紧急的不安全情况时，有权指令先行停止生产，并立即报告企业领导研究。

（5）总结和推广安全生产的先进经验。

（6）对职工进行安全生产的宣传教育。

（7）指导生产班组安全员工作。

（8）督促有关部门按规定及时分发和合理使用个体防护用品、保健食品和清凉饮料。

（9）参加审查新建、改建、扩建和大修的设计计划，并且参加工程验收和试运转工作。

（10）参加伤亡事故的调查和处理，进行伤亡事故的统计、分析和报告，协助有关部门提出防止事故的措施，并督促有关部门实施。

（11）组织有关部门研究执行防止职业中毒和职业病的措施。

（12）督促有关部门做好劳逸结合和女工、未成年工的保护工作。

5. 企业安全管理人员的主要职责

《安全生产法》第二十二条规定，生产经营单位的安全生产管理机构以及安全生产管理人员履行下列职责：

（1）组织或者参与拟订本单位安全生产规章制度、操作规程和生产安全事故应急救援预案。

（2）组织或者参与本单位安全生产教育和培训，如实记录安全生产教育和培训情况。

（3）督促落实本单位重大危险源的安全管理措施。

（4）组织或者参与本单位应急救援演练。

（5）检查本单位的安全生产状况，及时排查生产安全事故隐患，提出改进安全生产管理的建议。

（6）制止和纠正违章指挥、强令冒险作业、违反操作规程的行为。

（7）督促落实本单位安全生产整改措施。

《安全生产法》第四十三条还规定，生产经营单位的安全生产管理人员应当根据本单位的生产经营特点，对安全生产状况进行经常性检查；对检查中发现的安全问题，应当立即处理；不能处理的，应当及时报告本单位有关负责人，有关负责人应当及时处理。检查及处理情况应当如实记录在案。

生产经营单位的安全生产管理人员在检查中发现重大事故隐患，依照前款规定向本单位有关负责人报告，有关负责人不及时处理的，安全生产管理人员可以向主管的负有安全生产监督管理职责的部门报告，接到报告的部门应当依法及时处理。

二、企业安全目标管理的基本模式

1. 目标管理的提出和发展

安全目标管理是根据企业安全工作目标来控制企业安全生产的一种科学有效的管理方

法，是目前企业普遍实行的安全管理模式。

安全目标管理是指企业内部各个部门以至于每个职工，从上到下围绕企业安全生产的总目标，层层展开各自的目标，确定行动方针，安排安全工作进度，制定实施有效组织措施，并对安全成果严格考核的一种管理制度。

目标管理的概念是管理专家彼得·德鲁克于 1954 年在其名著《管理实践》中最先提出的，其后他又提出"目标管理和自我控制"的主张。德鲁克认为，并不是有了工作才有目标，而是有了目标才能确定每个人的工作。所以，"企业的使命和任务，必须转化为目标"，如果一个领域没有目标，这个领域的工作必然被忽视。因此管理者应该通过目标对下级进行管理，当组织最高层管理者确定了组织目标后，必须对其进行有效分解，转变成各个部门以及各个人的分目标，管理者根据分目标的完成情况对下级进行考核、评价和奖惩。

目标管理提出以后，便在美国迅速流传。时值第二次世界大战后西方经济由恢复转向迅速发展的时期，企业急需采用新的方法调动员工积极性，以提高竞争力，目标管理可谓应运而生，遂被广泛应用，并很快为日本、西欧国家的企业所仿效，在世界管理界大行其道。

2. 安全目标管理的作用

实行安全目标管理，将充分启发、激励、调动企业全体职工在安全生产中的责任感和创造力，有效提高企业的现代安全管理水平。安全目标管理的作用具体体现在以下三个方面：

（1）充分体现了"安全生产，人人有责"的原则，使安全管理向全员管理发展。安全目标管理通过目标层层分解、措施层层落实来实现全员参加、全员管理和全过程管理。这种管理事先只为企业每个成员定了明确的责任和清楚的任务，并对这些责任、任务的完成规定了时间、指标、质量等具体要求，每个人都可以在自己的管辖或工作范围内自由选择实现这些目标的方式和方法。职工在"自我控制"的原则下，充分发挥自己的能动性、积极性和创造性，从而使人人参加管理。这样可以克服传统管理中常出现的"管理死角"的弊端。

（2）有利于提高职工安全技术素质。安全目标管理的重要特色之一，就是推行"成果第一"的方针，而成果的取得主要依赖个人的知识结构、业务能力和努力程度。安全生产以预防各类事故的发生为目标，因此，每个职工为了实现通过目标分解下达给自己的安全目标，就必须在日常生产工作等过程中，增长知识，提高在安全生产上的技术素质。这样就能够促使职工自我学习和提高工作能力，使职工对安全技术知识的学习由被动型转化为主动型。经过若干个目标周期，职工安全意识、安全知识、安全技术水平等都将会得到很大提高，职工自我预防事故的能力也会得到增强。

（3）促进在企业内推行安全科学管理。目标管理为了目标的实现，利用科学的预测方法，确定设计过程、生产过程、检修过程和工艺设备中的危险部位，明确重点部位的"危险控制点"或"事故控制点"。因此，由于企业安全目标管理的推行，使许多科学的管理方法得以广泛运用。要想控制事故的发生，就必须采用安全检查、事故树分析法、故障类型及影响分析法等安全系统工程的分析法和 QC 活动中的 PDCA 循环、排列图、因果图和矩阵数据分析图等全面质量管理的方法，确定影响安全的重要岗位、危险部位、关键因素、主要原因等，然后依据测定、分析、归纳的结果，采取相应的措施，加强重点管理和事故的防范，以达到目标管理的最终目的。这些科学预测方法和管理方法在企业安全目标管理上的应用，正是由于企业推行安全目标管理的结果。反过来，只有采用这种科学管理方法，才能使企业安全目标管理得以实现。

3. 安全目标管理的特点

推行目标管理，可以有力地激发职工参与民主管理的积极性。我国一些企业在推行目标管理方面，取得了可喜的成绩。

安全目标管理具有目的性、分权性和民主性三个主要特点。

（1）目的性。实行目标管理，将企业在一定时期内的目标、任务转化为全体成员上下一致的、明确的行动准则，使每个成员有努力方向，有利于上级的领导、检查和考核，并减少企业内部的矛盾和浪费。这里所说的目标与以往的目标概念有所不同，它包含完成程度、完成期限、完成目标体系，根据原定目标测定执行人员的成绩等。

（2）分权性。随着企业总目标的逐层分解、展开，也要逐层下放目标管理的自主权，实行分权。即在目标制定之后，上级根据目标的内容授予下级以人事、财务和对外处理事务的最大限度的权力，使下级能运用这些权力来完成目标。有水平的上级，在目标管理中只抓两项工作：一是根据企业总目标向下一层次发出指令信息，最后考核指令的执行结果；二是协调下一层次各单位之间的不协调关系，对有争议的问题做出裁决。

（3）民主性。目标管理是全员参加的，为实现其目标的整体性活动。由企业领导者制定目标，经过职代会讨论通过，然后编制企业目标展示图，层层展开、层层落实，围绕目标值制定主要措施，责任落实到人并提出进度要求，从而形成目标连锁。这样，通过有效地实行自我管理和自我控制，就可以进一步激发广大职工的主人翁责任感，充分发挥他们的积极性、创造性，更好地达到企业总目标。

4. 安全目标管理的模式

安全目标管理可分为目标的制定、目标的执行、实施目标成果的评价与考核等步骤。下面着重介绍安全目标的制定。

企业为了提高生产经营活动的安全成果，必须自上而下共同商定切实可行的企业安全总目标，而全体职工都要制定与总目标相一致的分目标，从而形成以总目标为中心的完整的安全目标体系。

安全目标的制定必须有一定的管理依据，要进行科学的分析，要结合各方面因素，并做到重点突出，主攻方向明确；先进可行，目标、措施对应。在具体实施过程中，需要注意以下事项：

（1）目标的重点性。要分清主次，绝对不能平均分配，面面俱到。安全目标一般应突出重大事故、负伤频率、尘毒监测率、合格率等方面指标。在保证重点目标的基础上，还应做到次要目标对重点目标的有效配合。

（2）目标的先进性。目标的先进性是它的适用性和挑战性。确定目标高低的原则是：一般略高于执行者的能力和水平，使之经过努力可以完成。应该是"跳一跳，够得到，不能高不可攀，望而生畏"，也不能"毫不费力，一步登天"，从而达到调动职工积极性的目的。

（3）目标的可比性。就是应尽最大努力使目标的预期成果具体化、定量化、数据化。如负伤频率不能只笼统提比去年有所下降，而应提出降低百分之几，这样有利于比较，易于检查和评价。当然，当轻伤事故降到一定程度后，根据质量指标波动理论，负伤频率不可能一直连年下降，有时可能会波动回升，只要在指标范围内还是允许的，要灵活掌握。

（4）目标的综合性。企业安全目标管理，既要保证上级下达指标的完成，又要兼顾企业各个环节、各个部门及每个职工所能，不能顾此失彼。要使每个部门、每个职工都能接受，要有针对性，要有实现的可能性。

（5）目标与措施的相应性。如果措施不为目标服务，或目标不用措施保证，则会成为没有措施保证的目标或没有目标的保证措施，目标管理就失去了科学性、针对性和有效性。

合理确定安全目标值是安全目标管理中最重要的工作。合理、适宜的目标值应该是企业管理水平的客观反映，也是先进性和可行性的辩证统一，太高太低都不合适，甚至会产生副作用。因此，定目标值应慎重，要进行纵横比较和对比调整，从而制定出较为先进的、被上级认可的安全目标值，作为年度或阶段考核指标。

5. 安全目标体系的建立

安全目标管理涉及企业各个部门、各个单位，是关系安全生产全局的大问题。安全目标体系具有包容性、适用性和科学性。编制一个完善的目标体系是实现目标管理的前提。安全目标管理体系由安全目标体系和措施体系组成。

安全目标的内容主要包括：安全管理水平提高目标、安全生产教育达到程度目标、伤亡事故控制目标、劳动环境与劳动条件治理后的尘毒有害作业场所达标率提高目标、事故隐患整改完成率目标、现代化科学管理方法应用目标、安全标准化班组达标率目标、工厂安全性评价目标、厂长任职安全目标、各项安全工作目标。

目标分解要做到横向到边，纵向到底，纵横连锁，形成网络。横向到边就是把企业安全总目标分解到各个科室、车间、部门，纵向到底就是把全厂的总目标由上而下一层一层分解，明确责任，使责任落实到每个人头，实现多层管理安全目标连锁体系。

根据目标层层分解的原则，保证措施也要层层落实，做到目标和保证措施相对应，使每个目标值都有具体保证措施。就目前安全管理来看，措施主要有：落实各级安全生产责任制；加强全员安全培训，提高职工安全技术素质；编制、修订各类安全管理制度；有毒、有害岗位治理；落实安全技术措施项目；加强各类安全检查，及时消除事故隐患；开展事故预测，提高防灾害能力；确定危险岗位，管理危险设备；完善各种安全措施等。保证措施的落实在整个目标管理中的作用很大，关系到目标管理的最后结果。所以，措施要越往下越具体，要有质量、时间等方面的要求，并尽可能做到定量化、细分化。

在制定目标和措施时，还要制定考核细则，考核细则包括目标标准和考核办法。它是目标管理中对执行者完成目标情况进行评价的尺度和方法，是编制目标管理的一个不可缺少的内容。考核细则中的项目应力争做到定量化，对定性目标也要有可比的标准和考核办法。考核细则中的工作标准、奖惩标准与措施部分的工作目标和考核条件应保持一致。

6. 推行安全目标管理的注意事项

企业要推行安全目标管理并取得理想的成果，除考虑上述要求外，还应注意以下事项：

（1）要加强对全体职工的思想教育。为统一全体职工对安全目标管理的认识，必须进行全员教育，充分发挥广大职工在目标管理中的积极作用。在推行中，要认真研究职工心理变化的规律，做好对职工的引导工作。

（2）要有较完善、系统的安全管理基础。企业管理基础工作的好坏，直接决定着企业安全目标制定的完整性和先进性。为了制定既先进又可行的职工工伤频率指标和保证措施，必须有本企业历年来事故统计资料、职工接触尘毒情况、有毒有害岗位监测情况和治理结果等基础工作。只有这样，才能把安全目标管理建立在可靠的基础上。

（3）全员参加安全目标管理。由于安全目标管理以"自我控制"为特点，实行全员、全过程管理，并且是通过目标层层分解、措施层层落实来实现的，所以必须充分发动群众，将企业的全体职工都严密地科学地组织在安全目标管理体系内。在制定目标时，要充分和职工和下级协商。安全管理要落实到每个职工身上，渗透到每个操作环节中。实际上，每个职工在企业安全管理上都承担一定的目标值。没有广大职工参加安全目标管理，就失去了目标管理的真正意义。

（4）安全目标管理要责、权、利相结合。企业实行安全目标管理时，要明确职工在目标管理上的职责，因为没有责任的责任制就等于流于形式。同时要赋予他们在日常管理的权力，权限大小，应根据各人所担负的目标责任的大小和完成目标任务的实际需要来确定。还要给予他们应得的利益，不能"干与不干一样"，这样就能调动广大职工在安全目标管理上的积极性并有持久性。

总之，安全目标管理工作在企业的安全管理中运用很广，但它作为一种先进的科学管理方法，今后必将在企业管理中起到越来越大的作用。

三、《企业安全生产标准化基本规范》的要求

1. 制定和实施《企业安全生产标准化基本规范》的目的与意义

为进一步落实企业安全生产的主体责任，全面推进企业安全生产标准化工作，深入贯彻落实国家关于安全生产的方针政策和法律法规，有必要制定规范企业安全生产工作的基本规定，使企业的安全生产工作有据可依、有章可循。2010 年 4 月 15 日，国家安全生产监督管理总局发布《企业安全生产标准化基本规范》（AQ/T 9006—2010），自 2010 年 6 月1 日起施行，这意味着我国广大企业的安全生产标准化工作将得到规范。

《企业安全生产标准化基本规范》（以下简称《基本规范》）适用于工矿企业开展安全生产标准化工作以及对标准化工作的咨询、服务和评审；其他企业和生产经营单位可参照执行。有关行业制定安全生产标准化标准应满足本标准的要求；已经制定行业安全生产标准化标准的，优先适用行业安全生产标准化标准。本标准对安全生产标准化的定义是：通过建立安全生产责任制，制定安全管理制度和操作规程，排查治理隐患和监控重大危险源，建立预防机制，规范生产行为，使各生产环节符合有关安全生产法律法规和标准规范的要求，人、机、物、环处于良好的生产状态，并持续改进，不断加强企业安全生产规范化建设。

制定和实施《基本规范》的重要意义主要体现在以下几个方面：

（1）有利于进一步规范企业的安全生产工作。《基本规范》涉及企业安全生产工作的方方面面，提出的要求明确、具体，较好地解决了企业安全生产工作干什么和怎么干的问题，能够更好地引导企业落实安全生产责任，做好安全生产工作。

（2）有利于进一步维护从业人员的合法权益。安全生产工作的最终目的都是为了保护人民群众的生命财产安全，《基本规范》的各项规定，尤其是关于教育培训和职业健康的规定，可以更好地保障从业人员安全生产方面的合法权益。

（3）有利于进一步促进安全生产法律法规的贯彻落实。安全生产法律法规对安全生产工作提出了原则要求，设定了各项法律制度。《基本规范》是对这些相关法律制度内容的具体化和系统化，并通过运行使之成为企业的生产行为规范，从而更好地促进安全生产法律

法规的贯彻落实。

《基本规范》分为范围、规范性引用文件、术语和定义、一般要求、核心要求五个部分。

一般要求与核心要求的具体内容如下：

2.《基本规范》的一般要求

（1）原则。企业开展安全生产标准化工作，遵循"安全第一、预防为主、综合治理"的方针，以隐患排查治理为基础，提高安全生产水平，减少事故发生，保障人身安全健康，保证生产经营活动的顺利进行。

（2）建立和保持。企业安全生产标准化工作采用"策划、实施、检查、改进"动态循环的模式，依据本标准的要求，结合自身特点，建立并保持安全生产标准化系统；通过自我检查、自我纠正和自我完善，建立安全绩效持续改进的安全生产长效机制。

（3）评定和监督。企业安全生产标准化工作实行企业自主评定、外部评审的方式。

企业应当根据本标准和有关评分细则，对本企业开展安全生产标准化工作情况进行评定；自主评定后申请外部评审定级。

安全生产标准化评审分为一级、二级、三级，一级为最高。

安全生产监督管理部门对评审定级进行监督管理。

3.《基本规范》的核心要求

（1）目标。企业根据自身安全生产实际，制定总体和年度安全生产目标。按照所属基层单位和部门在生产经营中的职能，制定安全生产指标和考核办法。

（2）组织机构和职责

1）组织机构。企业应按规定设置安全生产管理机构，配备安全生产管理人员。

2）职责。企业主要负责人应按照安全生产法律法规赋予的职责，全面负责安全生产工作，并履行安全生产义务。企业应建立安全生产责任制，明确各级单位、部门和人员的安全生产职责。

（3）安全生产投入。企业应建立安全生产投入保障制度，完善和改进安全生产条件，按规定提取安全费用，专项用于安全生产，并建立安全费用台账。

（4）法律法规与安全管理制度

1）法律法规、标准规范。企业应建立识别和获取适用的安全生产法律法规、标准规范的制度，明确主管部门，确定获取的渠道、方式，及时识别和获取适用的安全生产法律法规、标准规范。

企业各职能部门应及时识别和获取本部门适用的安全生产法律法规、标准规范，并跟踪、掌握有关法律法规、标准规范的修订情况，及时提供给企业内负责识别和获取适用的安全生产法律法规的主管部门汇总。

企业应将适用的安全生产法律法规、标准规范及其他要求及时传达给从业人员。

企业应遵守安全生产法律法规、标准规范，并将相关要求及时转化为本单位的规章制度，贯彻到各项工作中。

2）规章制度。企业应建立健全安全生产规章制度，并发放到相关工作岗位，规范从业人员的生产作业行为。

安全生产规章制度至少应包含下列内容：安全生产职责、安全生产投入、文件和档案管理、隐患排查与治理、安全生产教育培训、特种作业人员管理、设备设施安全管理、建设项目安全设施"三同时"管理、生产设备设施验收管理、生产设备设施报废管理、施工和检维修安全管理、危险物品及重大危险源管理、作业安全管理、相关方及外用工管理、职业健康管理、防护用品管理、应急管理、事故管理等。

3）操作规程。企业应根据生产特点，编制岗位安全操作规程，并发放到相关岗位。

4）评估。企业应每年至少一次对安全生产法律法规、标准规范、规章制度、操作规程的执行情况进行检查评估。

5）修订。企业应根据评估情况、安全检查反馈的问题、生产安全事故案例、绩效评定结果等，对安全生产管理规章制度和操作规程进行修订，确保其有效和适用，保证每个岗位所使用的为最新有效版本。

6）文件和档案管理。企业应严格执行文件和档案管理制度，确保安全规章制度和操作规程编制、使用、评审、修订的效力。

企业应建立主要安全生产过程、事件、活动、检查的安全记录档案，并加强对安全记录的有效管理。

（5）教育培训

1）教育培训管理。企业应确定安全生产教育培训主管部门，按规定及岗位需要，定期识别安全生产教育培训需求，制订、实施安全生产教育培训计划，提供相应的资源保证。

应做好安全生产教育培训记录，建立安全生产教育培训档案，实施分级管理，并对培训效果进行评估和改进。

2）安全生产管理人员教育培训。企业的主要负责人和安全生产管理人员，必须具备与本单位所从事的生产经营活动相适应的安全生产知识和管理能力。法律法规要求必须对其安全生产知识和管理能力进行考核的，须经考核合格后方可任职。

3）操作岗位人员教育培训。企业应对操作岗位人员进行安全生产教育和生产技能培训，使其熟悉有关的安全生产规章制度和安全操作规程，并确认其能力符合岗位要求。未经安全生产教育培训，或培训考核不合格的从业人员，不得上岗作业。

新入厂（矿）人员在上岗前必须经过厂（矿）、车间（工段、区、队）、班组三级安全生产教育培训。

在新工艺、新技术、新材料、新设备设施投入使用前，应对有关操作岗位人员进行专门的安全生产教育和培训。

操作岗位人员转岗、离岗一年以上重新上岗者，应进行车间（工段）、班组安全生产教育培训，经考核合格后，方可上岗工作。

从事特种作业的人员应取得特种作业操作资格证书，方可上岗作业。

4）其他人员教育培训。企业应对相关方的作业人员进行安全生产教育培训。作业人员进入作业现场前，应由作业现场所在单位对其进行进入现场前的安全生产教育培训。

企业应对外来参观、学习等人员进行有关安全规定、可能接触到的危害及应急知识的教育和告知。

5）安全文化建设。企业应通过安全文化建设，促进安全生产工作。

企业应采取多种形式的安全文化活动，引导全体从业人员的安全态度和安全行为，逐步形成为全体员工所认同、共同遵守、带有本单位特点的安全价值观，实现法律和政府监管要求之上的安全自我约束，保障企业安全生产水平持续提高。

（6）生产设备设施

1）生产设备设施建设。企业建设项目的所有设备设施应符合有关法律法规、标准规范要求；安全设备设施应与建设项目主体工程同时设计、同时施工、同时投入生产和使用。

企业应按规定对项目建议书、可行性研究、初步设计、总体开工方案、开工前安全条件确认和竣工验收等阶段进行规范管理。

生产设备设施变更应执行变更管理制度，履行变更程序，并对变更的全过程进行隐患控制。

2）设备设施运行管理。企业应对生产设备设施进行规范化管理，保证其安全运行。

企业应有专人负责管理各种安全设备设施，建立台账，定期检维修。对安全设备设施应制订检维修计划。

设备设施检维修前应制定方案。检维修方案应包含作业行为分析和控制措施。检维修过程中应执行隐患控制措施并进行监督检查。

安全设备设施不得随意拆除、挪用或弃置不用；确因检维修拆除的，应采取临时安全措施，检维修完毕后立即复原。

3）新设备设施验收及旧设备拆除、报废。设备的设计、制造、安装、使用、检测、维修、改造、拆除和报废，应符合有关法律法规、标准规范的要求。

企业应执行生产设备设施到货验收和报废管理制度，应使用质量合格、设计符合要求的生产设备设施。

拆除的生产设备设施应按规定进行处置。拆除的生产设备设施涉及危险物品的，须制定危险物品处置方案和应急措施，并严格按规定组织实施。

（7）作业安全

1）生产现场管理和生产过程控制。企业应加强生产现场安全管理和生产过程的控制。对生产过程及物料、设备设施、器材、通道、作业环境等存在的隐患，应进行分析和控制。对动火作业、受限空间内作业、临时用电作业、高处作业等危险性较高的作业活动实施作业许可管理，严格履行审批手续。作业许可证应包含危害因素分析和安全措施等内容。

企业进行爆破、吊装等危险作业时，应当安排专人进行现场安全管理，确保安全规程的遵守和安全措施的落实。

2）作业行为管理。企业应加强生产作业行为的安全管理。对作业行为隐患、设备设施使用隐患、工艺技术隐患等进行分析，采取控制措施。

3）警示标志。企业应根据作业场所的实际情况，按照 GB 2894 及企业内部规定，在有较大危险因素的作业场所和设备设施上，设置明显的安全警示标志，进行危险提示、警示，告知危险的种类、后果及应急措施等。

企业应在设备设施检维修、施工、吊装等作业现场设置警戒区域和警示标志，在检维修现场的坑、井、洼、沟、陡坡等场所设置围栏和警示标志。

4）相关方管理。企业应执行承包商、供应商等相关方管理制度，对其资格预审、选择、服务前准备、作业过程、提供的产品、技术服务、表现评估、续用等进行管理。

企业应建立合格相关方的名录和档案，根据服务作业行为定期识别服务行为风险，并采取行之有效的控制措施。

企业应对进入同一作业区的相关方进行统一安全管理。

不得将项目委托给不具备相应资质或条件的相关方。企业和相关方的项目协议应明确规定双方的安全生产责任和义务。

5）变更。企业应执行变更管理制度，对机构、人员、工艺、技术、设备设施、作业过程及环境等永久性或暂时性的变化进行有计划的控制。

变更的实施应履行审批及验收程序，并对变更过程及变更所产生的隐患进行分析和控制。

（8）隐患排查和治理

1）隐患排查。企业应组织事故隐患排查工作，对隐患进行分析评估，确定隐患等级，登记建档，及时采取有效的治理措施。

法律法规、标准规范发生变更或有新的公布，以及企业操作条件或工艺改变，新建、改建、扩建项目建设，相关方进入、撤出或改变，对事故、事件或其他信息有新的认识，组织机构发生大的调整的，应及时组织隐患排查。

隐患排查前应制定排查方案，明确排查的目的、范围，选择合适的排查方法。排查方案应依据有关安全生产法律法规要求，设计规范、管理标准、技术标准，企业的安全生产目标等。

2）排查范围与方法。企业隐患排查的范围应包括所有与生产经营相关的场所、环境、人员、设备设施和活动。

企业应根据安全生产的需要和特点，采用综合检查、专业检查、季节性检查、节假日检查、日常检查等方式进行隐患排查。

3）隐患治理。企业应根据隐患排查的结果，制定隐患治理方案，对隐患及时进行治理。

隐患治理方案应包括目标和任务、方法和措施、经费和物资、机构和人员、时限和要求。重大事故隐患在治理前应采取临时控制措施并制定应急预案。

隐患治理措施包括工程技术措施、管理措施、教育措施、防护措施和应急措施。

治理完成后，应对治理情况进行验证和效果评估。

4）预测预警。企业应根据生产经营状况及隐患排查治理情况，运用定量的安全生产预测预警技术，建立体现企业安全生产状况及发展趋势的预警指数系统。

（9）重大危险源监控

1）辨识与评估。企业应依据有关标准对本单位的危险设施或场所进行重大危险源辨识与安全评估。

2）登记建档与备案。企业应当对确认的重大危险源及时登记建档，并按规定备案。

3）监控与管理。企业应建立健全重大危险源安全管理制度，制定重大危险源安全管理技术措施。

（10）职业健康

1）职业健康管理。企业应按照法律法规、标准规范的要求，为从业人员提供符合职业健康要求的工作环境和条件，配备与职业健康保护相适应的设施、工具。

企业应定期对作业场所职业危害进行检测，在检测点设置标识牌予以告知，并将检测结果存入职业健康档案。

对可能发生急性职业危害的有毒、有害工作场所，应设置报警装置，制定应急预案，配置现场急救用品、设备，设置应急撤离通道和必要的泄险区。

各种防护器具应定点存放在安全、便于取用的地方，并有专人负责保管，定期校验和维护。

企业应对现场急救用品、设备和防护用品进行经常性的检维修，定期检测其性能，确保其处于正常状态。

2）职业危害告知和警示。企业与从业人员订立劳动合同时，应将工作过程中可能产生的职业危害及其后果和防护措施如实告知从业人员，并在劳动合同中写明。

企业应采用有效的方式对从业人员及相关方进行宣传，使其了解生产过程中的职业危害、预防和应急处理措施，降低或消除危害后果。

对存在严重职业危害的作业岗位，应按照 GBZ 158 要求设置警示标识和警示说明。警示说明应载明职业危害的种类、后果、预防和应急救治措施。

3）职业危害申报。企业应按规定，及时、如实向当地主管部门申报生产过程存在的职业危害因素，并依法接受其监督。

（11）应急救援

1）应急机构和队伍。企业应按规定建立安全生产应急管理机构或指定专人负责安全生产应急管理工作。

企业应建立与本单位安全生产特点相适应的专兼职应急救援队伍，或指定专兼职应急救援人员，并组织训练；无须建立应急救援队伍的，可与附近具备专业资质的应急救援队伍签订服务协议。

2）应急预案。企业应按规定制定生产安全事故应急预案，并针对重点作业岗位制定应急处置方案或措施，形成安全生产应急预案体系。

应急预案应根据有关规定报当地主管部门备案，并通报有关应急协作单位。

应急预案应定期评审，并根据评审结果或实际情况的变化进行修订和完善。

3）应急设施、装备、物资。企业应按规定建立应急设施，配备应急装备，储备应急物资，并进行经常性的检查、维护、保养，确保其完好、可靠。

4）应急演练。企业应组织生产安全事故应急演练，并对演练效果进行评估。根据评估结果，修订、完善应急预案，改进应急管理工作。

5）事故救援。企业发生事故后，应立即启动相关应急预案，积极开展事故救援。

（12）事故报告、调查和处理

1）事故报告。企业发生事故后，应按规定及时向上级单位、政府有关部门报告，并妥善保护事故现场及有关证据。必要时向相关单位和人员通报。

2）事故调查和处理。企业发生事故后，应按规定成立事故调查组，明确其职责与权限，进行事故调查或配合上级部门的事故调查。

事故调查应查明事故发生的时间、经过、原因、人员伤亡情况及直接经济损失等。

事故调查组应根据有关证据、资料，分析事故的直接、间接原因和事故责任，提出整改措施和处理建议，编制事故调查报告。

（13）绩效评定和持续改进

1）绩效评定。企业应每年至少一次对本单位安全生产标准化的实施情况进行评定，验证各项安全生产制度措施的适宜性、充分性和有效性，检查安全生产工作目标、指标的完成情况。

企业主要负责人应对绩效评定工作全面负责。评定工作应形成正式文件，并将结果向所有部门、所属单位和从业人员通报，作为年度考评的重要依据。

企业发生死亡事故后应重新进行评定。

2）持续改进。企业应根据安全生产标准化的评定结果和安全生产预警指数系统所反映的趋势，对安全生产目标、指标、规章制度、操作规程等进行修改完善，持续改进，不断提高安全绩效。

四、《关于进一步加强企业安全生产规范化建设严格落实企业安全生产主体责任的指导意见》相关要点

2010 年 8 月 20 日，国家安全生产监督管理总局印发《关于进一步加强企业安全生产规范化建设严格落实企业安全生产主体责任的指导意见》（安监总办〔2010〕139 号），目的是为了认真贯彻落实《国务院关于进一步加强企业安全生产工作的通知》（国发〔2010〕23 号）精神，进一步加强企业安全生产规范化建设，严格落实企业安全生产主体责任，提高企业安全生产管理水平，实现全国安全生产状况持续稳定好转。该指导意见的主要内容有：

1. 总体要求

深入贯彻落实科学发展观，坚持安全发展理念，指导督促企业完善安全生产责任体系，建立健全安全生产管理制度，加大安全基础投入，加强教育培训，推进企业全员、全过程、全方位安全管理，全面实施安全生产标准化，夯实安全生产基层基础工作，提升安全生产管理工作的规范化、科学化水平，有效遏制重特大事故发生，为实现安全生产提供基础保障。

2. 健全和完善责任体系

（1）落实企业法定代表人安全生产第一责任人的责任。法定代表人要依法确保安全投入、管理、装备、培训等措施落实到位，确保企业具备安全生产基本条件。

（2）明确企业各级管理人员的安全生产责任。企业分管安全生产的负责人协助主要负责人履行安全生产管理职责，其他负责人对各自分管业务范围内的安全生产负领导责任。

企业安全生产管理机构及其人员对本单位安全生产实施综合管理；企业各级管理人员对分管业务范围的安全生产工作负责。

（3）健全企业安全生产责任体系。责任体系应涵盖本单位各部门、各层级和生产各环节，明确有关协作、合作单位责任，并签订安全责任书。要做好相关单位和各个环节安全管理责任的衔接，相互支持、互为保障，做到责任无盲区、管理无死角。

3. 健全和完善管理体系

（1）加强企业安全生产工作的组织领导。企业及其下属单位应建立安全生产委员会或安全生产领导小组，负责组织、研究、部署本单位安全生产工作，专题研究重大安全生产事项，制定、实施加强和改进本单位安全生产工作的措施。

（2）依法设立安全管理机构并配齐专（兼）职安全生产管理人员。矿山、建筑施工单位和危险物品的生产、经营、储存单位及从业人员超过 300 人的企业，要设置安全生产管理专职机构或者配备专职安全生产管理人员。其他单位有条件的，应设置安全生产管理机构，或者配备专职或兼职的安全生产管理人员，或者委托注册安全工程师等具有相关专业技术资格的人员提供安全生产管理服务。

（3）提高企业安全生产标准化水平。企业要严格执行安全生产法律法规和行业规程标准，按照《企业安全生产标准化基本规范》（AQ/T 9006—2010）的要求，加大安全生产标准化建设投入，积极组织开展岗位达标、专业达标和企业达标的建设活动，并持续巩固达标成果，实现全面达标、本质达标和动态达标。

4. 健全和完善基本制度

（1）安全生产例会制度。建立班组班前会、周安全生产活动日，车间周安全生产调度会，企业月安全生产办公会、季安全生产形势分析会、年度安全生产工作会等例会制度，定期研究、分析、布置安全生产工作。

（2）安全生产例检制度。建立班组班前、班中、班后安全生产检查（即"一班三检"）、重点对象和重点部位安全生产检查（即"点检"）、作业区域安全生产巡查（即"巡检"）、车间周安全生产检查、月安全生产大检查，企业月安全生产检查、季安全生产大检查、复工复产前安全生产大检查等例检制度，对各类检查的频次、重点、内容提出要求。

（3）岗位安全生产责任制。以企业负责人为重点，逐级建立企业管理人员、职能部门、车间班组、各工种的岗位安全生产责任制，明确企业各层级、各岗位的安全生产职责，形成涵盖全员、全过程、全方位的责任体系。

（4）领导干部和管理人员现场带班制度。企业主要负责人、领导班子成员和生产经营管理人员要认真执行现场带班的规定，认真制定本企业领导成员带班制度，立足现场安全管理，加强对重点部位、关键环节的检查巡视，及时发现和解决问题，并据实做好交接。

（5）安全技术操作规程。分专业、分工艺制定安全技术操作规程，并当生产条件发生变化时及时重新组织审查或修订。对实施作业许可证管理的动火作业、受限空间作业、爆破作业、临时用电作业、高空作业等危险性作业，要制定专项安全技术措施，并严格审批监督。企业员工应当熟知并严格执行安全技术操作规程。

（6）作业场所职业安全卫生健康管理制度。积极开展职业健康安全管理体系认证。依照国家有关法律法规及规章标准，完善现场职业安全健康设施、设备和手段。为员工配备合格的职业安全卫生健康防护用品，督促员工正确佩戴和使用，并对接触有毒有害物质的作业人员进行定期的健康检查。

（7）隐患排查治理制度。建立安全生产隐患全员排查、登记报告、分级治理、动态分析、整改销号制度。对排查出的隐患实施登记管理，按照分类分级治理原则，逐一落实整改方案、责任人员、整改资金、整改期限和应急预案。建立隐患整改评价制度，定期分析、评估隐患治理情况，不断完善隐患治理工作机制。建立隐患举报奖励制度，鼓励员工发现和举报事故隐患。

（8）安全生产责任考核制度。完善企业绩效工资制度，加大安全生产挂钩比重。建立以岗位安全绩效考核为重点，以落实岗位安全责任为主线，以杜绝岗位安全责任事故为目标的全员安全生产责任考核办法，加大安全生产责任在员工绩效工资、晋级、评先评优等考核中的权重，重大责任事项实行"一票否决"。

（9）高危行业（领域）员工风险抵押金制度。根据各行业（领域）特点，推广企业内部全员安全风险抵押金制度，加大奖惩兑现力度，充分调动全员安全生产的积极性和主动性。

（10）民主管理监督制度。企业安全生产基本条件、安全生产目标、重大隐患治理、安全生产投入、安全生产形势等情况应以适当方式向员工公开，接受员工监督。充分发挥班组安全管理监督作用。

保障工会依法组织员工参加本单位安全生产工作的民主管理和民主监督，维护员工安全生产的合法权益。

（11）安全生产承诺制度。企业就遵守安全生产法律法规、执行安全生产规章制度、保证安全生产投入、持续具备安全生产条件等签订安全生产承诺书，向企业员工及社会做出公开承诺，自觉接受监督。同时，员工就履行岗位安全责任向企业做出承诺。

各类企业均要建立以上基本制度，同时要依照国家有关法律法规及规章标准规定，结合本单位实际，建立健全适合本单位特点的安全生产规章制度。

5. 加大安全投入

（1）及时足额提取并切实管好用好安全费用。煤矿、非煤矿山、建筑施工、危险化学品、烟花爆竹、道路交通运输等高危行业（领域）企业必须落实提取安全费用税前列支政策。其他行业（领域）的企业要根据本地区有关政策规定提足用好安全费用。安全费用必须专项用于安全防护设备设施、应急救援器材装备、安全生产检查评价、事故隐患评估整改和监控、安全技能培训和应急演练等与安全生产直接相关的投入。

（2）确保安全设施投入。严格落实企业建设项目安全设施"三同时"制度，新建、改建、扩建工程项目的安全设施投资应纳入项目建设概算，安全设施与建设项目主体工程同时设计、同时施工、同时投入生产和使用。高危行业（领域）建设项目要依法进行安全评价。

（3）加大安全科技投入。坚持"科技兴安"战略。健全安全管理工作技术保障体系，强化企业技术管理机构的安全职能，按规定配备安全技术人员。切实落实企业负责人安全生产技术管理负责制，针对影响和制约本单位安全生产的技术问题开展科研攻关，鼓励员工进行技术革新，积极推广应用先进适用的新技术、新工艺、新装备和新材料，提高企业本质安全水平。

6. 加强安全生产教育培训

（1）强化企业人员素质培训。落实校企合作办学、对口单招、订单式培养等政策，大力培养企业专业技术人才。有条件的高危行业企业可通过兴办职业学校培养技术人才。结合本企业安全生产特点，制订员工教育培训计划和实施方案，针对不同岗位人员落实培训时间、培训内容、培训机构、培训费用，提高员工安全生产素质。

（2）加强安全技能培训。企业安全生产管理人员必须按规定接受培训并取得相应资格证书。加强新进人员岗前培训工作，新员工上岗前、转岗员工换岗前要进行岗位操作技能培训，保证其具有本岗位安全操作、应急处置等知识和技能。特种作业人员必须取得特种作业操作资格证书方可上岗。

（3）强化风险防范教育。企业要推进安全生产法律法规的宣传贯彻，做到安全宣传教育日常化。要及时分析和掌握安全生产工作的规律和特点，定期开展安全生产技术方法、事故案例及安全警示教育，普及安全生产基本知识和风险防范知识，提高员工安全风险辨析与防范能力。

（4）深入开展安全文化建设。注重企业安全文化在安全生产工作中的作用，把先进的安全文化融入企业管理思想、管理理念、管理模式和管理方法之中，努力建设安全诚信企业。

7. 加强重大危险源和重大隐患的监控预警

（1）实行重大隐患挂牌督办。企业应当实行重大隐患挂牌督办制度，并及时将重大隐患现状、可能造成的危害、消除隐患的治理方案报告企业所在地相关政府有关部门。对政府有关部门挂牌督办的重大隐患，企业应按要求报告治理进展、治理结果等情况，切实落实企业重大隐患整改责任。

（2）加强重大危险源监控。企业应建立重大危险源辨识登记、安全评估、报告备案、监控整改、应急救援等工作机制和管理办法。

设立重大危险源警示标志，并将本单位重大危险源及有关管理措施、应急预案等信息报告有关部门，并向相关单位、人员和周边群众公告。

（3）利用科学的方法加强预警预报。企业应定期进行安全生产风险分析，积极利用先进的技术和方法建立安全生产监测监控系统，进行有效的实时动态预警。遇重大危险源失控或重大安全隐患出现事故苗头时，应当立即预警预报，组织撤离人员、停止运行、加强监控，防止事故发生和事故损失扩大。

8. 加强应急管理，提高事故处置能力

（1）加强应急管理。要针对重大危险源和可能突发的生产安全事故，制定相应的应急组织、应急队伍、应急资源、应急培训教育、应急演练、应急救援等方案和应急管理办法，并注重与社会应急组织体系相衔接。加强应急预案演练，及时分析查找应急预案及其执行中存在的问题并有针对性地予以修改完善，防止因撤离不及时或救援不适当造成事故扩大。

（2）提高应急救援保障能力。煤矿、非煤矿山和危险化学品企业，应当依法建立专职或兼职人员组成的应急救援队伍；不具备单独建立专业应急救援队伍的小型企业，除建立兼职应急救援队伍外，还应当与邻近建有专业救援队伍的企业或单位签订救援协议，或者联合建立专业应急救援队伍。根据应急救援需要储备一定数量的应急物资，为应急救援队伍配备必要的应急救援器材、设备和装备。

（3）做好事故报告和处置工作。事故发生后，要按照规定的报告时限、报告内容、报告方式、报告对象等要求，及时、完整、客观地报告事故，不得瞒报、漏报、谎报、迟报。发生事故的企业主要负责人必须坚守岗位，立即启动事故应急救援预案，采取措施组织抢救，防止事故扩大，减少人员伤亡和财产损失。

（4）严肃事故调查处理。企业要认真组织或配合事故调查，妥善处理事故善后工作。对于事故调查报告提出的防范措施和整改意见，要认真吸取教训，按要求及时整改，并把落实情况及时报告有关部门。

第二节　企业对人员的安全管理

在企业生产作业过程中，引发事故的因素很多，但主要因素不外乎人、物、环境和管理。大量资料表明，人的不安全行为引发的事故，要比物、环境、管理等因素引发的事故比例高得多。因此，人的不安全行为是引发事故的主要因素。在预防事故方面，是否能够做好对人员的安全管理工作，是否能够超前控制员工的不安全行为，便成为能否保证安全生产的关键。

一、人员安全管理的任务与内容

1. 人员安全管理的主要任务

人员安全管理的主要任务，就是提高人员的安全素质，控制人员的不安全行为，预防事故的发生。

人的不安全行为主要有两种情况：一是由于安全意识差而做的有意的行为或错误的行为，二是由于人的大脑对信息处理不当而所做的无意行为。也就是有意违章与无意违章行为。例如，属于有意违章行为的有：使机器超速运行、未经许可或未发出警告就开动机器、使用有缺陷的机器、私自拆除安全装置或造成安全装置失效、未夹紧工件或刀具而启动机床、装卸或放置工夹量具不当、没有使用个人防护用品、在机器运转中进行维修和调整或清扫等作业。属于无意违章行为的有：由于疏忽导致的误操作、误动作；技术水平差导致的调整错误，造成安全装置失效；一时疏忽开动、关停机器而未给信号；开关未锁紧，造成意外转动、通电或泄漏；忘记关闭设备；按钮、阀门、扳手、把柄操作错误等。

要预防事故，就要提高人员的安全素质，控制人员的不安全行为。理念决定意识，意识主导行为。安全培训可以帮助员工不断强化安全理念，使广大员工不仅把安全理念入脑入心，而且内化到心灵深处，转化为安全行为，升华为员工的自觉行动。企业可以通过培训的方式，对员工进行"技能教育"和"素质教育"，提升自身素质。强化安全价值观，引导员工自觉追求安全。同时，在安全管理中，还可以通过职务分析、职业适应性测试、职业选拔测试等方法，保证人员的特性与所从事职业或工种更加匹配，减少事故倾向者的出现，从而减少因人的不安全行为导致的事故。

2. 人员安全管理的主要内容

对作业人员的安全管理，主要包括以下几个方面的内容：

（1）把好选人关。包含两个方面：一是新选人员应保证符合岗位安全特性的要求，尤其对于比较危险的作业、特种作业岗位，必须严格按有关安全规程要求选拔作业人员；二是在职人员的动态考核，对于那些由于生理、心理等变化不再胜任本岗位操作的人员应及时给予调整。此项工作的主要技术方法有：安全素质分析法、职务分析法、职业适应性测试法等。

（2）提高人员的安全素质。提高人员的安全素质是预防工伤事故的根本，主要有宣传教育、人员培训、安全活动等方法。

（3）安全管理制度的建立。如安全活动制度、安全生产教育培训制度、安全奖惩制度、劳动组织制度等。

（4）对人员作业过程的监督管理。人员工伤事故大多数发生在作业过程，因此应加强对人员作业过程的监督管理。主要包括：对人员不安全行为的监督、对现场作业方法合理性的监督、对人员操作动作合理性的监督。

（5）人员安全信息系统的建立与管理。主要是人员安全台账的建设与管理，如人员的安全心理特征类型、生理状况、身体检查记录、作业工种、违章记录、安全考核情况等方面的信息。主要技术方法有：手工安全台账建档法、计算机信息管理系统法等。

3. 作业人员安全管理的重要性

事故发生的原因虽然多种多样，但归纳起来主要有四类（即事故的 4M 构成要素）：人的错误推测与错误行为（统称为不安全行为）、物的不安全状态、危险的环境和较差的管理。由于管理较差，人的不安全行为和物、环境的不安全状态发生接触时就会发生工伤事故。工伤事故都与人有关，如果人的不安全行为得不到纠正，即使其他三个方面工作做得再好，发生工伤事故的可能性还是存在的。例如，机床安全性能很好，但是工人戴手套操作旋转物件，手被卷入而出工伤事故；女工不戴工作帽，头发被绞而出工伤事故等。

在各种事故原因构成中，人的不安全行为和物的不安全状态是造成事故的直接原因。在生产过程中，常常出现物的不安全状态，如传动部分没有罩壳，电气插头塑料完已损坏，临时线有裸露接头等。也常发生人的不安全行为，如操作车床戴手套，冲床加工中手入模区内操作等。物的不安全状态和人的不安全行为在一定的时空里发生交叉就是事故的触发点。例如，人违反交通规则横过马路（不安全行为），汽车制动系统失灵或路面太滑（物的不安全状态），当人横过马路的不安全行为和车或路的不安全状态在一定的时间和空间点相遇（交叉）时，就会发生车祸事故。故此，事故发生的必要条件是物的不安全状态和人的不安全行为的存在。必要且充分条件是，物的不安全状态和人的不安全行为在一定的时空里发生交叉。所以，预防事故发生的根本是消除物的不安全状态，控制人的不安全行为。

在事故发生之前一定存在危险行为或危险因素，原则上讲，只要人们认识并制止了危险行为的发生或控制了危险因素向事故转化的条件，事故是可以避免的。因此，加强安全生产教育培训，提高职工的安全意识和能力，这是实现安全生产不容忽视的重要环节。企业为了防止工伤事故，制定各项制度、进行安全生产教育、开展安全检查、编制安全措施计划等，其基本目的就是纠正人的不安全行为和消除物的不安全状态。然而，就设备来说，使其符合安全要求还是可以办到的，但对操作者来说就很难做到事事、处处保持行为正确，因为影响人安全性的因素很多，有生理、心理、社会等。所以由违章和不慎造成的事故是大量存在的。

在大多数情况下，构成事故的"桥梁"是由人的不安全行为和管理不善搭成的，所以安全管理要以人为本。人、物、环境和管理四个因素是相互牵连的，就像正方形的四条边一样，其中的一条边变化，另外三条边也就跟着变化。决定另外三条边的就是人的因素。因为管理规程是人制定、修改、补充的，也是由人执行、监督的；设备是人按规章购置、安装、操作、维修的；企业作业场所的环境也是由人安排的，这就不难看出，一个企业出不出工伤事故，人的因素是起决定的作用。所以，加强对人员的安全管理，对于企业预防事故发生，确保安全生产，具有重要的意义。

二、人员的安全素质与要求

1. 人员自身素质的构成

人的行为是由心理、精神、意识所支配，人的不安全行为与人的生理、心理、思想品质、安全知识技能等安全素质要素有关，因此，要提高人的作业安全性就必须提高人员的安全素质。

人的素质包括遗传的先天素质和由实践经验积累而成的后天性素质两类。人对于外界条件刺激做出的行为，即所采取的行动，会因各人的素质不同而有差异，因此，在生产场所发生不安全行为和可能引起伤害行动的最根本原因与人的素质有着极为密切的联系。

人员素质中的人，是指有智力和体力并能从事某项劳动的人。素质的本义为生理素质，目前已经逐渐发展成为一个综合的概念，在素质本义的基础上，又增添了知识因素、个性因素、社会欲望因素等。概括起来，素质所包含的要素有以下几点：

（1）人的生理特点。这里主要是指一个人的感觉器官、运动器官以及脑的结构形态和生理机能方面的特点，他们均属于先天素质。所谓先天素质，是指与生理机体的结构和机能密切相连的、难以改变的自然条件和自然状况。人的生理有如下特点：一是不可改变性。先天素质往往具有与生俱来的特点，如有的人嗅觉异常敏锐，有的人嗅觉就不够敏锐等。二是个体差异性，即不同的个人天赋，例如有人具有音乐天赋，有人具有数学天赋。大多数人是靠后天条件来选择职业，而具有特殊天赋的人，却可以以天赋倾向与后天努力相结合来选择对天赋因素要求高的职业，这是天赋优势。

（2）品德内涵。这是指人的思想品质，主要是社会责任感等方面的内容。它包括职业道德（法律规范及本职业所要求的道德规范）、社会道德（社会所要求的社会公德如尊老爱幼等）、政治道德（国家政治制度所要求的政治权力规范如公仆意识、民主意识等）。

（3）心理内涵。这是指个体所具有的个性、思维方式、行为方式、兴趣、追求、情绪等个体差异，如人与人之间的性格差异、观念差异等。

（4）智能内涵。主要是指从后天环境中习得的知识、文化、技术、社会认知等方面的特点。如学历的高低、社会经验的深浅、技能的精陋、能力的强弱等。这一类素质是在生理素质和心理素质基础上进一步发展起来的。智能素质的习得、发展与提高，虽然都是从社会中获得的，但来源是不同的。智能素质按其来源的不同可以划分为科学智能素质和社会智能素质。科学智能素质来自人与自然交往过程中的直接经验或者人通过书本学习间接经验得到的。社会智能素质则是来自社会实践，通过人与人之间的交往、联系、竞争与合作来获得。其中，科学智能素质在智能素质中起决定作用，是决定人的综合素质、整体素质高低的首要因素。

（5）工作绩效内涵。主要是指各类人员通过努力所取得的工作成效，如工作成效、工作成绩、工作质量和工作效率等。

2. 人员安全素质的构成

人员安全素质实质是指人员的安全文化素质，其内涵非常丰富，主要包括安全意识、法制观念、安全技能知识、文化知识结构、心理应变、承受适应能力和道德、行为规范约束能力等。

安全意识、法制观念是安全文化素质的基础；安全技能知识、文化知识结构是安全文化素质的重要条件；心理应变、承受适应能力和道德、行为规范约束力是安全文化素质核心内容。三个方面缺一不可，相互依赖、相互制约，构成人员的安全素质。人员安全素质与一般素质相比，有其共同之处，也有其自身的特点，其具体组成如下：

（1）安全生理素质。主要是指人员的身体健康状况、感觉功能、工作坚持等。

（2）安全心理素质。主要是指个人行为、情感、紧急情况下的反应能力、事故状态下的个人承受能力等。

（3）安全知识与技能素质。主要是指一般的安全技术知识和专业安全技术知识等。

（4）品德素质。主要是指各类人员对待工作的态度、思想意识和工作作风。如社会安全观念、社会责任感等。

（5）各种能力。因为素质有层次性的特点，不同层次的人应该侧重于具备各种不同的能力，如领导者就应该具备安全指挥、决策等能力；工程师、技术员应该侧重安全技能；安监干部、班组长等应该具备管理能力等。

在人员的安全素质中，作业人员的品德素质，即遵章守纪的素质，十分重要。违章是肇事的根源。事故统计分析表明，在作业人员个人不安全因素所引起的事故中，80％以上是违章行为造成的。因此，违章（有意违章）实质上是属于缺乏责任感和缺乏安全意识，其个人安全可靠性很差。有些操作者在生活中产生了许多不良习惯，如经常酗酒、酒后作业等，这些不良习惯的产生，对安全可靠性有重大不良影响。

每一种职业都应有具体的职业道德标准来约束人员的行为规范，这些规范通常以规章制度、业务条例、工作守则、生活公约、劳动须知、企业誓词、行动保证等形式出现，其内容主要是对人员行为准则的规定，如热爱本职工作、安全文明作业、遵纪守法、团结协作、实事求是、保质保量等规定。

3. 对人员生理素质的要求

不同职业对人员的生理素质要求有所不同。在实际工作中，应根据不同的工作岗位，确定不同的生理素质要求条件，作为人员选用或评定的依据。

（1）感觉功能要求。人的感觉由眼、耳、鼻、舌、皮肤五个器官产生视、听、嗅、味、触觉等五感。此外，还有运动、平衡、内脏感觉，综合起来即为人的感觉。这些感觉器官都有其独特的作用，又有相互补充的作用。感觉是人通过感觉器官对外界信息接收的过程，然后通过中枢神经系统形成知觉、思考判断，经运动中枢神经调动运动器官做出反应。因此，人体感觉的特性对人体对外界反应有重要的影响。有些职业感觉系统有特殊的要求，如有色盲的人不能从事化学分析等职业。

（2）力量与速度。不同体格的人所表现出来的力量和速度差别很大，不同职业对人体的力量与速度要求也不同。例如，载重汽车驾驶员，不仅要有灵敏的反应速度，而且对四肢的力量也有一定的要求。

（3）耐力与工作坚持。人在作业或活动过程中，由于肌肉过度紧张或心理紧张而出现疲劳现象。疲劳是一种复杂的生理和心理现象，当出现疲劳时，在生理上表现为全身疲乏、头痛、站立不稳、手脚不灵、两腿发软、行动呆板、头昏目眩、呼吸局促等疲倦感觉；而在精神上表现为感到思考有困难、注意力难以集中、对事物失去兴趣、健忘、缺乏自信心、失去耐心、遇事焦虑不安等。

随着科学技术水平的发展和社会进步，现代工业中采用电子计算机自动控制的生产线日益增多和完善，大量繁重的体力劳动和职业性危害较严重的工种已逐步被机器或机器人所取代，体力劳动在工业生产中的比重和强度都不断下降，而需要智力和神经系统紧张的作业却越来越多。有些作业需要紧张而繁重的脑力劳动，有些作业是脑力和体力并重，且精神相当紧张，因此需要从事这些作业的人员有比较好的耐力和工作坚持性。例如，生产线上的产品检验工，为了适应产品的快速传送，视力和精神都处于紧张状态而产生疲劳。又如，危险化学品运输人员，由于所运送的物品具有很大的危险性，因而对这类人员的责任心要求就必须要高。

4. 对人员心理素质的要求

人的心理素质取决于人的心理特征。人的心理特征结构主要包括心理过程特性和个性心理特性。人的心理过程特性是心理活动的动态过程，即人脑对客观现实的反应过程，具体分为认识过程和意向过程。认识过程是指人的感觉、知觉、记忆、注意、思维、想象等过程，即人们通过感觉获得对客观事物的感性认识，然后通过大脑的思考、分析、判断，从而完成认识的全过程。意向过程是指人的情感、情绪、意志。通常所说的喜怒哀乐都属于情感和情绪；意志则是人为了达到某一个目的，自觉地克服内心矛盾和外部困难的心理活动。

个性心理特性包括个性心理特征和个性倾向性两个方面。个性心理特征是指人的能力、气质和性格，是个性结构中比较稳定的成分。人的个性心理特征是不同的，如对同样的任务，有的人能顺利完成，有的人则困难重重；有的人热情奔放，有的人沉默娴静；有的人心胸开朗，有的人心胸狭窄等，这些就是人们在能力、气质、性格上的差异。个性倾向性是指人的需要、动机、兴趣、信念和世界观等，是个性心理的潜在力量，每个人的个性倾向性也不尽相同。

人的各种心理特性是相互制约、相互依赖的。没有对客观事物的认识，没有伴随认识过程表现出来的情感，没有对客观事物改造的意志，那么性格、兴趣、信念等就无法形成。同样，兴趣、需要、性格不同的人，对同一事物也会表现出不同的认识、情感和意志等特点。

人的心理特征，既有共性，又有个性，共性寓于个性之中，现实生活中，心理活动总是在一定的个体身上发生的，个体的心理活动既体现着一般规律，又具有个别特点。

每个人的心理活动各有特点，具体表现在兴趣、爱好、能力、气质、性格等方面。在开展安全活动和安全生产教育中，就应针对不同的心理特性，充分利用和发挥具有对安全工作有利心理状态的人的积极性，而对那些存在不安全心理因素的人，应通过严格执行安全规章制度，并进行安全心理疏导和教育工作来消除其不安全心理因素。还可以利用人们的恐惧心理进行安全生产教育和安全管理，加强对事故及灾害的危险性宣传，让人们认识到其后果的严重性，从而激发人们采取安全防护措施的积极性，并自觉地杜绝不安全行为。

5. 对人员技术素质的要求

作业人员不仅要掌握生产技术知识，还应了解安全生产有关的知识。生产技术知识内容包括企业基本生产概况、生产技术过程、作业方法或工艺流程，专业安全技术操作规程。各种机具设备的性能以及产品的构造、性能、质量和规格等。

安全技术知识内容包括企业内危险区域和设备的基本知识及注意事项；安全防护基本知识和注意事项；有关电器设备、起重机械和厂内运输及企业防火、防爆、防尘、防毒等方面的基本安全知识；个人防护用品的构造、性能和正确使用的有关常识；事故发生原理，事故统计分析，预先危险性评价分析，事故树分析等。

安全技能要求作业人员具备熟练的操作技能，具有及时发现和处理异常的能力。在紧急情况下，能够排除险情，保证设备和人员的安全。

技术素质是影响作业人员安全可靠性的重要因素，作业人员的技术水平高，不仅能防止事故的发生，而且还可以提高效率；反之，技术水平低，不仅不能保证机械的正常作业，而且还容易引起事故的发生。每一工种都应制定出严格的技术等级考核标准，并严格考核，持证上岗。

6. 对遵章守纪职工的培养与塑造

人们的思想支配行动，确立安全理念，才会有遵守规章、防止违章的安全行为。从心理学的角度讲，人的思想意识、性格秉性、生活习惯、作业习惯、安全习惯等，都是可以通过后天的培养塑造加以改变的。客观地讲，没有现成的优秀职工供企业选择，大量遵章守纪优秀职工的涌现，来自于企业的培养教育。因此，加强安全生产教育培训，提高职工的安全意识和技能，是企业实现安全生产重要环节。

（1）要引导职工认清安全生产的重要性与紧迫性，确立"安全第一、预防为主"的理念。在目前市场竞争日益激烈，职工的安全思想观念也呈现出多样性。有的职工的安全理念出现了偏差，或者单纯地重视经济收入，轻视安全；或者因循守旧，思想观念跟不上科学技术的飞跃发展；或者对严格的安全监督管理不理解，产生误解和抵触情绪；或者相信迷信，不相信科学，预防事故不是靠扎实地开展工作，而是图侥幸，凭运气等。要破除这些有悖于安全生产要求的思想偏向，引导企业职工深刻理解"安全第一、预防为主"的方针，认清抓好安全生产是关系职工生命安全和企业财产安全，关系企业的生存与发展，关系社会稳定的大事。预防事故，实现安全生产，依靠的是全体职工同心同德的奋发进取，扎扎实实地开展安全管理工作。那种图侥幸、凭运气的想法不仅于事无补，而且十分有害。要让每个职工都要认清"安全生产，人人有责"，不仅自己要遵守安全规章，而且要大力支持安全管理工作,为营造良好的安全氛围增砖添瓦。

(2) 要引导职工学习和掌握安全管理规章制度和安全操作规程。安全管理规章制度和安全操作规程,揭示了安全生产的客观规律,是企业开展安全管理工作的基本依据,是每个职工的行动指南。要通过教育培训,帮助职工了解这些规定的基本内容,熟记与自己有直接关系的条文条款,并以说服和规劝的方式,帮助职工扫除各种思想障碍,加深消化理解,化为具体行动。

(3) 要加强企业安全文化建设。企业安全文化作为现代化企业生产力的重要保障,是企业文明和素质的重要标志。企业安全文化建设的过程,也是改变职工的精神和道德风貌,改进和加强企业安全管理工作的过程。通过企业安全文化中的约束功能,约束职工的安全行为,使每一个员工都能深刻认识安全规章制度的必要性,自觉地增强安全意识,履行安全责任,提高整体的安全水平。例如,定置管理在机械制造企业的安全工作中具有重要意义,而实施这种管理主要是科学合理摆放,形成习惯。例如,在生产现场实施定置管理,工件摆放按工序井井有条,形成流水线,给人以文明整洁、通道宽畅、省工省时且又安全的印象。定置管理由人实施,表现为人的安全素质的外化,而形成现场和操作环境则是物的本质安全的体现。通过安全文化建设,增强员工的安全责任和安全意识,使员工逐步从"要我安全"到"我要安全",并进一步升华到"我会安全"的境界。

三、职工在安全生产方面的权利与义务

1. 权利与义务的概念

职工在生产劳动过程中,享有《安全生产法》等法律法规规定的权利,同时也要承担相应的安全生产责任,履行相应的安全生产义务,做到权利与义务的统一。

在法律上,"权利"和"义务"是两个相对的概念。"权利"是指公民或法人依法行使的权力和享受的利益,法律对于权利的主体在行使权力或得到利益时应当做出的行为要给予约束,这种约束就表现为权利主体的义务。换句话说,"义务"就是权利主体所受到的法律约束。法律要求负有义务的人或法人必须同时履行相应的责任,以维护国家利益或保证权利主体的权利得到实现。

权利的本质是一种利益,义务的本质是一种无利益,而且受约束。责任是义务的具体化,即分内应做的事。分内的事做好了,称为尽到责任,分内的事没有做好,应当承担过失而追究责任。

权利与义务密不可分,一方有权利,他方必有相应的义务,反之亦然。人们在建立各种法律关系时,往往是互为权利和义务。

　　企业和职工之间构成了一种劳动关系，在这种关系中，职工提供自身的劳动并获得报酬，企业提供劳动场所和必需的劳动条件，并支付劳动报酬，双方的利益并不完全相同。因此，必须依靠法律明确规定企业和职工双方的权利和义务，才能使这种劳动关系保持公正和稳定。安全生产关系是劳动关系的重要组成部分，在我国现行法律中均有对企业和职工在安全生产方面的权利与义务所做出的规定。

2. 职工在安全生产方面的权利

　　党和国家历来重视职工的安全生产权利，国家的许多法律对此都有相关的规定。新修订的《安全生产法》第六条规定："生产经营单位的从业人员有依法获得安全生产保障的权利，并应当依法履行安全生产方面的义务。"《安全生产法》第三章从业人员的安全生产权利义务，还详细规定了从业人员应享有的权利与义务。

　　从业人员的安全生产权利可以概括为以下八项：

　　（1）知情权。从业人员有了解其作业场所和工作岗位存在的危险、有害因素，防范措施和事故应急措施的权利。知情权保障从业人员知晓并掌握有关安全生产知识和处理办法，能有效地消除和减少由于人的因素产生的不安全因素，从而避免和减少人员伤亡。

　　（2）建议权。从业人员有权对本单位的安全生产工作提出建议；职工可以通过各种方式，对企业的安全生产规划、管理制度、管理办法、安全技术措施和规章的制定等提出建议。

　　（3）批评、检举和控告权。从业人员有权对本单位的安全生产工作中存在的问题提出批评、检举、控告；生产经营单位不提供法律规定的劳动条件，违章指挥、强令冒险作业，是发生伤亡事故的重要原因之一；赋予从业人员批评、检举、控告权，可有效发挥群众的监督作用。

　　（4）拒绝权。从业人员有权拒绝违章指挥和强令冒险作业。违章指挥、强令冒险作业极大地威胁从业人员的生命安全和身体健康，法律赋予从业人员这项权利，使其可以与生产经营单位的违法行为进行斗争，保护自身生命安全。企业不得因职工拒绝违章指挥、强令冒险作业而降低其工资、福利等待遇或者解除与其订立的劳动合同，用人单位不得以此为由给予处分，更不得予以开除。

　　（5）紧急避险权。从业人员发现直接危及人身安全的紧急情况时，有权停止作业或者在采取可能的应急措施后撤离危险场所。紧急避险权体现了"以人为本"的精神。企业不得因职工在此紧急情况下停止作业或者采取紧急撤离措施而给予职工任何处分，也不得降低其工资、福利待遇或者解除与其订立的劳动合同。

　　（6）劳动保护条件保障权。从业人员有获得安全卫生保护条件的权利，有获得符合国家标准或者行业标准的劳动防护用品的权利，有获得定期健康检查的权利等。

（7）接受安全生产教育权。从业人员有获得本职工作所需的安全生产知识，安全生产教育和培训的权利。该项权利能使从业人员提高安全生产技能，增强事故防范和应急处理能力。

（8）享受工伤保险和伤亡赔偿权。从业人员因生产安全事故受到损害时，除依法享受工伤社会保险待遇外，依照有关民事法律尚有获得赔偿的权利的，有向本单位提出赔偿要求的权利。《安全生产法》还规定，生产经营单位不得以任何形式与从业人员订立协议，免除或者减轻其对从业人员因生产安全事故伤亡依法应承担的责任。因生产安全事故受到损害的从业人员，除依法享有工伤社会保险外，依照有关民事法律尚有获得赔偿的权利的，有权向本单位提出赔偿要求。

3. 职工在安全生产方面的义务

作为法律关系内容的权利与义务是对等的。没有无权利的义务，也没有无义务的权利。职工依法享有权利，同时也必须承担相应的法律责任和法律义务。职工在生产劳动中，除享有安全生产的有关权利以外，还应当承担相应的义务。

职工在安全生产方面的义务主要有：

（1）遵章守纪，服从管理。即从业人员在作业过程中，应当严格遵守本单位的安全生产规章制度和操作规程，服从管理。事实表明，职工违反规章制度和操作规程，是导致大量安全事故的主要原因。企业的负责人和管理人员有权依照规章制度和操作规程进行安全管理，监督检查职工遵章守纪的情况。对这些安全生产管理措施，职工必须接受并服从管理。依照法律规定，企业的职工不服从管理，违反安全生产规章制度和操作规程的，并给予批评教育，依照有关规章制度给予处分；造成重大事故，构成犯罪的，依照刑法有关规定追究刑事责任。

（2）正确佩戴和按标准使用劳动保护用品。从业人员在作业过程中，应当正确佩戴和使用劳动防护用品。为保障职工人身安全，生产企业必须为职工提供必要的、符合要求的劳动防护用品，以避免或者减轻生产作业中的人身伤害，职工必须正确佩戴和使用劳动防护用品。但在实际工作中，一些职工认为佩戴和使用劳动防护用品没有必要，或嫌麻烦，往往不按规定佩戴或者不能正确佩戴和使用劳动防护用品，由此引发的人身伤害时有发生，给自身和家庭带来巨大的痛苦。

（3）接受安全生产教育培训，掌握安全生产技能。从业人员应接受安全生产教育和培训，掌握本职工作所需的安全生产知识，提高安全生产技能，增强事故预防和应急处理能力。这项义务的履行能够提高从业人员的安全意识和安全技能，进而提高生产经营活动的安全可靠性。职工的安全意识和安全技能的高低，直接关系到生产经营活动的安全可靠性。为搞好安全生产，防止发生伤亡事故，职工有义务接受安全生产教育和培训，掌握本职工作所需的安全生产知识，提高安全生产技能，增强事故预防和应急处理能力。

（4）发现事故隐患及时报告。从业人员发现事故隐患或者其他不安全因素时，应当立即向现场安全生产管理人员或者本单位负责人报告。从业人员是进行生产经营活动的主体，往往是发现事故隐患和不安全因素的第一当事人，及时报告，方能及时处理，最大限度地避免和减少事故损失。

4. 对女职工和未成年工的保护

女职工在心理和生理上与男职工有区别。就生理而言，男女在运动系统、呼吸系统、血液循环系统等许多方面都存在不同，尤其是女性在月经、生育、哺乳等时期都有特殊的生理反应，需要特殊保护。未成年工是指年满 16 周岁，不足 18 周岁，身体发育尚未完全成熟的劳动者。女职工和未成年工自身的生理特点决定了应当给予他们特殊的劳动保护。为此，国家对女职工和未成年人的保护做了以下规定：

（1）规定了女职工和未成年工禁忌从事的劳动范围。某些特别危险的行业，如矿山井下作业、架设登高作业；特别繁重的体力劳动，如第四级体力劳动强度作业等不允许女性和未成年工从事。

（2）规定了妇女在生理四期（月经期、怀孕期、产期、哺乳期）禁忌从事的劳动范围。如怀孕和哺乳期的妇女禁忌从事接触铅、苯、镉等有毒物质浓度超过国家卫生标准的作业等。

（3）规定了妇女在"四期"应享受的基本待遇。如产假休息不少于 90 天，在此期间工资、福利待遇保持不变；不得在女职工怀孕期间解除劳动合同等。

（4）规定了未成年工的就业管理办法。规定矿山企业不得安排未成年工从事粉尘、有毒有害物超标的作业环境的工作，以及重体力劳动、危险行业（如矿山井下作业）、易发生伤害事故的作业，并且要对未成年工实行特殊的管理，如就业前健康检查等。

在我国现行的法律法规中，对女职工和未成年工的特殊保护，均使用的是法律法规中最高用语，如禁止、禁忌、不得等，这是一条红线，任何单位和个人均不得违禁。

第三节　对班组安全生产的管理

班组是企业的基层组织，是有效控制事故的前沿阵地，因此抓安全管理必须从班组抓起。只有抓好班组安全管理，使"安全第一、预防为主"的方针和企业的各项安全工作真正落实到班组，班组的安全才会得到保障，企业安全生产的基础才会牢固。

一、生产班组的日常安全管理

1. 班组安全管理的特点

班组是企业管理组织的基本形式，班组的地位和作用决定了它在安全管理上的特点。

（1）范围相对较小、人员相对较少，不容易形成安全死角；生产比较单一、工艺比较接近，职工在技术、操作以及安全生产方面有较多的共同语言。

（2）班组成员在生产过程中时时刻刻会遇到安全问题，绝大多数问题需要靠自己开动脑筋，采取措施加以解决。这种自己管理自己安全的行为，有利于促进职工安全意识和安全素质的提高。

（3）班组开展安全活动，召集容易、时间短、次数多，面对现实、针对性强、印象深刻，这有利于唤起职工的注意力，以便迅速解决问题。

2. 班组安全管理的有效途径

生产班组是进行生产和日常管理活动的主要场所，也是企业完成安全生产各项目标的主要承担者和直接实现者。企业的设备、工具和原材料等，都要由班组掌握和使用；企业的生产、技术、经营管理和各项规章制度的贯彻落实，也要通过班组的活动来实现。因此说，班组是企业安全生产的重要阵地，是企业取得安全、优质、高效生产的关键所在，企业安全管理的各项工作必须紧密围绕生产一线班组开展才有效。

班组安全管理的有效途径主要有：

（1）提高班组长的责任感。通过班组建设，使班组长进一步明确班组在企业中的地位和作用，认识到企业的生存与发展不仅与企业的领导者有关，与班组同样有关。俗话说，企业管理千条线，班组管理一根针。企业的各项经营技术指标和工作任务，都要通过班组的努力才能更顺利地实现。

（2）健全民主制度，强化民主管理。在班组建设中，要发挥班组成员的积极性，通过班务公开管理制度，使班组每一名成员成为内部管理的主体，围绕生产任务、工作质量、规章制度等进行专题讨论，把不同意见和建议形成共识。促使班组成员思想一致。并制定出严格班组管理制度，实行定人定项管理，将考核指标量化到个人，建立健全班组管理台账。在长期的实践中，各项制度、措施得到补充、完善，使班组成员看到干多干少、干好干坏就是不一样。通过班务公开，进一步增强了班组分配和奖罚透明度，充分体现了"按劳分配"的原则，才能激发班组成员干好本职工作的主动性和积极性。

（3）加强班组的思想建设。要把班组学习作为思想建设的工作园地，培育班组职工树立正确的人生观、价值观，引导职工积极努力工作，竭尽全力发挥自己的所能为企业效力。在班组建设的实践中，要增强班组的凝聚力，就得让班组成员热爱班组，使职工感到在班组中有家的温暖，班组成员之间相互关心、相互帮助，激发起职工对班组的热爱。

（4）要积极培育班组职工的业务素养，开展多种形式的业务培训，安排一定的时间组织班组职工学习业务知识，岗位技能练兵；也可以一边干一边学，在干中体会，在干中实践，在干中创新，进而提高技术能力和管理能力，适应新产品、新设备、新技术的需要，适应新形势、新思路、新机制、新体制的需要，为企业尽心尽职地创造财富。

（5）制度建设是抓好班组管理的保障。班组管理缺少不了相应的标准和规章制度。只有用标准、制度来规范班组的行为，规范工作中的纵向步骤和横向关系，使工作程序最佳化，把工作中的不安全因素降到最低，把工作成本降到最低，把各种消耗降到最低，使工作的效益最大化。班组可以结合具体工作和实际情况，制定并完善班组管理各项规章制度，并组织班组人员学习、贯彻落实。

（6）齐心协力是抓好班组管理的力量。要搞好班组管理工作，只靠班组长自己单干是不行的，要有班组骨干和全班职工的支持才能成功。坚持召开班组民主生活会，通过职工的广泛参与，提出对班组管理的看法和建议，交流思想，消除误解。只有在心情舒畅的氛围，才会充分调动和发挥班组职工的积极性和创造性，努力达到人尽其才，使民主分工管理收到良好的效果。

（7）激励机制是抓好班组建设的动力。制定班组工作的激励办法，把班组的所有工作列入激励范围，多劳多得，少劳少得，干好干坏不一样，要使班组职工尝到多干活、干好活的甜头，克服那种只扣不奖的考核办法，及时表扬先进，鞭策落后，在班内形成赶、帮、超的良好氛围，促进班组管理向上突破。

3. 班组安全管理的原则

班组安全管理是指为了保障每个职工在劳动过程中的安全与健康，保护班组所使用的设备、装置、工具等财产不受意外损失而采取的综合性措施，主要包括建立健全以岗位责任制为核心的班组安全生产规章制度、安全生产技术规范等。

在班组安全管理中应坚持以下原则：

（1）目的性原则。班组安全管理的目的是为了防止和减少伤亡事故与职业危害，保障职工的安全和健康，保证生产的正常进行。"安全第一"是企业的生产方针，是提高企业经济效益的基础性工作。因此，班组安全管理工作应根据工作现场状况和作业人员情况的变化，将安全管理过程和措施与班组实际相结合，以便有的放矢地实行动态管理。

（2）民主性原则。通过在班组内实行民主管理，充分调动每个职工的积极性，使他们能够肩负起自己所承担的安全生产责任，并能发挥聪明才智，主动参与班组的安全生产管理，为班组的安全建设献计献策。

（3）规范性原则。班组安全管理规范化，主要是建立规范化的安全管理运行机制，制定和完善各种安全生产管理制度、安全技术规范、操作程序和动作标准。在此基础上，实现安全生产标准化，即操作标准化、现场标准化和管理标准化。

4. 班组安全管理的基本方式

班组要实现安全生产，其安全管理工作就必须遵循安全管理的基本原则，实施科学有效的管理方式。

班组安全管理的基本方式主要有：

（1）目标管理。班组的安全管理是企业安全管理工作的基础，是企业安全目标的一个组成部分。企业的安全管理总目标，需分解成各层次各部门的分目标，由上至下层层下达直至班组，由下至上一级保一级。通过分目标的有效实施，保证企业安全管理总目标的实现。班组安全的目标管理，就是根据企业安全管理总目标和上一层次分目标的要求，把班组承担的各项安全管理责任转化为班组安全管理目标。

（2）参与管理。参与管理就是职工通过参与班组安全管理，发挥聪明才智，不断发现安全管理中的问题，研究对策，提出改进建议，从而使安全管理工作达到更高的水平。实施参与管理重在正确引导，要使职工了解班组当前安全工作的重点，作业场所存在的事故隐患，工作环境存在的主要职业危害，使职工的参与具有明确的方向性和目的性。

（3）制度管理。制度管理就是把安全工作的任务、各项管理及基础工作标准化、规范化，制定出相应的规章制度。明确班组长及每个职工的权利和责任，用权力的制衡、奖励和惩罚来保证制度的实施。其核心是以明确的岗位职责、规章和制度为基础，以完善的安全管理规范、安全技术标准和系统性管理理论为依据，保证各项安全工作有秩序和高效率地进行。在实际工作中，班组除了执行企业所制定的各项安全管理规章制度外，还可以根据班组安全管理的需要，制定班组安全管理制度。

（4）创新管理。创新管理的重点是根据新情况、新问题，调整班组安全管理的组织结构和职能，以适应职工结构、状况的变化和劳动关系的变革。具体来说，在设备运行中推行在线监测，保证设备安全运行；在设备检修中推行状态管理，实行点检定修制。要不断开展技术改造和技术革新，采用新技术、新工艺、新材料、新设备等高新技术，提高设备的本质安全。

5. 班组安全规章制度和安全台账管理

（1）班组安全规章制度。安全规章制度是班组安全管理的一个重要组成部分，是保证班组生产安全和出现违章违纪现象进行处罚的依据。可以说，安全管理规章制度是前人的经验总结，也是血的教训，为此，班组长和班组成员都应熟知安全规章制度，要认真理解、熟悉规章制度，保证规章制度的贯彻执行，并经常将自己的行为与规章制度进行对照，找出问题，不断改进，提高遵章守纪的自觉性。

（2）班组安全台账。安全台账是班组开展安全工作的实绩记录，查看安全台账记录可以了解、检查班组安全工作的情况。安全台账记录不拘形式，但绝不能伪造。每个班组和每个班组成员都必须认真对待，而且在实际管理工作中逐步加以完善充实。

安全台账由安全员负责建立和管理，其主要内容有：安全生产计划、总结；安全日活动记录；事故、故障、异常情况分析讨论记录；月度安全情况小结（安全评价分析、安全实绩记录、好人好事记录等）；安全工器具检查登记表与特种安全设施管理；安全检查及隐患项目整改记录；安全培训与考核记录；安全奖惩记录；现场设备、安全设施巡查记录；违章记录。一些企业为使班组安全工作制度化、规范化，统一设置了班组安全管理台账，即"安全管理记录簿"和"安全活动记录簿"。工作中，按台账有关内容，每进行一次安全活动或开展安全工作时，均要详细记录。对记录的基本要求是：内容翔实、记录及时、字迹工整、保管良好。

6. 安全工器具、劳动防护用品管理

安全工器具和劳动防护用品质量的可靠性，直接关系到职工在生产过程中的生命安全和身体健康，因此，强化安全工器具和劳动防护用品管理已成为企业安全管理的一个重要内容。

班组应根据生产性质、工种、作业环境等生产实际情况，按规定和需要配备足够的、合格的安全工器具和劳动防护用品，并按有关规定进行管理、使用、检查和维修；要定期检验，不合格的要及时报修或更换。班组长和安全员应负责指导班组成员正确使用安全工器具，讲解其工作原理和性能，督促班组成员按规定穿戴防护用品，并加以妥善保管。

安全工器具虽属工器具的范畴，但它的质量水平，如机械强度、绝缘性能、温度特性等，直接关系到作业人员的生命安全和生产设备的安全使用。因此，所配备的安全工器具必须是经过国家有关检测部门鉴定合格的产品。使用中，要对所有的安全工器具实行定置管理，按号入座。要按类别分别建立安全工器具台账，做到账物相符，一一对应，并及时登记检验、试验日期，检验情况和结果。

个人防护用品主要有安全帽、安全带、防护眼镜、绝缘鞋等，按工种发放给职工个人保管使用。对这类防护用品，要注意做到建立个人账卡，定期检验，并按规定期限发新换旧。

对于劳动保护用品，如工作服、手套、口罩、耳塞等，班组长或安全员应根据班组成员所从事的工种、作业条件和接触有毒有害物质的情况，按企业管理部门的有关规定，领

取所需的劳动保护用品。要防止将劳动保护用品变相为人人都有的福利待遇；提供的个人防护用品要在生产中按要求使用，实现它的效用，并做好监督检查；班组长要为在有毒、有害、高温场所作业的班组成员领取保健品。

7. 班组日常安全工作

班组在每日工作的开始实施阶段和结束总结阶段，应自始至终地认真贯彻"五同时"，即班组长在计划、布置、检查、总结、考核生产的同时，进行计划、布置、检查、总结、考核安全工作，把安全指标与生产指标一起进行检查考核。因此，认真开好班前、班后会，做到每日安全工作程序化，即班前布置安全、班后检查安全，将安全工作列为班前会、班后会的重点内容。可以说，班前会、班后会成效与否，是班组安全管理水平的一个标志。

（1）班前会。班前会是班组长根据当天的工作任务，结合本班组的人员（人数、各人的安全操作水平、安全思想稳定性）、物力（原材料、作业机具、安全用具）和现场条件、工作环境等情况，在工作前召开的班组会。其特点是时间短、内容集中、针对性强。

为组织开好班前会，班组长每天要提前到岗，查看上一班的工作记录，听取上一班班组长的交接班情况，了解设备操作情况、有无异常现象和缺陷存在、是否进行过检修等，然后进行现场巡回检查。班组长要对当天的生产任务、相应的安全措施、需使用的安全工器具等做到心中有数，对承担工作任务的班组成员的技术能力、责任心要有足够的了解。在班前会上要突出"三交"（即交任务、交安全、交措施）和"三查"（即查工作着装、查精神状态、查个人防护用品），并针对当天生产任务的特点、设备运行状况、作业环境等，有针对性地提出安全注意事项。对因故没有参加班前会的个别班组成员，班组长应事后对此人补课交底，防止发生意外。

班前会是一种安全分析预测活动，要使之符合实际，具有针对性和预见性，就要求班组长在每天会前认真准备，有关安全事项要在实际作业中验证总结。

（2）班后会。班后会是一天工作结束或告一段落，在下班前由班组长主持召开的下次班组会。班后会以讲评的方式，在总结、检查生产任务的同时，总结、检查安全工作，并提出整改意见。班前会是班后会的前提和基础，班后会是班前会的继续和发展。

班后会上，班组长要简明扼要地小结当天完成生产任务和执行安全规程的情况，既要肯定好的方面，又要找出存在的问题和不足；对工作中认真执行规章制度、表现突出的班组成员要进行表扬，对违章指挥、违章作业的人员视情节轻重程度和造成后果的大小，提出批评或考核处罚；对人员安排、操作方法、安全事项提出改进意见，对操作中发生的不安全因素、职业危害提出防范措施。

班组长要全面、准确地了解班组当天的工作情况，以使班后会的总结评比具有说服力。同时还要注意工作方法，以灵活机动的方式，激发班组成员搞好安全生产工作的积极性，增强他们自我保护的意识和能力，帮助他们端正认识，克服消极情绪，以实现班组安全生产的目标。

二、生产班组动态安全管理

1. 生产班组动态安全管理的概念与基本内容

企业生产通常是连续性的，在企业的连续性生产过程中，班组的生产作业也具有连续性的特点，这种特点决定了班组需要采取动态安全管理的方式。所谓动态安全管理，是指在整个生产过程中，对生产的工艺流程和生产作业过程进行安全跟踪、预测控制，使安全生产在每时、每班、每个环节都得到保证。

对于班组来说，动态安全管理要做五个方面的控制，即制度控制、作业控制、重点控制、跟踪控制、群防控制。动态安全管理的核心与基本思路是安全生产的全员参与、全过程跟踪、全方位控制和全天候管理。通过安全责任的分解，将安全责任落实到人，形成事事有安全标准、人人有安全职责，保证安全生产目标的实现。

2. 动态安全管理的核心与基本思路

动态安全管理的核心和基本思路，可以集中概括为：安全生产全员到位、安全目标总体推进、安全过程全程跟踪、安全工作科学运作。

（1）安全生产全员到位。全员到位的内涵是：确立"安全第一"的位置，真正使之居于班组生产作业的首位，班组成员在工作过程中先讲安全、先抓安全、先管安全。在"第一"的位置上，明确每位职工的安全基本职责和安全考核指标，坚持履行安全生产人人有责的原则。

（2）安全目标总体推进。总体推进的内涵是：认识到安全管理的复杂性，认识到保证安全生产人人有责，涉及班组的全部工作和全体职工，班组全体成员要围绕安全生产目标，脚踏实地、循序渐进地加以实现。

（3）安全过程全程跟踪。全程跟踪的内涵是：班组为了实现安全生产，需要自觉地积极行动起来，把保障安全生产变成自己的自觉行动；大家共同关心安全生产，你出主意，我想办法，群策群力，把事故隐患消灭在萌芽状态。

（4）安全工作科学运作。科学运作是指在班组安全管理中，要利用安全科学技术，如安全生产教育，可利用现代信息技术中多媒体电化教育；安全检查，可利用安全检查表；事故树分析，可利用因果分析图、故障树分析、事件树分析；安全检修，可利用危险度预测、安全评价等，通过科学运作取得事半功倍的效果。

3. 动态安全管理的实施

（1）全力控制人的行为。生产中最活跃的因素是人，而人的行为又决定于人的思维观念，即思维意识。因此，从人的动态思维出发，以转变人的思维导向为手段，从而达到控制人的行为，作为动态安全管理的第一要素来考虑。

（2）采用重复记忆的方法进行宣传教育。实施动态安全管理，就要用员工身边发生的各类事故和亲身经历，进行现身说法、自我教育，可以采用重复记忆的方法强化宣传教育效果。一方面吸取安全生产中失误的教训，做到警钟长鸣；另一方面总结安全生产中的成功经验，使员工增强自豪感，提高安全生产积极性。

（3）严肃对事故的处理，实行责任追究。认真落实安全责任，是动态安全管理的重中之重。在一个企业，安全生产责任制是严肃事故处理的重要依据，因此，推行"一岗一责，人人有责"的责任制，是责任追究的必然。要对发生事故的单位和个人坚持"四不放过"的原则，做到"事故原因一清二楚，事故处理不讲感情，事故教训刻骨铭心，事故整改举一反三"。

（4）安全检查是动态安全管理的有效手段。实践证明，企业经常开展各种形式的安全检查，是发现隐患、消灭事故的有效手段。在安全检查中要注意解决实际问题，消除可能造成事故的各种隐患。

（5）开展多种形式的安全活动。在企业动态安全管理中，开展多种形式的安全活动是必要的，是促进安全生产顺利进行的载体。如开展持证上岗制度，能有效杜绝安全技能差的人员从事专业性强的作业；开展设备包机制，能将设备的安全运行托付给设备责任人；开展巡检挂牌制，能使整个运行过程处于有效的控制中；开展班前安全讲话、班中安全操作、班后安全讲评活动，能使班组安全生产落到实处；开展安全抵押承包，能把经济利益同安全生产挂起钩来，形成安全生产利益共同体；开展安全技术比武，能迅速提高职工的安全技能；开展互保对子活动，能规范后进职工的安全行为；开展安全明星活动，评选出"安全明星班组""安全明星个人"，能形成比学赶帮超的安全氛围，这些都是动态安全管理的实施办法。

4. 班组在动态安全管理中的控制方法

动态安全管理首先就是要发现、鉴别、判明可能导致灾害事故发生的各种因素，尤其是事故隐患，并积极消除和控制这些危险。这就是通常所说的超前控制和超前预防。超前预防就是应用现代科学的安全管理方法和工程技术对生产的全过程系统地、全面地进行事前分析，判断出各种危险性因素，并对可能产生或发展成事故的因素给予科学的验证和预报，找出最佳的预防措施，解决或制止事故的发生和发展，使生产处于安稳状态，从而达到班组安全生产的科学化、规范化和制度化。班组在动态安全管理中要采取制度控制、作业控制、重点控制、跟踪控制和群防控制的方法，这些方法已被实践证明是行之有效的。

（1）制度控制。动态安全管理必须有一套严密完备的规章制度做保证。许多企业伤亡事故多的重要原因之一，在于安全生产规章制度不完善、不健全。要对班组实行动态安全管理，就要在不断完善和充实规章制度上下功夫，建立一套符合本班组生产作业特点的安全管理规章制度，使安全生产管理向科学化、规范化、标准化发展。执行制度要严在贯彻上、严在动态管理上、严在事故发生前，使规章制度起到安全生产的导向作用。

（2）作业控制。作业控制就是经常分析生产作业中的危险因素，有针对性地采取控制对策，按班、按日检查落实情况，发现问题及时解决。这也是常说的过程安全控制。作业控制最有效的方法，是依据工作性质的不安全状态和信息反馈的因素对安全检查的对象加以分析，把大系统分成若干子系统，确定安全检查项目，再把检查项目按照大系统和子系统的顺序编制成班组安全检查表，每班对照检查，检查有规律、检查项目全、内容底数清、问题责任明、整改落实快，从而达到安全作业的目的。

（3）重点控制。重点就是危险源（点），如有毒有害作业场所、易燃易爆生产场所、立体交叉作业场所、高处作业和其他特种作业等。对于重点场所，要配备各种醒目的安全标志，做到"有眼必有盖、有边必有栏、有空必有网、有线必有杆"。

（4）跟踪控制。就是按照事故"四不放过"的原则，对已发生的事故和出现的事故苗头狠抓不放、跟踪控制，从事故苗头中寻找失控点，制定控制对策，杜绝类似事故的发生。

（5）群防控制。班组实施动态安全生产管理意味着管理密度的增加，也就是实行集约管理、精细管理。工作量显著增大，只靠少数几个人远远不够，必须采取宏观控制和微观控制相结合、专业管理和员工自主管理相结合，只有广大职工行动起来，在生产作业过程中做到个人不违章、岗位无隐患、过程无危险，才能实现班组乃至整个企业的安全生产。

第四节　重大危险源的概念与管理

危险源是事故发生的前提，是事故发生过程中能量与物质释放的主体。因此，有效地管理和控制危险源，特别是重大危险源，对于确保安全生产与职业健康，保证生产经营单位的生产顺利进行具有十分重要的意义。《安全生产法》第三十七条规定，生产经营单位对重大危险源应当登记建档，进行定期检测、评估、监控，并制定应急预案，告知从业人员和相关人员在紧急情况下应当采取的应急措施。防止重大安全生产事故，需要在物质毒性、燃烧、爆炸等特性基础上，确定危险物质及其临界量标准（即重大危险源辨识标准），通过危险物质及其临界量标准，这样就可以确定哪些是可能发生重大事故的潜在危险源，从而采取积极的消除或者预防措施，降低事故发生的危险性。

一、重大危险源的概念与分类

1. 危险源的概念

危险源辨识与控制理论的基础，是运用系统工程的方法辨识、消除或控制系统中存在的危险源，实现系统安全。其基本内容包括系统危险源辨识、危险性评价、危险源控制等。

对重大危险源的定义，主要有以下两种：

一是第 80 届国际劳工大会通过的《预防重大工业事故公约》，将危险源定义为：长期或临时地生产、加工、搬运、使用或储存危险物质，且危险物的数量等于或超过临界量的单元。此处的单元意指一套生产装置、设施或场所；危险物是指能导致火灾、爆炸或中毒、触电等危险的一种或若干物质的混合物；临界量是指国家法律、法规、标准规定的一种或一类特定危险物质的数量。

二是按照《安全生产法》第一百一十二条用语的含义解释，对重大危险源的定义为：重大危险源是指长期地或者临时地生产、搬运、使用或者储存危险物品，且危险物品的数量等于或者超过临界量的单元（包括场所和设施）。

2. 危险源的分类

依据我国安全生产领域的相关规定和结合行业的工艺特点，从可操作性出发，以重大危险源所处的场所或设备、设施进行分类，每类中可以依据不同的特性有层次地展开。

一般工业生产作业过程的危险源分为如下五类：

（1）易燃、易爆和有毒有害物质危险源。

（2）锅炉及压力容器设施类危险源。

（3）电气类设施危险源。

（4）高温作业区危险源。

（5）辐射类危害类危险源。

3. 危险源辨识方法

危险源辨识是发现、识别系统中危险源的工作。这是一件非常重要的工作，它是危险源控制的基础，只有辨识了危险源之后才能有的放矢地考虑如何采取措施控制危险源。以前，人们主要根据以往的事故经验进行危险源辨识工作。例如，通过与操作者交谈或到现场进行检查，查阅以往的事故记录等方式发现危险源。由于危险源是"潜在的"的不安全因素，比较隐蔽，所以危险源辨识是件非常困难的工作。在系统比较复杂的场合，危险源辨识工作更加困难，需要利用专门的方法，还需要许多知识和经验。

危险源辨识方法主要分为对照法和系统安全分析法。

（1）对照法。对照法是与有关的标准、规范、规程或经验进行对照，通过对照来辨识危险源。有关的标准、规范、规程，以及常用的安全检查表，都是在大量实践经验的基础上编制而成的，因此，对照法是一种基于经验的方法，适用于有以往经验可供借鉴的情况。

（2）系统安全分析法。系统安全分析法主要是从安全角度进行的系统分析，通过揭示系统中可能导致系统故障或事故的各种因素及其相互关联，来辨识系统中的危险源。系统安全分析方法经常被用来辨识可能带来严重事故后果的危险源，也可以用于辨识没有事故经验的系统的危险源。

二、《危险化学品重大危险源监督管理暂行规定》相关要点

2011 年 8 月 5 日，国家安全生产监督管理总局公布《危险化学品重大危险源监督管理暂行规定》（国家安全生产监督管理总局令第 40 号），自 2011 年 12 月 1 日起施行。

《危险化学品重大危险源监督管理暂行规定》分为六章三十六条，各章内容为：第一章总则，第二章辨识与评估，第三章安全管理，第四章监管检查，第五章法律责任，第六章附则。制定本规定的目的是为了加强危险化学品重大危险源的安全监督管理，防止和减少危险化学品事故的发生，保障人民群众生命财产安全。

1. 总则中的有关规定

在第一章总则中，对相关事项做了规定。

◆从事危险化学品生产、储存、使用和经营的单位（以下统称危险化学品单位）的危险化学品重大危险源的辨识、评估、登记建档、备案、核销及其监督管理，适用本规定。

城镇燃气、用于国防科研生产的危险化学品重大危险源以及港区内危险化学品重大危险源的安全监督管理，不适用本规定。

◆本规定所称危险化学品重大危险源（以下简称重大危险源），是指按照《危险化学品重大危险源辨识》（GB 18218）标准辨识确定，生产、储存、使用或者搬运危险化学品的数量等于或者超过临界量的单元（包括场所和设施）。

◆危险化学品单位是本单位重大危险源安全管理的责任主体，其主要负责人对本单位的重大危险源安全管理工作负责，并保证重大危险源安全生产所必需的安全投入。

◆重大危险源的安全监督管理实行属地监管与分级管理相结合的原则。

县级以上地方人民政府安全生产监督管理部门按照有关法律、法规、标准和本规定，对本辖区内的重大危险源实施安全监督管理。

◆国家鼓励危险化学品单位采用有利于提高重大危险源安全保障水平的先进适用的工艺、技术、设备以及自动控制系统，推进安全生产监督管理部门重大危险源安全监管的信息化建设。

2. 重大危险源辨识与评估的有关规定

在第二章辨识与评估中，对相关事项做了规定。

◆危险化学品单位应当按照《危险化学品重大危险源辨识》标准，对本单位的危险化学品生产、经营、储存和使用装置、设施或者场所进行重大危险源辨识，并记录辨识过程与结果。

◆危险化学品单位应当对重大危险源进行安全评估并确定重大危险源等级。危险化学品单位可以组织本单位的注册安全工程师、技术人员或者聘请有关专家进行安全评估，也可以委托具有相应资质的安全评价机构进行安全评估。

重大危险源根据其危险程度，分为一级、二级、三级和四级，一级为最高级别。重大危险源分级方法由本规定附件1（略）列示。

◆重大危险源有下列情形之一的，应当委托具有相应资质的安全评价机构，按照有关标准的规定采用定量风险评价方法进行安全评估，确定个人和社会风险值：

（1）构成一级或者二级重大危险源，且毒性气体实际存在（在线）量与其在《危险化学品重大危险源辨识》中规定的临界量比值之和大于或等于1的。

（2）构成一级重大危险源，且爆炸品或液化易燃气体实际存在（在线）量与其在《危险化学品重大危险源辨识》中规定的临界量比值之和大于或等于1的。

◆重大危险源安全评估报告应当客观公正、数据准确、内容完整、结论明确、措施可行，并包括下列内容：

（1）评估的主要依据。

（2）重大危险源的基本情况。

（3）事故发生的可能性及危害程度。

（4）个人风险和社会风险值（仅适用定量风险评价方法）。

（5）可能受事故影响的周边场所、人员情况。

（6）重大危险源辨识、分级的符合性分析。

（7）安全管理措施、安全技术和监控措施。

（8）事故应急措施。

（9）评估结论与建议。

危险化学品单位以安全评价报告代替安全评估报告的，其安全评价报告中有关重大危险源的内容应当符合本条第一款规定的要求。

◆有下列情形之一的，危险化学品单位应当对重大危险源重新进行辨识、安全评估及分级：

（1）重大危险源安全评估已满 3 年的。

（2）构成重大危险源的装置、设施或者场所进行新建、改建、扩建的。

（3）危险化学品种类、数量、生产、使用工艺或者储存方式及重要设备、设施等发生变化，影响重大危险源级别或者风险程度的。

（4）外界生产安全环境因素发生变化，影响重大危险源级别和风险程度的。

（5）发生危险化学品事故造成人员死亡，或者 10 人以上受伤，或者影响到公共安全的。

（6）有关重大危险源辨识和安全评估的国家标准、行业标准发生变化的。

3. 安全管理的有关规定

在第三章安全管理中，对相关事项做了规定。

◆危险化学品单位应当建立完善重大危险源安全管理规章制度和安全操作规程，并采取有效措施保证其得到执行。

◆危险化学品单位应当根据构成重大危险源的危险化学品种类、数量、生产、使用工艺（方式）或者相关设备、设施等实际情况，按照下列要求建立健全安全监测监控体系，完善控制措施：

（1）重大危险源配备温度、压力、液位、流量、组分等信息的不间断采集和监测系统以及可燃气体和有毒有害气体泄漏检测报警装置，并具备信息远传、连续记录、事故预警、信息存储等功能；一级或者二级重大危险源，具备紧急停车功能。记录的电子数据的保存时间不少于 30 天。

（2）重大危险源的化工生产装置装备满足安全生产要求的自动化控制系统；一级或者二级重大危险源，装备紧急停车系统。

（3）对重大危险源中的毒性气体、剧毒液体和易燃气体等重点设施，设置紧急切断装置；毒性气体的设施，设置泄漏物紧急处置装置。涉及毒性气体、液化气体、剧毒液体的一级或者二级重大危险源，配备独立的安全仪表系统（SIS）。

（4）重大危险源中储存剧毒物质的场所或者设施，设置视频监控系统。

（5）安全监测监控系统符合国家标准或者行业标准的规定。

◆通过定量风险评价确定的重大危险源的个人和社会风险值，不得超过本规定附件 2（略）列示的个人和社会可容许风险限值标准。

超过个人和社会可容许风险限值标准的，危险化学品单位应当采取相应的降低风险措施。

◆危险化学品单位应当按照国家有关规定，定期对重大危险源的安全设施和安全监测监控系统进行检测、检验，并进行经常性维护、保养，保证重大危险源的安全设施和安全监测监控系统有效、可靠运行。维护、保养、检测应当做好记录，并由有关人员签字。

◆危险化学品单位应当明确重大危险源中关键装置、重点部位的责任人或者责任机构，并对重大危险源的安全生产状况进行定期检查，及时采取措施消除事故隐患。事故隐患难以立即排除的，应当及时制定治理方案，落实整改措施、责任、资金、时限和预案。

◆危险化学品单位应当对重大危险源的管理和操作岗位人员进行安全操作技能培训，使其了解重大危险源的危险特性，熟悉重大危险源安全管理规章制度和安全操作规程，掌握本岗位的安全操作技能和应急措施。

◆危险化学品单位应当在重大危险源所在场所设置明显的安全警示标志，写明紧急情况下的应急处置办法。

◆危险化学品单位应当将重大危险源可能发生的事故后果和应急措施等信息，以适当方式告知可能受影响的单位、区域及人员。

◆危险化学品单位应当依法制定重大危险源事故应急预案，建立应急救援组织或者配备应急救援人员，配备必要的防护装备及应急救援器材、设备、物资，并保障其完好和方便使用；配合地方人民政府安全生产监督管理部门制定所在地区涉及本单位的危险化学品事故应急预案。

对存在吸入性有毒、有害气体的重大危险源，危险化学品单位应当配备便携式浓度检测设备、空气呼吸器、化学防护服、堵漏器材等应急器材和设备；涉及剧毒气体的重大危险源，还应当配备两套以上（含本数）气密型化学防护服；涉及易燃易爆气体或者易燃液体蒸气的重大危险源，还应当配备一定数量的便携式可燃气体检测设备。

◆危险化学品单位应当制订重大危险源事故应急预案演练计划，并按照下列要求进行事故应急预案演练：

（1）对重大危险源专项应急预案，每年至少进行一次。

（2）对重大危险源现场处置方案，每半年至少进行一次。

应急预案演练结束后，危险化学品单位应当对应急预案演练效果进行评估，撰写应急预案演练评估报告，分析存在的问题，对应急预案提出修订意见，并及时修订完善。

◆危险化学品单位应当对辨识确认的重大危险源及时、逐项进行登记建档。

重大危险源档案应当包括下列文件、资料：

（1）辨识、分级记录。

（2）重大危险源基本特征表。

（3）涉及的所有化学品安全技术说明书。

（4）区域位置图、平面布置图、工艺流程图和主要设备一览表。

（5）重大危险源安全管理规章制度及安全操作规程。

（6）安全监测监控系统、措施说明，检测、检验结果。

（7）重大危险源事故应急预案、评审意见、演练计划和评估报告。

（8）安全评估报告或者安全评价报告。

（9）重大危险源关键装置、重点部位的责任人、责任机构名称。

（10）重大危险源场所安全警示标志的设置情况。

（11）其他文件、资料。

◆危险化学品单位在完成重大危险源安全评估报告或者安全评价报告后 15 日内，应当填写重大危险源备案申请表，连同重大危险源档案材料，报送所在地县级人民政府安全生产监督管理部门备案。

◆危险化学品单位新建、改建和扩建危险化学品建设项目，应当在建设项目竣工验收前完成重大危险源的辨识、安全评估和分级、登记建档工作，并向所在地县级人民政府安全生产监督管理部门备案。

4. 法律责任的有关规定

在第五章法律责任中，对相关事项做了规定。

◆危险化学品单位有下列行为之一的，由县级以上人民政府安全生产监督管理部门责令限期改正；逾期未改正的，责令停产停业整顿，可以并处 2 万元以上 10 万元以下的罚款：

（1）未按照本规定要求对重大危险源进行安全评估或者安全评价的。

（2）未按照本规定要求对重大危险源进行登记建档的。

（3）未按照本规定及相关标准要求对重大危险源进行安全监测监控的。

（4）未制定重大危险源事故应急预案的。

◆危险化学品单位有下列行为之一的，由县级以上人民政府安全生产监督管理部门责令限期改正；逾期未改正的，责令停产停业整顿，并处 5 万元以下的罚款：

（1）未在构成重大危险源的场所设置明显的安全警示标志的。

（2）未对重大危险源中的设备、设施等进行定期检测、检验的。

◆危险化学品单位有下列情形之一的，由县级以上人民政府安全生产监督管理部门给予警告，可以并处 5 000 元以上 3 万元以下的罚款：

（1）未按照标准对重大危险源进行辨识的。

（2）未按照本规定明确重大危险源中关键装置、重点部位的责任人或者责任机构的。

（3）未按照本规定建立应急救援组织或者配备应急救援人员，以及配备必要的防护装备及器材、设备、物资，并保障其完好的。

（4）未按照本规定进行重大危险源备案或者核销的。

（5）未将重大危险源可能引发的事故后果、应急措施等信息告知可能受影响的单位、区域及人员的。

（6）未按照本规定要求开展重大危险源事故应急预案演练的。

（7）未按照本规定对重大危险源的安全生产状况进行定期检查，采取措施消除事故隐患的。

三、危险源辨识的组织程序和技术程序

危险源辨识的目的就是通过对系统的调查与分析，界定出系统中的哪些部分、哪些区域是危险源，其危险的性质、危害程度、存在状况、危险源能量与物质转化为事故的转化过程规律、转化的条件、触发因素等，以便有效地控制能量和物质的转化，使危险源不至于转化为事故。它是利用科学方法对生产过程中那些具有能量、物质的性质、类型、构成要素、触发因素或条件以及后果进行分析与研究，做出科学判断，为控制事故发生提供必要的、可靠的依据。危险源辨识的理论方法主要有系统危险分析、危险评价等方法与技术。

在对危险源辨识的方法、步骤和程序上，涉及危险区域调查、危险源区域的划分原则、危险源辨识的组织程序、危险源辨识的技术程序等。通常来讲，作为一般的工业生产企业，对危险源的辨识，主要涉及危险源辨识的组织程序和技术程序。

1. 危险源辨识的组织程序

在企业实际生产管理中，对危险源的辨识与监控，可以采取以下组织实施程序：

（1）对管理人员和技术人员进行专项培训。

（2）确认本企业主要危险源和主要危险源区域。

（3）组织生产班组和操作人员发现危险，进行危险辨识。

（4）组织进行专项设备设施检查，参考有关事故案例，参考有关规程、标准，确认主要危险源。

（5）安全管理人员对危险源进行调查汇总，对所发现的危险源进行审查确认。

（6）对危险源进行管理分级，采取分级监控的措施。

（7）对危险源提出有针对性的安全措施，并不断进行补充完善。

（8）填写危险源登记表，进行危险源分级监控管理。

2. 危险源辨识的技术程序

危险源辨识的技术程序，按照危险源的调查、危险区域的界定、存在条件及触发因素的分析、潜在危险性分析、危险源等级划分等内容进行。

（1）危险源的调查。在进行危险源调查之前，首先确定所要分析的系统，例如是对整个企业还是某个车间或某个生产工艺过程。然后对所分析系统进行调查，调查的主要内容包括生产工艺设备及材料情况、作业环境情况、人员操作情况、事故发生情况、设备与作业安全防护等。

（2）危险区域的界定。即划定危险源点的范围。首先应对系统进行划分，可按设备、生产装置及设施进行划分子系统，也可按作业单元划分子系统。然后分析每个子系统中所存在的危险源点，一般将产生能量或具有能量、物质、操作人员作业空间、产生聚集危险物质的设备、容器作为危险源点。再以源点为核心加上防护范围即为危险区域，这个危险区域就是危险源的区域。

（3）存在条件及触发因素的分析。一定数量的危险物质或一定强度的能量，由于存在条件不同，所显现的危险性也不同，被触发转换为事故的可能性大小也不同。因此存在条件及触发因素的分析是危险源辨识的重要环节。存在条件分析包括：储存条件（如堆放方式、其他物品情况、通风等）、物理状态参数（如温度、压力等）、设备状况（如设备完好程度、设备缺陷、维修保养情况等）、防护条件（如防护措施、故障处理措施、安全标志等）、操作条件（如操作技术水平、操作失误率等）、管理条件等。

触发因素可分为人为因素和自然因素。人为因素包括个人因素（如操作失误、不正确操作、粗心大意、漫不经心、心理因素等）和管理因素（如不正确的管理、不正确的训练、指挥失误、判断决策失误、设计差错、错误安排等）。自然因素是指引起危险源转化的各种自然条件及其变化，如气候条件参数（气温、气压、湿度、大气风速）变化、雷电、雨雪、振动、地震等。

（4）潜在危险性分析。危险源转化为事故，其表现是能量和危险物质的释放，因此危险源的潜在危险性可用能量的强度和危险物质的量来衡量。能量包括电能、机械能、化学能、核能等，危险源的能量强度越大，表明其潜在危险性越大。危险物质主要包括燃烧爆炸危险物质和有毒有害危险物质两大类。前者泛指能够引起火灾或爆炸的物质，如可燃气体、可燃液体、易燃固体、可燃粉尘、易爆化合物、自燃性物质、混合危险性物质等。后者指直接加害于人体，造成人员中毒、致病、致畸、致癌等的化学物质。可根据使用的危险物质量来描述危险源的危险性。

（5）危险源等级划分。危险源分级一般按危险源在触发因素作用下转化为事故的可能性大小与发生事故的后果的严重程度划分。危险源分级实质上是对危险源的评价。按事故出现可能性大小可分为非常容易发生、容易发生、较容易发生、不容易发生、难以发生、极难发生。根据危害程度可分为可忽略、临界的、危险的、破坏性的等级别。也可按单项指标来划分等级。如高处作业根据高差指标将坠落事故危险源划分为四级（一级 2～5 m、二级 5～15 m、三级 15～30 m、特级 30 m 以上），按压力指标将压力容器划分为低压容器、中压容器、高压容器、超高压容器四级。从控制管理角度，通常根据危险源的潜在危险性大小、控制难易程度、事故可能造成损失情况进行综合分级。

从控制管理角度，通常根据危险源的潜在危险性大小、控制难易程度、事故可能造成损失情况进行综合分级。

四、对危险源的控制措施与分级管理

危险源的控制可从三方面进行，即技术控制、人为控制和管理控制。

1. 技术控制措施

即采用技术措施对固有危险源进行控制，主要技术有消除、控制、防护、隔离、监控、保留和转移等。

2. 人为控制措施

即控制人为失误，减少人的不正确行为对危险源的触发作用。人为失误的主要表现形式有：操作失误、指挥错误、不正确的判断或缺乏判断、粗心大意、厌烦、懒散、疲劳、紧张、疾病或生理缺陷、错误使用防护用品和防护装置等。对人的行为的控制首先是加强教育培训，做到人的安全化；其次应做到操作安全化。

3. 管理控制措施

在安全管理上可采取以下措施对危险源实行控制：

（1）建立健全危险源管理的规章制度。危险源确定后，在对危险源进行系统危险性分析的基础上建立健全各项规章制度，包括岗位安全生产责任制、危险源重点控制实施细则、安全操作规程、操作人员培训考核制度、日常管理制度、交接班制度、检查制度、信息反馈制度、危险作业审批制度、异常情况应急措施、考核奖惩制度等。

（2）明确责任，定期检查。应根据各危险源的等级分别确定各级的负责人，并明确他们应负的具体责任。特别是要明确各级危险源的定期检查责任。除了作业人员必须每天自查外，还要规定各级领导定期参加检查。对于重点危险源，应做到公司总经理（厂长、所长等）半年一查，分厂厂长月查，车间主任（室主任）周查，工段、班组长日查。对危险源的检查要对照检查表逐条逐项，按规定的方法和标准进行检查，并做记录。如发现隐患则应按信息反馈制度及时反馈，促使其及时得到消除。凡未按要求履行检查职责而导致事故者，要依法追究其责任。规定各级领导人参加定期检查，有助于增强他们的安全责任感，体现管生产必须管安全的原则，也有助于重大事故隐患的及时发现和得到解决。

（3）加强危险源的日常管理。要严格要求作业人员贯彻执行有关危险源日常管理的规章制度。搞好安全值班、交接班，按安全操作规程进行操作；按安全检查表进行日常安全检查；危险作业经过审批等。所有活动均应按要求认真做好记录。领导和安技部门定期进行严格检查考核，发现问题及时给以指导教育，根据检查考核情况进行奖惩。

（4）抓好信息反馈，及时整改隐患。要建立健全危险源信息反馈系统，制定信息反馈制度并严格贯彻实施。对检查发现的事故隐患，应根据其性质和严重程度，按照规定分级实行信息反馈和整改，做好记录，发现重大隐患应立即向安技部门和行政第一领导报告。信息反馈和整改的责任应落实到人。对信息反馈和隐患整改的情况各级领导和安技部门要进行定期考核和奖惩。安技部门要定期收集、处理信息，及时提供给各级领导研究决策，不断改进危险源的控制管理工作。

（5）搞好危险源控制管理的基础建设工作。危险源控制管理的基础工作除建立健全各项规章制度外，还应建立健全危险源的安全档案和设置安全标志牌。应按安全档案管理的有关内容要求建立危险源的档案，并指定专人专门保管，定期整理。应在危险源的显著位置悬挂安全标志牌，标明危险等级，注明负责人员，按照国家标准的安全标志表明主要危险，并扼要注明防范措施。

（6）搞好危险源控制管理的考核评价和奖惩。应对危险源控制管理的各方面工作制定考核标准，并力求量化，划分等级。定期严格考核评价，给予奖惩并与班组升级和评先进结合起来。逐年提高要求，促使危险源控制管理的水平不断提高。

4. 危险源点分级管理

危险源点分级管理是系统安全工程中危险辨识、控制与评价在生产现场安全管理中的具体应用，体现了现代安全管理的特征。与传统的安全管理相比较，危险源点分级管理有以下特点：

（1）体现"预防为主"。危险源点分级管理的基础是危险源辨识和评价，它以系统安全分析和危险性评价作为基本手段，对隐含在危险源点中的潜在不安全因素进行识别、分析、评价，找出危险源控制方面需要特别加强的地方，提前采取措施把不安全因素消灭在萌芽阶段，从而大大提高了安全管理的主动性、科学性和有效性。

（2）全面系统的管理。危险源点分级管理是把整个危险源点作为一个完整的系统，它通过对有关的人员、设备、环境、信息等诸要素的综合管理取得危险源点控制的最佳效果。

对系统整体安全目标的追求势必导致对各管理要素提出更高的要求，从而有助于实现安全管理的标准化、规范化和科学化。

（3）突出重点的管理。企业中存在大量的危险源，每个危险源点都有发生事故的可能性。但是，不同的危险源、不同的危险源点发生事故的危险性是不同的，安全管理工作应该把管理、控制重点放到发生事故频率高、事故后果严重的危险源点上。

根据危险源点危险性大小对危险源点进行分级管理，可以突出安全管理的重点，把有限的人、财、物力集中起来解决最关键的安全问题。抓住了重点也可以带动一般，推动企业安全管理水平的普遍提高。

第三章 安全生产教育培训知识

安全生产教育培训是企业安全管理的一项重要工作，其目的是提高职工的安全意识，增强职工的安全操作技能和安全管理水平，最大限度地减少人身伤害事故的发生。安全生产教育培训真正体现了"以人为本"的安全管理思想，是搞好企业安全管理的有效途径。安全生产教育培训必须坚持常抓不懈的原则，不能指望通过一两次安全生产教育就能永久解决问题，这是因为人们在生产、生活过程中，对所学到的安全知识会随着时间的推移而遗忘，如果不能及时温习熟悉，那么就有可能出现大量的无意违章行为，即由于忘记规章制度而违章。所以，在安全生产教育培训上不能有一劳永逸的想法，也不能期盼着一蹴而就，必须坚持常抓不懈，长期坚持。

第一节 企业安全生产教育的内容与相关规定

企业安全生产教育工作是一项长期性、反复性的工作，通过持续不断的安全生产教育，使受教育者形成安全意识，并且经过反复多次的"刺激"，促使受教育者形成正确的安全意识，从而在生产作业过程中，能够做出有利于安全生产的判断与行动。同时，安全生产教育也是技能技术教育，通过安全生产教育促进人员安全技术操作水平的不断提高。

一、安全生产教育的目的与内容

1. 安全生产教育的目的

安全生产教育具有群众性、知识性和持久性的特点。群众性是指，企业安全生产教育的对象是全体职工，只有全体职工都能受到良好的教育，才能提高企业的整体安全素质。知识性是指，安全生产教育的内容广泛，涉及安全工程技术、职业卫生等知识，还包括各种生产作业的安全技能，如安全操作技能，事故的预防、预控、紧急处理和急救、自救等具体能力。持久性是指，为了巩固和强化安全观念和动机，必须坚持持久的安全生产教育，并且随着安全法规标准及安全技术的不断增多和更新，也要求安全生产教育必须深入持久地开展下去，起到警钟长鸣的作用。

安全生产教育的目的主要体现在以下几个方面：

（1）统一思想，提高认识。通过教育，把企业职工的思想统一到"安全第一、预防为主"的方针上来，使企业的经营管理者和班组长真正把安全摆在"第一"的位置，在从事企业经营管理活动中坚持"五同时"的基本原则；使广大职工认识安全生产的重要性，从"要我安全"变为"我要安全""我会安全"，做到"三不伤害"，即"我不伤害自己，我不伤害他人，我不被他人伤害"，提高职工遵章守纪的自觉性。

（2）提高企业的安全生产管理水平。安全生产管理包括对全体职工的安全管理，对设备、设施的安全技术管理和对作业环境的劳动卫生管理。通过安全生产教育，提高各级领导干部以及班组长的安全生产政策水平，掌握有关安全生产法规、制度，学习应用先进的安全生产管理方法、手段，提高全体职工在各自工作范围内，对设备、设施和作业环境的安全生产管理能力。

（3）提高全体职工的安全知识水平和安全技能。安全知识包括对生产活动中存在的各类危险因素和危险源的辨识、分析、预防、控制知识。安全技能包括安全操作的技巧、紧急状态的应变能力以及事故状态的急救、自救和处理能力。通过安全生产教育，使广大职工掌握安全生产知识，提高安全操作水平，发挥自防自控的自我保护及相互保护作用，有效地防止事故。

2. 企业安全生产教育的内容

企业安全生产教育的内容主要有三个方面，即安全意识教育、安全知识教育和安全技能教育。

（1）安全意识教育。安全意识教育要增强职工的安全意识，并且使职工对安全有一个正确的态度。安全意识教育包括安全态度教育、安全生产方针政策教育及法纪教育。

1）安全态度教育。安全态度教育主要是针对生产活动中反映出来的不利于安全生产的各种思想、观点、想法等，进行经常性的说服疏导工作，使职工增强对安全问题的认识并使其逐渐深化，形成科学的安全观。同时，也应使广大职工真正认识到自己在安全生产方面的权益，增强自我防范意识。

2）安全生产方针政策教育。安全生产方针政策教育是指企业对各级领导和广大职工进行的有关安全生产方针、政策的宣传教育。安全生产政策、法规是安全生产本质的反映，是对过去经验、教训的总结，是指导安全生产的根本。通过安全生产法规政策教育，可以增强各级领导和广大职工安全生产的法制观念，使各级领导和广大职工充分认识"安全第一、预防为主"这一安全生产方针的深刻含义，在实际工作中处理好安全与生产的关系。

3）法纪教育。法纪教育的内容包括安全法规、安全规章制度、劳动纪律等方面的教育。为维持正常的生产秩序而制定的劳动纪律是搞好安全生产的强制性手段之一，劳动纪律松懈是造成事故的重要因素之一。因此，通过法纪教育，使人们认识到遵章守纪的重要性，提高遵章守纪的自觉性。同时，通过法纪教育还要使职工懂得，法律带有强制的性质，如果违法违纪，造成了严重的事故后果，就要受到法律的制裁。

（2）安全知识教育。安全知识教育包括安全管理知识教育和安全技术知识教育。

1）安全管理知识教育。安全管理知识是企业各级管理干部以及班组长应知应会的内容。通过安全管理知识教育，使企业各级管理人员以及班组长掌握安全管理的理论，并能运用现代安全管理的方法和手段，不断提高企业安全管理的水平。安全管理知识包括安全管理体系、安全管理方法及安全心理学、安全系统工程学、安全人机工程学等方面的知识。通过对这些知识的学习应用，可使广大职工能够从理论到实践上认识到事故是可以预防的，采取的避免事故发生的管理措施和技术措施应当符合人的生理和心理特点。

2）安全技术知识教育。安全技术知识教育的目的是为了丰富广大职工的安全基础知识、职业病防治知识，提高职工的安全素质。主要包括：生产技术知识教育，即企业的基本生产概况、生产特点、生产过程、作业方法、工艺流程及各种机具、产品的性能等；安全技术知识教育，即生产中使用的有毒有害原材料或可能释放的有毒物质的安全防护知识，个人防护用品的构造、性能和正确使用方法，设备操作的注意事项，发生事故时采取的紧急救护和自救的措施、方法等；劳动卫生技术知识教育，即工业防毒、防尘技术，噪声、振动、射频控制技术，高温作业防护技术，激光防护技术等。劳动卫生技术是防止作业环境中生产性有毒有害因素引起劳动者机体病变，导致职业病而采取的技术措施，它是从事有害健康作业的人员应知应会的内容。通过劳动卫生技术知识教育，使职工熟知生产劳动过程中及作业环境中对人体健康有害的因素，并积极采取防范措施。

（3）安全技能教育。安全生产技能是指职工安全地完成生产作业的技巧和能力，它包括操作技能、紧急情况下应急处理技能等。安全生产技能培训，就是按照不同的专业工种，对作业人员进行专门、系统的安全操作能力的训练，以提高他们安全地完成生产作业的技巧和能力。安全技能培训包括正常作业的操作技能培训和异常情况的应急处理技能培训。操作技能是各工种作业人员必须具备的安全生产技能，在没有取得操作合格证之前，不允许独立上岗操作。

安全技能培训应按照标准化作业的要求来进行，要预先制定作业标准及异常情况时的应急处理程序和方法，有计划有步骤地进行培训。一般来说，应考虑如下问题：要循序渐进，对于一些掌握起来较困难、较复杂的技能，可以把它划分成若干简单的部分，分阶段地加以掌握；把握好培训的进度和质量，开始训练时可慢一些，但对操作的准确性要严格要求，打下一个良好的基础，随着训练的深入可逐步提高效率；安排好训练时间，在开始阶段，每次练习的时间不宜过长，各次练习的时间间隔也可以短一些，随着技能的掌握，适当地延长各次练习之间的间隔，每次练习时间也可以长一些；练习的方式要多样化，以提高职工练习的兴趣和积极性。

3. 生产岗位员工的安全生产教育

生产岗位员工的安全生产教育主要有：

（1）三级安全生产教育。三级安全生产教育制度是企业必须坚持的基本安全生产教育制度，它包括厂级教育、车间教育和班组教育。在教育方式上，厂级教育一般采取集中授课、参观厂区等方式；车间教育主要采取参观讲解、现场观摩等形式；班组教育一般采用"以老带新"或"师徒包教包学"的方法。由于三级安全生产教育的内容较为固定，因此可根据各级教育的实际情况编写标准的三级安全生产教育教材。为使安全生产教育内容生动、新颖，可将厂里的安全生产历史、事故案例等拍摄成纪录片，将各种安全制度、安全警句谚语编辑成安全生产小手册。从目前情况来看，由于对这种形式安全生产教育开展得不科学、不严格，而未能真正发挥其功能和作用。因此，加强对三级安全生产教育的科学合理化管理，规范其程序和内容，是提高三级安全生产教育的当务之急。

（2）特种作业人员安全生产教育。由于特种作业人员在劳动生产过程中担负着特殊任务，所承担的风险较大，一旦发生事故，就会对企业生产、职工生命安全带来较大的损失。因此特种作业人员独立上岗作业前，必须进行与本工种相适应的、专门的安全技术理论学习和实际操作技能训练。培训教育一般采取按专业分批集中脱产、集体授课的方式，培训内容则根据不同工种、专业的具体特点和要求而定，实行理论教学与操作技能训练相结合的原则，重点放在提高其安全操作技术和预防事故的实际能力上。

（3）经常性安全生产教育。由于企业的生产工艺、工作环境、机械设备的使用状况及人的心理状态都处于变化之中，因此安全生产教育不可能一劳永逸。要提高职工的安全卫生意识，除了定期组织职工参加培训教育外，更应注意开展经常性的安全宣传教育活动，在企业内营造一个安全生产教育的氛围，使职工在掌握了安全知识和技术的基础上，通过经常性、反复性的宣传教育，不断强化安全意识和养成良好的安全习惯。

在经常性的安全生产教育中，安全思想、安全态度的教育最为重要，可通过采取形式多样的安全活动，激发职工搞好安全生产的热情，促使职工重视和真正实现安全生产。经常性的安全生产教育形式有：利用班前班后会说明安全注意事项；利用闭路电视、网络、安全简报、黑板报等形式宣传安全管理的先进经验，总结事故教训，使职工及时了解安全生产形势、动态及安全卫生科技信息等；举办安全展览，通过设立事故展示厅，把典型事故的图片、文字、实物展示出来，或设立安全卫生知识官，介绍安全卫生知识和技术；不定期地召开事故案例分析会、事故现场会、安全生产会，使职工充分体验到事故的残酷性，有助于吸取经验和教训；开展安全知识竞赛、安全演讲、安全辩论会等娱乐性较强的活动，寓教于乐；开展查隐患、提措施有奖活动，使职工积极踊跃地献计献策；借助"安全周""安全月"，规范职工的安全行为，强化安全意识。

在进行安全生产教育时要注意，无论多么有效的方法、多么新颖的活动，时间长了也会失去其原有的效果。因此，应根据企业的安全状况和职工思想状态，有目的、有针对性地采取适宜的安全生产教育方式，不断以新的形式激发人们对安全与健康的关注。

二、《生产经营单位安全培训规定》相关要点

2006年1月17日，国家安全生产监督管理总局公布《生产经营单位安全培训规定》（国家安全生产监督管理总局令第3号），自2006年3月1日起施行。

《生产经营单位安全培训规定》分为七章三十五条，各章内容为：第一章总则，第二章主要负责人、安全生产管理人员的安全培训，第三章其他从业人员的安全培训，第四章安全培训的组织实施，第五章监督管理，第六章罚则，第七章附则。制定本规定的目的是根据《安全生产法》和有关法律、行政法规，为加强和规范生产经营单位安全培训工作，提高从业人员安全素质，防范伤亡事故，减轻职业危害。

1. 总则中的有关规定

在第一章总则中，对相关事项做了规定。

◆工矿商贸生产经营单位（以下简称生产经营单位）从业人员的安全培训，适用本规定。

◆生产经营单位负责本单位从业人员安全培训工作。

生产经营单位应当按照《安全生产法》和有关法律、行政法规和本规定，建立健全安全培训工作制度。

◆生产经营单位应当进行安全培训的从业人员包括主要负责人、安全生产管理人员、特种作业人员和其他从业人员。

生产经营单位从业人员应当接受安全培训，熟悉有关安全生产规章制度和安全操作规程，具备必要的安全生产知识，掌握本岗位的安全操作技能，增强预防事故、控制职业危害和应急处理的能力。

未经安全生产培训合格的从业人员，不得上岗作业。

◆国家安全生产监督管理总局指导全国安全培训工作，依法对全国的安全培训工作实施监督管理。

2. 主要负责人、安全生产管理人员安全培训的有关规定

在第二章主要负责人、安全生产管理人员的安全培训中，对相关事项做了规定。

◆生产经营单位主要负责人和安全生产管理人员应当接受安全培训，具备与所从事的

生产经营活动相适应的安全生产知识和管理能力。

◆生产经营单位主要负责人安全培训应当包括下列内容：

（1）国家安全生产方针、政策和有关安全生产的法律、法规、规章及标准。

（2）安全生产管理基本知识、安全生产技术、安全生产专业知识。

（3）重大危险源管理、重大事故防范、应急管理和救援组织以及事故调查处理的有关规定。

（4）职业危害及其预防措施。

（5）国内外先进的安全生产管理经验。

（6）典型事故和应急救援案例分析。

（7）其他需要培训的内容。

◆生产经营单位安全生产管理人员安全培训应当包括下列内容：

（1）国家安全生产方针、政策和有关安全生产的法律、法规、规章及标准。

（2）安全生产管理、安全生产技术、职业卫生等知识。

（3）伤亡事故统计、报告及职业危害的调查处理方法。

（4）应急管理、应急预案编制以及应急处置的内容和要求。

（5）国内外先进的安全生产管理经验。

（6）典型事故和应急救援案例分析。

（7）其他需要培训的内容。

◆生产经营单位主要负责人和安全生产管理人员初次安全培训时间不得少于 32 学时。每年再培训时间不得少于 12 学时。

◆生产经营单位主要负责人和安全生产管理人员的安全培训必须依照安全生产监管监察部门制定的安全培训大纲实施。

◆煤矿、非煤矿山、危险化学品、烟花爆竹等生产经营单位主要负责人和安全生产管理人员，经安全资格培训考核合格，由安全生产监管监察部门发给安全资格证书。

其他生产经营单位主要负责人和安全生产管理人员经安全生产监管监察部门认定的具备相应资质的培训机构培训合格后，由培训机构发给相应的培训合格证书。

3. 其他从业人员安全培训的有关规定

在第三章其他从业人员的安全培训中，对相关事项做了规定。

◆加工、制造业等生产单位的其他从业人员，在上岗前必须经过厂（矿）、车间（工段、区、队）、班组三级安全培训教育。

生产经营单位可以根据工作性质对其他从业人员进行安全培训，保证其具备本岗位安全操作、应急处置等知识和技能。

◆生产经营单位新上岗的从业人员，岗前培训时间不得少于 24 学时。

◆厂（矿）级岗前安全培训内容应当包括：

（1）本单位安全生产情况及安全生产基本知识。

（2）本单位安全生产规章制度和劳动纪律。

（3）从业人员安全生产权利和义务。

（4）有关事故案例等。

◆车间（工段、区、队）级岗前安全培训内容应当包括：

（1）工作环境及危险因素。

（2）所从事工种可能遭受的职业伤害和伤亡事故。

（3）所从事工种的安全职责、操作技能及强制性标准。

（4）自救互救、急救方法、疏散和现场紧急情况的处理。

（5）安全设备设施、个人防护用品的使用和维护。

（6）本车间（工段、区、队）安全生产状况及规章制度。

（7）预防事故和职业危害的措施及应注意的安全事项。

（8）有关事故案例。

（9）其他需要培训的内容。

◆班组级岗前安全培训内容应当包括：

（1）岗位安全操作规程。

（2）岗位之间工作衔接配合的安全与职业卫生事项。

（3）有关事故案例。

（4）其他需要培训的内容。

◆从业人员在本生产经营单位内调整工作岗位或离岗一年以上重新上岗时，应当重新接受车间（工段、区、队）和班组级的安全培训。

生产经营单位实施新工艺、新技术或者使用新设备、新材料时，应当对有关从业人员重新进行有针对性的安全培训。

◆生产经营单位的特种作业人员，必须按照国家有关法律、法规的规定接受专门的安全培训，经考核合格，取得特种作业操作资格证书后，方可上岗作业。

特种作业人员的范围和培训考核管理办法，另行规定。

4. 安全培训组织实施的有关规定

在第四章安全培训的组织实施中，对相关事项做了规定。

◆生产经营单位除主要负责人、安全生产管理人员、特种作业人员以外的从业人员的安全培训工作，由生产经营单位组织实施。

◆具备安全培训条件的生产经营单位，应当以自主培训为主；可以委托具有相应资质的安全培训机构，对从业人员进行安全培训。

不具备安全培训条件的生产经营单位，应当委托具有相应资质的安全培训机构，对从业人员进行安全培训。

◆生产经营单位应当将安全培训工作纳入本单位年度工作计划。保证本单位安全培训工作所需资金。

◆生产经营单位应建立健全从业人员安全培训档案，详细、准确记录培训考核情况。

◆生产经营单位安排从业人员进行安全培训期间，应当支付工资和必要的费用。

5. 监督管理的有关规定

在第五章监督管理中，对相关事项做了规定。

◆安全生产监管监察部门依法对生产经营单位安全培训情况进行监督检查，督促生产经营单位按照国家有关法律法规和本规定开展安全培训工作。

◆各级安全生产监管监察部门对生产经营单位安全培训及其持证上岗的情况进行监督检查，主要包括以下内容：

（1）安全培训制度、计划的制订及其实施的情况。

（2）煤矿、非煤矿山、危险化学品、烟花爆竹等生产经营单位主要负责人和安全生产管理人员安全资格证持证上岗的情况；其他生产经营单位主要负责人和安全生产管理人员培训的情况。

（3）特种作业人员操作资格证持证上岗的情况。

（4）建立安全培训档案的情况。

（5）其他需要检查的内容。

6. 罚则中的有关规定

在第六章罚则中，对相关事项做了规定。

◆生产经营单位有下列行为之一的，由安全生产监管监察部门责令其限期改正，并处2万元以下的罚款：

（1）未将安全培训工作纳入本单位工作计划并保证安全培训工作所需资金的。

（2）未建立健全从业人员安全培训档案的。

（3）从业人员进行安全培训期间未支付工资并承担安全培训费用的。

◆生产经营单位有下列行为之一的，由安全生产监管监察部门给予警告，吊销安全资格证书，并处3万元以下的罚款：

（1）编造安全培训记录、档案的。

（2）骗取安全资格证书的。

三、《安全生产培训管理办法》相关要点

2012年1月19日，国家安全生产监督管理总局公布新修订的《安全生产培训管理办法》（国家安全生产监督管理总局令第44号），自2012年3月1日起施行。原国家安全生产监督管理局（国家煤矿安全监察局）2004年12月28日公布的《安全生产培训管理办法》同时废止。

《安全生产培训管理办法》分为八章五十二条，各章内容为：第一章总则，第二章安全培训机构，第三章安全培训，第四章安全培训的考核，第五章安全培训的发证，第六章监督管理，第七章法律责任，第八章附则。制定本规定的目的是根据《安全生产法》和有关法律、行政法规的规定，为了加强安全生产培训管理，规范安全生产培训秩序，保证安全生产培训质量，促进安全生产培训工作健康发展。

1. 总则中的有关规定

在第一章总则中，对相关事项做了规定。

◆安全培训机构、生产经营单位从事安全生产培训（以下简称安全培训）活动以及安全生产监督管理部门、煤矿安全监察机构、地方人民政府负责煤矿安全培训的部门对安全培训工作实施监督管理，适用本办法。

◆本办法所称安全培训是指以提高安全监管监察人员、生产经营单位从业人员和从事安全生产工作的相关人员的安全素质为目的的教育培训活动。

前款所称安全监管监察人员是指县级以上各级人民政府安全生产监督管理部门、各级煤矿安全监察机构从事安全监管监察、行政执法的安全生产监管人员和煤矿安全监察人员；生产经营单位从业人员是指生产经营单位主要负责人、安全生产管理人员、特种作业人员及其他从业人员；从事安全生产工作的相关人员是指从事安全生产教育培训工作的教师、危险化学品登记机构的登记人员和承担安全评价、咨询、检测、检验的人员及注册安全工程师、安全生产应急救援人员等。

◆安全培训工作实行统一规划、归口管理、分级实施、分类指导、教考分离的原则。

国家安全生产监督管理总局（以下简称国家安全监管总局）指导全国安全培训工作，依法对全国的安全培训工作实施监督管理。

国家煤矿安全监察局（以下简称国家煤矿安监局）指导全国煤矿安全培训工作，依法对全国煤矿安全培训工作实施监督管理。

国家安全生产应急救援指挥中心指导全国安全生产应急救援培训工作。

县级以上地方各级人民政府安全生产监督管理部门依法对本行政区域内的安全培训工作实施监督管理。

省、自治区、直辖市人民政府负责煤矿安全培训的部门、省级煤矿安全监察机构（以下统称省级煤矿安全培训监管机构）按照各自工作职责，依法对所辖区域煤矿安全培训工作实施监督管理。

2. 安全培训机构的有关规定

在第二章安全培训机构中，对相关事项做了规定。

◆安全培训机构从事安全培训活动，必须取得相应的资质证书。资质证书分三个等级。

一级资质证书，由国家安全监管总局审批、颁发；二级、三级资质证书，由省、自治区、直辖市人民政府安全生产监督管理部门（以下简称省级安全生产监督管理部门）审批、颁发。设立煤矿安全监察机构的省、自治区、直辖市，由省级煤矿安全监察机构负责所辖区域内从事煤矿安全培训活动的培训机构二级、三级资质证书的审批、颁发。

◆取得一级资质证书的安全培训机构，可以承担省级以上安全生产监督管理部门、煤矿安全监察机构的安全生产监管人员、煤矿安全监察人员，中央企业的总公司、总厂或者集团公司的主要负责人和安全生产管理人员，以及安全培训机构教师的培训工作。

取得二级资质证书的安全培训机构，可以承担设区的市、县级人民政府安全生产监督管理部门（以下简称市级、县级安全生产监督管理部门）的安全生产监管人员，省属生产经营单位和中央企业的分公司、子公司及其所属单位主要负责人和安全生产管理人员，危险物品的生产、经营、储存单位和矿山企业的主要负责人，危险化学品登记机构的登记人员，承担安全评价、咨询、检测、检验工作的人员，以及注册安全工程师和三级安全培训机构教师的培训工作。

取得三级资质证书的安全培训机构，可以承担除中央企业、省属生产经营单位的主要负责人、安全生产管理人员以及危险物品的生产、经营、储存单位和矿山企业的主要负责人以外的生产经营单位从业人员的培训工作。

上一级安全培训机构可以承担下一级安全培训机构的培训工作。

安全培训机构具备本办法第十条规定条件的，可以承担相应作业类别特种作业人员的培训工作。

3. 安全培训的有关规定

在第三章安全培训中，对相关事项做了规定。

◆安全培训应当按照规定的安全培训大纲进行。

安全监管监察人员，危险物品的生产、经营、储存单位与非煤矿山企业的主要负责人、安全生产管理人员和特种作业人员及从事安全生产工作的相关人员的安全培训大纲，由国家安全监管总局组织制定。

煤矿企业的主要负责人、安全生产管理人员和特种作业人员的培训大纲由国家煤矿安监局组织制定。

除危险物品的生产、经营、储存单位和矿山企业以外其他生产经营单位的主要负责人、安全生产管理人员及其他从业人员的安全培训大纲，由省级安全生产监督管理部门、省级煤矿安全培训监管机构组织制定。

◆生产经营单位应当建立安全培训管理制度，保障从业人员安全培训所需经费，对从业人员进行与其所从事岗位相应的安全生产教育培训；从业人员调整工作岗位或者采用新工艺、新技术、新设备、新材料的，应当对其进行专门的安全生产教育和培训。未经安全生产教育和培训合格的从业人员，不得上岗作业。

从业人员安全培训情况，生产经营单位应当建档备查。

◆下列从业人员应当由取得相应资质的安全培训机构进行培训：

（1）依照有关法律、法规应当取得安全资格证的生产经营单位主要负责人。

（2）安全生产管理人员。

（3）特种作业人员。

（4）井工矿山企业的生产、技术、通风、机电、运输、地测、调度等职能部门的负责人。

前款规定以外的从业人员的安全培训，由生产经营单位组织培训，或者委托安全培训机构进行培训。

生产经营单位从业人员的培训内容和培训时间，应当符合《生产经营单位安全培训规定》和有关标准的规定。

◆国家鼓励生产经营单位实行师傅带徒弟制度。

矿山新招的井下作业人员和危险物品生产经营单位新招的危险工艺操作岗位人员，除按照规定进行安全培训外，还应当在有经验的职工带领下实习满2个月后，方可独立上岗作业。

◆国家鼓励生产经营单位招录职业院校毕业生。

职业院校毕业生从事与所学专业相关的作业，可以免予参加初次培训，实际操作培训除外。

◆安全培训机构应当建立安全培训工作制度和人员培训档案，落实安全培训计划。安全培训相关情况，应当记录备查。

◆安全培训机构从事安全培训工作的收费，应当符合法律、法规的规定。法律、法规没有规定的，应当按照行业自律标准或者指导性标准收费。

4. 安全培训考核的有关规定

在第四章安全培训的考核中，对相关事项做了规定。

◆安全监管监察人员、从事安全生产工作的相关人员、依照有关法律法规应当取得安全资格证的生产经营单位主要负责人和安全生产管理人员、特种作业人员的安全培训的考核，应当坚持教考分离、统一标准、统一题库、分级负责的原则，分步推行有远程视频监视的计算机考试。

◆安全监管监察人员，危险物品的生产、经营、储存单位及非煤矿山企业主要负责人、安全生产管理人员和特种作业人员，以及从事安全生产工作的相关人员的考核标准，由国家安全监管总局统一制定。

煤矿企业的主要负责人、安全生产管理人员和特种作业人员的考核标准，由国家煤矿安监局制定。

除危险物品的生产、经营、储存单位和矿山企业以外其他生产经营单位主要负责人、安全生产管理人员及其他从业人员的考核标准，由省级安全生产监督管理部门制定。

◆国家安全监管总局负责省级以上安全生产监督管理部门的安全生产监管人员、各级煤矿安全监察机构的煤矿安全监察人员的考核；负责中央企业的总公司、总厂或者集团公司的主要负责人和安全生产管理人员的考核。

省级安全生产监督管理部门负责市级、县级安全生产监督管理部门的安全生产监管人员的考核；负责省属生产经营单位和中央企业分公司、子公司及其所属单位的主要负责人和安全生产管理人员的考核；负责特种作业人员的考核。

市级安全生产监督管理部门负责本行政区域内除中央企业、省属生产经营单位以外的其他生产经营单位的主要负责人和安全生产管理人员的考核。

省级煤矿安全培训监管机构负责所辖区域内煤矿企业的主要负责人、安全生产管理人员和特种作业人员的考核。

除主要负责人、安全生产管理人员、特种作业人员以外的生产经营单位的其他从业人员的考核，由生产经营单位按照省级安全生产监督管理部门公布的考核标准，自行组织考核。

◆安全生产监督管理部门、煤矿安全培训监管机构和生产经营单位应当制定安全培训的考核制度，建立考核管理档案备查。

5. 安全培训发证的有关规定

在第五章安全培训的发证中，对相关事项做了规定。

◆接受安全培训人员经考核合格的，由考核部门在考核结束后 10 个工作日内颁发相应的证书。

◆安全生产监管人员经考核合格后，颁发安全生产监管执法证；煤矿安全监察人员经考核合格后，颁发煤矿安全监察执法证；危险物品的生产、经营、储存单位和矿山企业主要负责人、安全生产管理人员经考核合格后，颁发安全资格证；特种作业人员经考核合格后，颁发"中华人民共和国特种作业操作证"（以下简称特种作业操作证）；危险化学品登记机构的登记人员经考核合格后，颁发上岗证；其他人员经培训合格后，颁发培训合格证。

6. 监督管理和法律责任的有关规定

在第六章监督管理和第七章法律责任中，对相关事项做了规定。

◆安全生产监督管理部门、煤矿安全培训监管机构应当依照法律、法规和本办法的规定，加强对安全培训工作的监督管理，对生产经营单位、安全培训机构违反有关法律、法规和本办法的行为，依法做出处理。

◆生产经营单位主要负责人、安全生产管理人员、特种作业人员以欺骗、贿赂等不正当手段取得安全资格证或者特种作业操作证的，除撤销其相关资格证外，处 3 000 元以下的罚款，并自撤销其相关资格证之日起 3 年内不得再次申请该资格证。

◆生产经营单位有下列情形之一的，责令改正，处 3 万元以下的罚款：

（1）相关人员未按照本办法相关规定由相应资质安全培训机构培训的。

（2）从业人员安全培训的时间少于《生产经营单位安全培训规定》或者有关标准规定的。

（3）矿山新招的井下作业人员和危险物品生产经营单位新招的危险工艺操作岗位人员，未经实习期满独立上岗作业的。

（4）相关人员未按照本办法相关规定重新参加安全培训的。

◆生产经营单位存在违反有关法律、法规中安全生产教育培训的其他行为的，依照相关法律、法规的规定予以处罚。

四、《国务院安委会关于进一步加强安全培训工作的决定》相关要点

2012 年 11 月 21 日，国务院安委会印发了《国务院安委会关于进一步加强安全培训工作的决定》（安委〔2012〕10 号，以下简称《决定》）。

《决定》共分为七个部分二十七条，架构严谨、内容丰富、规定具体、措施有力。其主要内容可以概括为"一个树立""两个坚持""三个细化""五个落实"。具体来说，就是树立一个工作意识，即"培训不到位是重大安全隐患"；坚持两个工作理念，即依法培训、按需施教；完善细化三个责任体系，即企业安全培训主体责任，政府及有关部门安全培训监

管和安全监管监察人员培训职责，安全培训和考试的机构培训质量保障责任；落实五项法律制度，即高危企业从业人员准入制度、"三项岗位"人员持证上岗制度、企业职工先培训后上岗制度、师傅带徒弟制度、安全监管监察人员持证上岗和继续教育制度。

《决定》是国务院安委会第一次以"决定"的形式发布的规范性文件，其强制性、指令性和约束性很强，主要有六个方面的突出特点：一是细化和完善了企业安全培训主体责任体系；二是首次明确归纳了安全培训工作的五项法律制度；三是更加注重新技术、新手段在安全培训领域的应用；四是更加注重实际操作培训和现场安全培训；五是在安全培训责任追究方面更加严格；六是拓宽了安全培训投入的资金渠道。

《决定》指出，为提高企业从业人员安全素质和安全监管监察效能，防止和减少违章指挥、违规作业和违反劳动纪律（以下简称"三违"）行为，促进全国安全生产形势持续稳定好转，现就进一步加强安全培训工作做出如下决定：

1. 加强安全培训工作的重要意义和总体要求

（1）重要意义。党中央、国务院高度重视安全培训工作，安全培训力度不断加大，企业职工安全素质和安全监管监察人员执法能力明显提高。但一些地区和单位安全培训工作仍然存在思想认识不到位、责任落实不到位、实效性不强、投入不足、基础工作薄弱、执法偏轻偏软等问题，给安全生产带来较大压力。实践表明，进一步加强安全培训工作，是落实党的十八大精神，深入贯彻科学发展观，实施安全发展战略的内在要求；是强化企业安全生产基础建设，提高企业安全管理水平和从业人员安全素质，提升安全监管监察效能的重要途径；是防止"三违"行为，不断降低事故总量，遏制重特大事故发生的源头性、根本性举措。

（2）总体思路。深入贯彻落实科学发展观，认真落实党中央、国务院关于加强安全生产工作的决策部署，牢固树立"培训不到位是重大安全隐患"的意识，坚持依法培训、按需施教的工作理念，以落实持证上岗和先培训后上岗制度为核心，以落实企业安全培训主体责任、提高企业安全培训质量为着力点，全面加强安全培训基础建设，严格安全培训监察执法和责任追究，扎实推进安全培训内容规范化、方式多样化、管理信息化、方法现代化和监督日常化，努力实施全覆盖、多手段、高质量的安全培训，切实减少"三违"行为，促进全国安全生产形势持续稳定好转。

（3）工作目标。到"十二五"期末，矿山、建筑施工单位和危险物品生产、经营、储存等高危行业企业（以下简称高危企业）主要负责人、安全管理人员和生产经营单位特种作业人员（以下简称"三项岗位"人员）100%持证上岗，以班组长、新工人、农民工为重点的企业从业人员100%培训合格后上岗，各级安全监管监察人员100%持行政执法证上岗，承担安全培训的教师100%参加知识更新培训，安全培训基础保障能力和安全培训质量得到明显提高。

2. 全面落实安全培训工作责任

（1）认真落实企业安全培训主体责任。企业是从业人员安全培训的责任主体，要把安全培训纳入企业发展规划，健全落实以"一把手"负总责、领导班子成员"一岗双责"为主要内容的安全培训责任体系，建立健全机构并配备充足人员，保障经费需求，严格落实"三项岗位"人员持证上岗和从业人员先培训后上岗制度，健全安全培训档案。劳务派遣单位要加强劳务派遣工基本安全知识培训，劳务使用单位要确保劳务派遣工与本企业职工接受同等安全培训。境内投资主体要指导督促境外中资企业依法加强安全培训工作。安全生产技术研发、装备制造单位要与使用单位共同承担新工艺、新技术、新设备、新材料培训责任。

（2）切实履行政府及有关部门安全培训监管和安全监管监察人员培训职责。地方各级政府要统筹指导相关部门加强本地区安全培训工作。有关主管部门要根据有关法律法规，组织实施职责范围内的安全培训工作，完善安全培训法规制度，统一培训大纲、考试标准，加强教材建设，严格管理培训机构，做好证件发放和复审工作，避免多头管理、重复发证；要强化安全培训监督检查，依法严惩不培训就上岗和乱办班、乱收费、乱发证行为；要组织培训安全监管监察人员。要将安全生产知识作为领导干部培训、义务教育、职业教育、职业技能培训等的重要内容。要减少对培训班的直接参与，由办培训向管培训、管考试、监督培训转变。

（3）强化承担安全培训和考试的机构培训质量保障责任。承担安全培训的机构是安全培训施教主体，担负保证安全培训质量的主要责任，要健全落实安全培训质量控制制度，严格按培训大纲培训，严格学员、培训档案和培训收费管理，加强师资队伍建设和资金投入，持续改善培训条件。承担安全培训考试的机构要严格教考分离制度，健全考务管理体系，建立考试档案，切实做到考试不合格不发证。

3. 全面落实持证上岗和先培训后上岗制度

（1）实施高危企业从业人员准入制度。有关主管部门要结合实际，制定本行业领域从业人员准入制度。矿山和危险物品生产企业专职安全管理人员要至少具备相关专业中专以上学历或者中级以上专业技术职称、高级工以上技能等级，或者具备注册安全工程师资格。各类特种作业人员要具有初中及以上文化程度，危险化学品特种作业人员要具有高中或者相当于高中及以上文化程度。矿山井下、危险化学品生产单位从业人员要具有初中及以上文化程度。安全生产专业服务机构为企业提供安全技术服务时，要对企业安全培训情况进行审核。高危企业安全生产许可证发放、延期和安全生产标准化考评时，有关主管部门要审核企业安全培训情况。

（2）严格落实"三项岗位"人员持证上岗制度。企业新任用或者招录"三项岗位"人员，要组织其参加安全培训，经考试合格持证后上岗。取得注册安全工程师资格证并经注册的，可以直接申领矿山、危险物品行业主要负责人和安全管理人员安全资格证。对发生人员死亡事故负有责任的企业主要负责人、实际控制人和安全管理人员，要重新参加安全培训考试。要严格证书延期继续教育制度。有关主管部门要按照职责分工，定期开展本行业领域"三项岗位"人员持证上岗情况登记普查，建立信息库。要建立特种作业人员范围修订机制。

（3）严格落实企业职工先培训后上岗制度。矿山、危险物品等高危企业要对新职工进行至少72学时的安全培训，建筑企业要对新职工进行至少32学时的安全培训，每年进行至少20学时的再培训；非高危企业新职工上岗前要经过至少24学时的安全培训，每年进行至少8学时的再培训。企业调整职工岗位或者采用新工艺、新技术、新设备、新材料的，要进行专门的安全培训。矿山和危险物品生产企业逐步实现从职业院校和技工院校相关专业毕业生中录用新职工。政府有关部门要实施"中小企业安全培训援助"工程，推动大型企业和培训机构与中小企业签订培训服务协议；组织讲师团，开展培训下基层进企业活动。

（4）完善和落实师傅带徒弟制度。高危企业新职工安全培训合格后，要在经验丰富的工人师傅带领下，实习至少2个月后方可独立上岗。工人师傅一般应当具备中级工以上技能等级，3年以上相应工作经历，成绩突出，善于"传、帮、带"，没有发生过"三违"行为等条件。要组织签订师徒协议，建立师傅带徒弟激励约束机制。

（5）严格落实安全监管监察人员持证上岗和继续教育制度。市（地）及以下政府分管安全生产工作的领导同志要在明确分工后半年内参加专题安全培训。各级安全监管监察人员要经执法资格培训考试合格，持有效行政执法证上岗；新上岗人员要在上岗一年内参加执法资格培训考试；执法证有效期满的，要参加延期换证继续教育和考试。鼓励安全监管监察人员报考注册安全工程师等职业资格，在职攻读安全生产相关专业学历和学位。

4. 全面加强安全培训基础保障能力建设

（1）完善安全培训大纲和教材。有关主管部门要定期制定、修订各类人员安全培训大纲和考核标准，根据安全生产工作发展需要和企业安全生产实际，不断规范安全培训内容。鼓励行业组织、企业及培训机构编写针对性、实效性强的实用教材。要分行业组织编写企业职工安全生产应知应会读本、建立生产安全事故案例库和制作警示教育片。

（2）加强安全培训师资队伍建设。承担安全培训的机构要建立健全安全培训专职教师考核合格后上岗制度，保证专职教师定期参加继续教育，积极组织教师参加国际学术交流。有关主管部门要加强承担安全培训的教师培训，定期开展教师讲课大赛，建立安全培训师资库。企业要建立领导干部上讲台制度，选聘一线安全管理、技术人员担任兼职教师。

（3）加强安全培训机构建设。要根据实际需要，科学规划安全培训机构建设，控制数量，合理布局。支持大中型企业和欠发达地区建立安全培训机构，重点建设一批具有仿真、体感、实操特色的示范培训机构。要加强安全培训机构管理，定期公布安全培训机构名单和培训范围，接受社会监督。支持高等学校、职业院校、技工院校、工会培训机构等开展安全培训。

（4）加强远程安全培训。开发国家安全培训网和有关行业网络学习平台，实现优质资源共享。建立安全培训视频课程征集、遴选、审核制度，建设课程"超市"，推行自主选学。实行网络培训学时学分制，将学时和学分结果与继续教育、再培训挂钩，与安全监管监察人员年度考核、提拔使用、评先评优挂钩。利用视频、电视、手机等拓展远程培训形式。

（5）加强安全培训管理信息化建设。编制安全培训信息管理数据标准。开发安全培训信息管理系统。健全"三项岗位"人员、安全监管监察人员培训持证情况和考试题库、培训机构、考试机构、培训教师等数据库，实现全国安全培训数据共享。

5. 全面提高安全培训质量

（1）强化实际操作培训。制定特种作业人员实训大纲和考试标准。建立安全监管监察人员实训制度。推动科研和装备制造企业在安全培训场所展示新装备、新技术。提高 3D、4D、虚拟现实等技术在安全培训中的应用，组织开发特种作业各工种仿真实训系统。

（2）强化现场安全培训。高危企业要严格班前安全培训制度，有针对性地讲述岗位安全生产与应急救援知识、安全隐患和注意事项等，使班前安全培训成为安全生产第一道防线。要大力推广"手指口述"等安全确认法，帮助员工通过心想、眼看、手指、口述，确保按规程作业。要加强班组长培训，提高班组长现场安全管理水平和现场安全风险管控能力。

（3）建立安全培训示范视频课程体系。分行业建立"三项岗位"人员安全培训示范视频课程体系，上网发布，逐步实现优质培训资源社会共享。将示范课程作为教师培训的重要内容。建立示范课程跟踪评价制度，定期评选优质课程，给予荣誉称号或者适当资助。

（4）加强安全培训过程管理和质量评估。建立安全培训需求调研、培训策划、培训计划备案、教学管理、培训效果评估等制度，加强安全培训全过程管理。制定安全培训质量评估指标体系，定期向全社会公布评估结果，并将评估结果作为安全培训机构考评的重要依据。

（5）完善安全培训考试体系。有关主管部门要按照职责分工，建立健全本行业领域安全培训考试制度，加强考试机构建设，严格教考分离制度。要建立健全安全资格考试题库，完善国家与地方相结合的题库应用机制。建立网络考试平台，加快计算机考试点建设，开发实际操作模拟考试系统。加强考试监督，严格考试纪律，依法严肃处理考试违纪行为。有关主管部门要统一本行业领域一般从业人员安全培训合格证书式样，规范考试发证管理。

《决定》还对加强安全培训监督检查和切实加强对安全培训工作的组织领导等事项做出规定。

五、《特种作业人员安全技术培训考核管理规定》相关要点

2010 年 5 月 24 日，国家安全生产监督管理总局公布《特种作业人员安全技术培训考核管理规定》（国家安全生产监督管理总局令第 30 号），自 2010 年 7 月 1 日起施行。1999 年 7 月 12 日国家经济贸易委员会发布的《特种作业人员安全技术培训考核管理办法》同时废止。

《特种作业人员安全技术培训考核管理规定》分为七章四十六条，各章内容为：第一章总则，第二章培训，第三章考核发证，第四章复审，第五章监督管理，第六章罚则，第七章附则。制定本规定的目的是根据《安全生产法》《行政许可法》等有关法律、行政法规，为了规范特种作业人员的安全技术培训考核工作，提高特种作业人员的安全技术水平，防止和减少伤亡事故。

1. 总则中的有关规定

在第一章总则中，对相关事项做了规定。

◆本规定所称特种作业，是指容易发生事故，对操作者本人、他人的安全健康及设备、设施的安全可能造成重大危害的作业。特种作业的范围由特种作业目录规定。本规定所称特种作业人员，是指直接从事特种作业的从业人员。

◆特种作业人员应当符合下列条件：

（1）年满 18 周岁，且不超过国家法定退休年龄。

（2）经社区或者县级以上医疗机构体检健康合格，并无妨碍从事相应特种作业的器质性心脏病、癫痫病、美尼尔氏症、眩晕症、癔病、震颤麻痹症、精神病、痴呆症以及其他疾病和生理缺陷。

（3）具有初中及以上文化程度。

（4）具备必要的安全技术知识与技能。

（5）相应特种作业规定的其他条件。

危险化学品特种作业人员应当具备高中或者相当于高中及以上文化程度。

◆特种作业人员必须经专门的安全技术培训并考核合格，取得"中华人民共和国特种

作业操作证"（以下简称特种作业操作证）后，方可上岗作业。

◆特种作业人员的安全技术培训、考核、发证、复审工作实行统一监管、分级实施、教考分离的原则。

◆国家安全生产监督管理总局（以下简称安全监管总局）指导、监督全国特种作业人员的安全技术培训、考核、发证、复审工作；省、自治区、直辖市人民政府安全生产监督管理部门负责本行政区域特种作业人员的安全技术培训、考核、发证、复审工作。

2. 培训的有关规定

在第二章培训中，对相关事项做了规定。

◆特种作业人员应当接受与其所从事的特种作业相应的安全技术理论培训和实际操作培训。

已经取得职业高中、技工学校及中专以上学历的毕业生从事与其所学专业相应的特种作业，持学历证明经考核发证机关同意，可以免予相关专业的培训。

跨省、自治区、直辖市从业的特种作业人员，可以在户籍所在地或者从业所在地参加培训。

◆从事特种作业人员安全技术培训的机构（以下统称培训机构），必须按照有关规定取得安全生产培训资质证书后，方可从事特种作业人员的安全技术培训。

3. 考核发证的有关规定

第三章考核发证中，对相关事项做了规定。

◆参加特种作业操作资格考试的人员，应当填写考试申请表，由申请人或者申请人的用人单位持学历证明或者培训机构出具的培训证明向申请人户籍所在地或者从业所在地的考核发证机关或其委托的单位提出申请。

考核发证机关或其委托的单位收到申请后，应当在 60 日内组织考试。

特种作业操作资格考试包括安全技术理论考试和实际操作考试两部分。考试不及格的，允许补考 1 次。经补考仍不及格的，重新参加相应的安全技术培训。

◆考核发证机关委托承担特种作业操作资格考试的单位应当具备相应的场所、设施、设备等条件，建立相应的管理制度，并公布收费标准等信息。

◆考核发证机关或其委托承担特种作业操作资格考试的单位，应当在考试结束后 10 个工作日内公布考试成绩。

◆符合本规定要求并经考试合格的特种作业人员，应当向其户籍所在地或者从业所在地的考核发证机关申请办理特种作业操作证，并提交身份证复印件、学历证书复印件、体检证明、考试合格证明等材料。

◆收到申请的考核发证机关应当在 5 个工作日内完成对特种作业人员所提交申请材料的审查，做出受理或者不予受理的决定。能够当场做出受理决定的，应当当场做出受理决定；申请材料不齐全或者不符合要求的，应当当场或者在 5 个工作日内一次告知申请人需要补正的全部内容，逾期不告知的，视为自收到申请材料之日起即已被受理。

◆对已经受理的申请，考核发证机关应当在 20 个工作日内完成审核工作。符合条件的，颁发特种作业操作证；不符合条件的，应当说明理由。

◆特种作业操作证有效期为 6 年，在全国范围内有效。

特种作业操作证由安全监管总局统一式样、标准及编号。

◆特种作业操作证遗失的，应当向原考核发证机关提出书面申请，经原考核发证机关审查同意后，予以补发。

4. 复审的有关规定

在第四章复审中，对相关事项做了规定。

◆特种作业操作证每 3 年复审 1 次。

特种作业人员在特种作业操作证有效期内，连续从事本工种 10 年以上，严格遵守有关安全生产法律法规的，经原考核发证机关或者从业所在地考核发证机关同意，特种作业操作证的复审时间可以延长至每 6 年 1 次。

◆特种作业操作证需要复审的，应当在期满前 60 日内，由申请人或者申请人的用人单位向原考核发证机关或者从业所在地考核发证机关提出申请，并提交下列材料：

（1）社区或者县级以上医疗机构出具的健康证明。

（2）从事特种作业的情况。

（3）安全培训考试合格记录。

特种作业操作证有效期届满需要延期换证的，应当按照前款的规定申请延期复审。

◆特种作业操作证申请复审或者延期复审前，特种作业人员应当参加必要的安全培训并考试合格。

安全培训时间不少于 8 学时，主要培训法律、法规、标准、事故案例和有关新工艺、新技术、新装备等知识。

◆申请复审的，考核发证机关应当在收到申请之日起 20 个工作日内完成复审工作。复审合格的，由考核发证机关签章、登记，予以确认；不合格的，说明理由。

申请延期复审的，经复审合格后，由考核发证机关重新颁发特种作业操作证。

◆特种作业人员有下列情形之一的，复审或者延期复审不予通过：

（1）健康体检不合格的。

（2）违章操作造成严重后果或者有 2 次以上违章行为，并经查证确实的。

（3）有安全生产违法行为，并给予行政处罚的。

（4）拒绝、阻碍安全生产监管监察部门监督检查的。

（5）未按规定参加安全培训，或者考试不合格的。

（6）具有本规定其他规定情形的。

5. 罚则中的有关规定

在第六章罚则中，对相关事项做了规定。

◆生产经营单位未建立健全特种作业人员档案的，给予警告，并处1万元以下的罚款。

◆生产经营单位使用未取得特种作业操作证的特种作业人员上岗作业的，责令限期改正；逾期未改正的，责令停产停业整顿，可以并处2万元以下的罚款。

◆生产经营单位非法印制、伪造、倒卖特种作业操作证，或者使用非法印制、伪造、倒卖的特种作业操作证的，给予警告，并处1万元以上3万元以下的罚款；构成犯罪的，依法追究刑事责任。

◆特种作业人员伪造、涂改特种作业操作证或者使用伪造的特种作业操作证的，给予警告，并处1 000元以上5 000元以下的罚款。

特种作业人员转借、转让、冒用特种作业操作证的，给予警告，并处2 000元以上10 000元以下的罚款。

附件：特种作业目录

（1）电工作业：指对电气设备进行运行、维护、安装、检修、改造、施工、调试等作业（不含电力系统进网作业）。

（2）焊接与热切割作业：指运用焊接或者热切割方法对材料进行加工的作业（不含《特种设备安全监察条例》规定的有关作业）。

（3）高处作业：指专门或经常在坠落高度基准面2 m及以上有可能坠落的高处进行的作业。

（4）制冷与空调作业：指对大中型制冷与空调设备运行操作、安装与修理的作业。

（5）煤矿安全作业。

（6）金属非金属矿山安全作业。

（7）石油天然气安全作业。

（8）冶金（有色）生产安全作业。

（9）危险化学品安全作业：指从事危险化工工艺过程操作及化工自动化控制仪表安装、维修、维护的作业。

（10）烟花爆竹安全作业：指从事烟花爆竹生产、储存中的药物混合、造粒、筛选、装药、筑药、压药、搬运等危险工序的作业。

(11) 安全监管总局认定的其他作业。

六、《特种设备作业人员监督管理办法》相关要点

2011 年 5 月 3 日，国家质量监督检验检疫总局公布《关于修改〈特种设备作业人员监督管理办法〉的决定》（国家质量监督检验检疫总局令第 140 号），自 2011 年 7 月 1 日起施行。

新修改的《特种设备作业人员监督管理办法》分为五章二十七条，各章内容为：第一章总则，第二章考试和审核发证程序，第三章证书使用及监督管理，第四章罚则，第五章附则。制定本办法的目的是为了加强特种设备作业人员监督管理工作，规范作业人员考核发证程序，保障特种设备安全运行。

1. 总则中的有关规定

在第一章总则中，对相关事项做了规定。

◆锅炉、压力容器（含气瓶）、压力管道、电梯、起重机械、客运索道、大型游乐设施、场（厂）内专用机动车辆等特种设备的作业人员及其相关管理人员统称特种设备作业人员。特种设备作业人员作业种类与项目目录由国家质量监督检验检疫总局统一发布。

从事特种设备作业的人员应当按照本办法的规定，经考核合格取得"特种设备作业人员证"，方可从事相应的作业或者管理工作。

◆国家质量监督检验检疫总局（以下简称国家质检总局）负责全国特种设备作业人员的监督管理，县以上质量技术监督部门负责本辖区内的特种设备作业人员的监督管理。

◆申请"特种设备作业人员证"的人员，应当首先向省级质量技术监督部门指定的特种设备作业人员考试机构（以下简称考试机构）报名参加考试。

对特种设备作业人员数量较少不需要在各省、自治区、直辖市设立考试机构的，由国家质检总局指定考试机构。

◆特种设备生产、使用单位（以下统称用人单位）应当聘（雇）用取得"特种设备作业人员证"的人员从事相关管理和作业工作，并对作业人员进行严格管理。

特种设备作业人员应当持证上岗，按章操作，发现隐患及时处置或者报告。

2. 考试和审核发证程序的有关规定

在第二章考试和审核发证程序中，对相关事项做了规定。

◆特种设备作业人员考核发证工作由县以上质量技术监督部门分级负责。省级质量技术监督部门决定具体的发证分级范围，负责对考核发证工作的日常监督管理。

申请人经指定的考试机构考试合格的，持考试合格凭证向考试场所所在地的发证部门申请办理"特种设备作业人员证"。

◆特种设备作业人员考试和审核发证程序包括：考试报名、考试、领证申请、受理、审核、发证。

◆发证部门和考试机构应当在办公处所公布本办法、考试和审核发证程序、考试作业人员种类、报考具体条件、收费依据和标准、考试机构名称及地点、考试计划等事项。其中，考试报名时间、考试科目、考试地点、考试时间等具体考试计划事项，应当在举行考试之日 2 个月前公布。有条件的应当在有关网站、新闻媒体上公布。

◆申请"特种设备作业人员证"的人员应当符合下列条件：

（1）年龄在 18 周岁以上。

（2）身体健康并满足申请从事的作业种类对身体的特殊要求。

（3）有与申请作业种类相适应的文化程度。

（4）具有相应的安全技术知识与技能。

（5）符合安全技术规范规定的其他要求。

作业人员的具体条件应当按照相关安全技术规范的规定执行。

◆用人单位应当对作业人员进行安全生产教育和培训，保证特种设备作业人员具备必要的特种设备安全作业知识、作业技能和及时进行知识更新。作业人员未能参加用人单位培训的，可以选择专业培训机构进行培训。

作业人员培训的内容按照国家质检总局制定的相关作业人员培训考核大纲等安全技术规范执行。

◆符合条件的申请人员应当向考试机构提交有关证明材料，报名参加考试。

◆考试机构应当制定和认真落实特种设备作业人员的考试组织工作的各项规章制度，严格按照公开、公正、公平的原则，组织实施特种设备作业人员的考试，确保考试工作质量。

◆考试结束后，考试机构应当在 20 个工作日内将考试结果告知申请人，并公布考试成绩。

◆考试合格的人员，凭考试结果通知单和其他相关证明材料，向发证部门申请办理"特种设备作业人员证"。

◆发证部门应当在 5 个工作日内对报送材料进行审查，或者告知申请人补正申请材料，并做出是否受理的决定。能够当场审查的，应当当场办理。

◆对同意受理的申请，发证部门应当在 20 个工作日内完成审核批准手续。准予发证的，在 10 个工作日内向申请人颁发"特种设备作业人员证"；不予发证的，应当书面说明理由。

3. 证书使用及监督管理的有关规定

在第三章证书使用及监督管理中，对相关事项做了规定。

◆持有"特种设备作业人员证"的人员，必须经用人单位的法定代表人（负责人）或者其授权人聘（雇）用后，方可在许可的项目范围内作业。

◆用人单位应当加强对特种设备作业现场和作业人员的管理，履行下列义务：

（1）制定特种设备操作规程和有关安全管理制度。

（2）聘用持证作业人员，并建立特种设备作业人员管理档案。

（3）对作业人员进行安全生产教育和培训。

（4）确保持证上岗和按章操作。

（5）提供必要的安全作业条件。

（6）其他规定的义务。

用人单位可以指定一名本单位管理人员作为特种设备安全管理负责人，具体负责前款规定的相关工作。

◆特种设备作业人员应当遵守以下规定：

（1）作业时随身携带证件，并自觉接受用人单位的安全管理和质量技术监督部门的监督检查。

（2）积极参加特种设备安全生产教育和安全技术培训。

（3）严格执行特种设备操作规程和有关安全规章制度。

（4）拒绝违章指挥。

（5）发现事故隐患或者不安全因素应当立即向现场管理人员和单位有关负责人报告。

（6）其他有关规定。

◆"特种设备作业人员证"每4年复审1次。持证人员应当在复审期届满3个月前，向发证部门提出复审申请。对持证人员在4年内符合有关安全技术规范规定的不间断作业要求和安全、节能教育培训要求，且无违章操作或者管理等不良记录、未造成事故的，发证部门应当按照有关安全技术规范的规定准予复审合格，并在证书正本上加盖发证部门复审合格章。

复审不合格、逾期未复审的，其"特种设备作业人员证"予以注销。

◆有下列情形之一的，应当撤销"特种设备作业人员证"：

（1）持证作业人员以考试作弊或者以其他欺骗方式取得"特种设备作业人员证"的。

（2）持证作业人员违反特种设备的操作规程和有关的安全规章制度操作，情节严重的。

（3）持证作业人员在作业过程中发现事故隐患或者其他不安全因素未立即报告，情节严重的。

（4）考试机构或者发证部门工作人员滥用职权、玩忽职守、违反法定程序或者超越发证范围考核发证的。

（5）依法可以撤销的其他情形。

持证作业人员以考试作弊或者以其他欺骗方式取得"特种设备作业人员证"的，持证人3年内不得再次申请"特种设备作业人员证"。

◆"特种设备作业人员证"遗失或者损毁的，持证人应当及时报告发证部门，并在当地媒体予以公告。查证属实的，由发证部门补办证书。

◆任何单位和个人不得非法印制、伪造、涂改、倒卖、出租或者出借"特种设备作业人员证"。

◆各级质量技术监督部门应当对特种设备作业活动进行监督检查，查处违法作业行为。

4. 罚则与附则中的有关规定

在第四章罚则和第五章附则中，对相关事项做了规定。

◆申请人隐瞒有关情况或者提供虚假材料申请"特种设备作业人员证"的，不予受理或者不予批准发证，并在1年内不得再次申请"特种设备作业人员证"。

◆有下列情形之一的，责令用人单位改正，并处1 000元以上3万元以下罚款：

（1）违章指挥特种设备作业的。

（2）作业人员违反特种设备的操作规程和有关的安全规章制度操作，或者在作业过程中发现事故隐患或者其他不安全因素未立即向现场管理人员和单位有关负责人报告，用人单位未给予批评教育或者处分的。

◆非法印制、伪造、涂改、倒卖、出租、出借"特种设备作业人员证"，或者使用非法印制、伪造、涂改、倒卖、出租、出借"特种设备作业人员证"的，处1 000元以下罚款；构成犯罪的，依法追究刑事责任。

◆特种设备作业人员未取得"特种设备作业人员证"上岗作业，或者用人单位未对特种设备作业人员进行安全生产教育和培训的，按照《特种设备安全监察条例》的有关规定对用人单位予以处罚。

◆"特种设备作业人员证"的格式、印制等事项由国家质检总局统一规定。

◆本办法不适用于从事房屋建筑工地和市政工程工地起重机械、场（厂）内专用机动车辆作业及其相关管理的人员。

第二节　企业安全生产教育的方式方法

《安全生产法》第二十五条规定，生产经营单位应当对从业人员进行安全生产教育和培训，保证从业人员具备必要的安全生产知识，熟悉有关的安全生产规章制度和安全操作规程，掌握本岗位的安全操作技能，了解事故应急处理措施，知悉自身在安全生产方面的权利和义务。未经安全生产教育和培训合格的从业人员，不得上岗作业。企业在对从业人员进行安全生产教育和培训时，应该注意方式方法，有了好的方式方法，才能收到事半功倍的效果。

一、安全生产教育应注意的心理效应

1. 安全生产教育的三个阶段

安全生产教育可以划分为三个阶段，即安全知识教育、安全技能教育和安全态度教育。

（1）安全生产教育的第一阶段应该进行安全知识教育。使人员掌握有关事故预防的基本知识。对于潜藏的、人的感官不能直接感知其危险性的不安全因素的操作，对操作者进行安全知识教育尤其重要，通过安全知识教育，使操作者了解生产操作过程中潜在的危险因素及防范措施等。

（2）安全生产教育的第二阶段应该进行所谓"会"的安全技能教育。安全生产教育不只是传授安全知识，传授安全知识只是安全生产教育的一部分，而不是安全生产教育的全部。经过安全知识教育，尽管操作者已经充分掌握了安全知识，但是，如果不把这些知识付诸实践，仅仅停留在"知"的阶段，则不会收到较好的实际效果。安全技能是只有通过受教育者亲身实践才能掌握的东西。也就是说，只有通过反复的实际操作、不断地摸索才能熟能生巧，才能逐渐掌握安全技能。

（3）安全态度教育是安全生产教育的最后阶段，也是安全生产教育最重要的阶段。经过前两个阶段的安全生产教育，操作人员掌握了安全知识和安全技能，但是在生产操作中是否实施安全技能，则完全由个人的思想意识所支配。安全态度教育的目的就是使操作者尽可能自觉地实行安全技能，搞好安全生产。

安全知识教育、安全技能教育和安全态度教育三者之间是密不可分的，如果安全技能教育和安全态度教育进行得不好的话，安全知识教育也会落空。成功的安全生产教育不仅使职工懂得安全知识，而且能正确、认真地进行安全行为。

2. 有意识教育和无意识教育

安全生产教育的方式分为有意识教育和无意识教育两种。

（1）有意识教育。所谓有意识教育，是指教育者有计划、有步骤、有特定对象、有特定目的、有一定时限地开展安全生产教育活动，而被教育者也明显地意识到自己在接受教育，整个教育活动带有一定的强制性。

有意识教育方式有以下几种：

1）讲课的方式。讲课是有意识、有计划、系统地对职工进行安全生产教育的一种常见教育方式。这种教育方式较适合最初教育阶段和知识更新，适用于安全知识和理论的讲授。由于授课者是按照预先准备的讲稿和逻辑顺序进行讲解的，被教育者能在一定时间内较系统、较容易地掌握到有关知识。

2）会议的方式。会议的内容一般是：传达上级有关安全生产的指示，通报本企业或其他单位安全生产的动态，讲评本企业的安全生产情况，布置安全生产任务，分析工伤事故案例等。由于这些内容都是当前安全生产中亟待解决的问题，因此最具针对性，其教育效果也较好。经常召开的安全工作会议有安全例会、职工大会、事故分析会、安全演讲会。此外，还有安全表彰会、安全研讨会、安全论文发布会等。

3）演练的方式。在安全培训教育过程中，有些技术性的问题单纯靠课堂上的理论讲解是难以掌握的，必须配之以实际的演示和训练。演示就是指导者向受教育者展示各种实物或其他直观教具，进行示范实验，或者在现场进行实际的操作示范。训练就是受教育者在指导者的帮助下，进行实际操作。有条件时还可开展模拟演习训练，如事故抢救演习、急救演习、消防演习等。模拟演习是一种很好的教育训练方法，能使受教育者学习到那些"只能意会，不能言传"的东西。由于模拟的情况与现实工作、生活的实际情况基本一致，还可使受教育者"身临其境"地运用自己掌握的一切安全知识和技能。

4）参观展览的方式。把安全工作中的好人好事、先进单位和个人的先进经验、先进技术以及事故现场情形、事故的损失程度、伤亡者的惨状等，用图片、照片、实物等形式集中起来展览，组织职工参观，通过正反实例对比进行宣传教育。实践证明，这种教育效果较为理想。

（2）无意识教育。无意识教育是指教育的对象是无特定性的，教育活动不带强制性，全凭被教育者的兴趣和偶然的注意。因此，教育的效果完全取决于教育的内容和教育的方式方法对被教育者的吸引程度。一些常用的安全生产教育方式有安全影视、广播，安全简报、板报、宣传画和安全警句、口号，新闻报道等。

3. 安全生产教育应注意的心理效应

安全生产教育要遵循心理科学的原则，并注意下列心理效应：

（1）吸引参与的心理效应。心理学研究表明，人对某项工作参与的程度越大，就越会承担更多的责任，并尽力去创造绩效。参与，还会改变人们的态度，因为参与可以使人对某项工作或事物增进认识，又能转变人们对某一事物的情感反应，从而导致积极行为。因此，在安全生产教育与培训中应注意如何吸引职工参与，如参与规章制度、工作方案、操作规程的制定，让职工畅所欲言，热烈讨论，使安全生产教育成为职工自己的事。

（2）引发兴趣的心理效应。兴趣是人力求认识某种事物或爱好某种活动的倾向，若人对某种事物或某项活动发生兴趣，就会促使他去接触、关心、探索这件事物或热情地从事这种活动。因此，在安全生产教育与培训中必须运用各种生动活泼形式引起职工的兴趣，使职工积极参与，如开展安全知识竞赛、安全操作比赛、电化教育等。

（3）首因效应。首因效应也称第一印象。根据研究，首因效应作用很强，持续的时间也长，比以后得到的信息对于事物整体印象产生的作用更强。这是因为人对事物的整体印象，一般都是以第一印象为中心而形成的。因此，在安全生产教育中狠抓新进厂职工（包括外厂调入的职工，以及来本厂进行培训和实习的人员等）的入厂安全生产教育与培训，有非常重要的意义，因为他们刚到一个新的工作环境，第一印象对他们有着深刻的影响，甚至可以影响以后很长一段时间的安全行为和态度。

（4）近因效应。近因效应是与首因效应相反的一种现象。是指在印象形成或态度改变中，新近得到的信息比以前得到的信息对于事物的整体印象产生更强的作用。这就揭示了安全生产教育必须持之以恒、常抓不懈，不能过多指望首因效应和一些突击的活动。尤其是一些新入厂的职工，除受到首因效应影响外，车间、班组的气氛，老职工对安全的态度，对他们的安全态度和行为影响更大。

（5）逆反心理。逆反心理是指在一定条件下，对方产生与当事人的意志、愿望背道而驰的心理和行动。按通俗的说法，就是"你要我这样做，我非要那样做；你不准我做的事，我非要去做不可"。因此，在安全生产教育与培训中要求对方做到的，应以商讨、鼓励、引导、建议的方式提出意见，采用正面教育，尊重对方，不伤害对方的自尊心，态度不宜粗暴，以免对方产生逆反心理。

4. 企业开展安全生产教育的做法与方式

企业开展安全生产教育的做法和方式主要有：

（1）提高员工安全技术素质的方式。安全生产教育是以提高全员安全素质为主要任务，具有保障安全生产的基础性意义。安全生产教育还是预防事故的一种"软"对策，通过对人的观念、意识、态度、行为等从无形到有形的影响，从而对人的不安全行为产生控制作用，达到减少人为事故的效果。

对员工进行安全技术素质教育可以采取以下方法：

1）讲授法。这是教学最常用的方法。安全知识教育，使人员掌握基本安全常识和知识，进行专业安全知识的培训教育，对日常操作中的安全注意事项再进行学习，对于潜藏的、凭人的感官不能直接感知其危险性的不安全因素的操作进行分析。通过安全知识教育，使操作者了解生产过程中潜在的危险因素及应采取的防范措施等。

2）读书学习法。由单位技术人员或班组长根据本岗位实际，编制切合实际、针对性强的教材，对岗位作业的危险性程度、岗位存在的危险因素进行分析，组织岗位班组的员工进行系统学习，掌握该单位的基本常识和基础知识。

3）复习巩固法。安全知识一方面随生活和工作方式的发展而改变；另一方面，安全知识的应用在人们的生活和工作过程中是偶然的，这就使得已掌握的安全知识随时间的推移而退化。所以，安全知识也要不断更新。"警钟长鸣"是安全领域的基本策略，"温故知新"是复习和巩固的理论基础。因此，要组织员工天天学、反复学，做到老生常谈。

4）研讨学习法。班组可以利用生产作业空闲时间组织班组成员一起进行研讨学习，互相启发、取长补短，达到深入消化、理解和增长知识的目的。

5）宣传娱乐法。利用电化教学、宣传媒体等现代化教学工具，寓教于乐，使安全知识通过潜移默化的方式深入员工心中。

（2）增强员工实际安全工作水平和技能的方式。安全生产教育承担着传递安全生产知识的任务，使人的安全文化素质不断提高，安全精神需求不断发展，使人的行为更加符合社会生活和生产中的安全规范和要求。企业安全生产教育也不例外。在企业安全生产教育中，安全技能教育是比较重要的内容，而安全技能是只有通过受教育者亲身实践才能掌握的东西，也就是说，只有通过反复的实际操作、不断地摸索才能熟能生巧，才能逐渐掌握安全技能。

增强员工实际安全工作水平和技能可以采取以下方法：

1）搞好危害识别和危险预知活动。发动员工对岗位存在的危险和有害因素进行识别，对可能发生事故的状况进行分析判定，进行危险作业分析，对可能发生事故的状况进行超前判定和预防，控制生产过程中的危险行为和危险状况。

2）"仿真"事故应急预案演练。通过对预先编制好的各岗位可能发生的各种事故的应急实施方案的学习，定期组织员工进行仿真演练，达到快速反应、高效应对的水平，做到遇事不乱、胸有成竹、泰然处之。

3）"三点"控制训练。即教育员工对岗位上的事故易发点、危险点、关键点"三点"进行整体有效的重点控制，实行有目标、责任明确的分级负责制。对"三点"部位要重点组织进行实际操作演练，掌握控制方法，提高实际操作水平和处理问题的技能。

（3）搞好安全意识（态度）教育的方法。强化安全意识也就是进行安全态度教育。这是企业安全生产教育中重要的内容之一。安全态度教育的目的就是使生产作业人员尽可能自觉地运用安全技能，搞好安全生产。使每位员工不仅掌握和熟悉生产安全知识，还要增强自我保护意识，从被动的"要我安全"变为主动的"我要安全"，进一步达到"我懂安全""我会安全""我管安全"的自觉意识水平。

企业搞好安全意识（态度）教育可以采取以下方法：

1）利用活生生的事故案例进行教育。通过对本单位或外单位的事故案例进行分析，了解事故发生的原因、过程和后果，对认识事故发生规律、总结经验、吸取教训、举一反三大有裨益。用活生生的案例、血淋淋的教训教育人。特别是对本车间、本班组、本岗位发生的事故要严格按"四不放过"原则进行，这样对增强员工的安全意识有不可估量的作用。

2）经常性的口头教育。班组长或班组安全员，可以在班前、班后会时讲，也可以班中随时随地讲。主要对安全注意事项进行提醒、对违章违纪行为进行批评指正，可以以"三不伤害"为重点内容进行讲解。提高安全意识是一项长期持久的工作和任务，要天天讲、时时讲，时刻绷紧安全这根弦，警钟长鸣。

3）季节变换的安全生产教育。安全员要结合不同季节的安全生产特点，开展有针对性的、灵活多样的超前思想教育。季节变换会给生产带来很多事故隐患，如夏季天气闷热，人易疲劳、情绪不稳、心神不定，主要是做好防暑降温、防超温超压等工作。冬季天寒地冻、气候干燥，主要是做好防火、防冻、防凝、防滑等工作。

4）节日前后的安全生产教育。节前，员工的思想可能较为紧张，情绪有所波动，想利用节日期间好好放松一下。节后，员工轻松愉快的心情尚未平静，上班后还沉浸在兴奋和喜悦之中。安全员以及班组长要在节前进行预防性的思想教育，在节后进行收心思想教育，一心一意搞好安全生产。

5）检修前后的安全生产教育。岗位进行大、小检修是不可避免的。检修时，任务重、人员多而杂、交叉作业多，这时进行安全生产教育必不可少。主要以安全用火、安全监护、进入受限空间、高处作业、安全防护用品的穿戴等为重点进行教育。检修后，由于可能涉及技术改造项目，因而要进行新工艺、新流程的学习教育。

6）开展一些娱乐性的活动进行安全生产教育。安全员或者班组长可以根据各自的特点组织进行，如可以开展班组员工安全竞赛、编辑安全小品、安全演讲、事故祭日追忆、黑板报宣传等形式进行。

（4）安全生产教育适当时机的选择。进行安全生产教育，需要提高员工的主动性和积极性，这就将教育内容与生产实际结合起来，拟定的教育内容要结合日常工作，这样会增添员工的学习兴趣。将教育成绩和考核、奖励挂钩，让员工真正明白业务技术同安全生产、安全生产同个人经济利益的关系，进而激发员工搞好安全生产、提高自身素质的热情。还需要注意的是，进行安全生产教育，也需要选择适当的时机。

1）努力营造学习氛围。有了这种氛围，学习业务知识就会成为一种自觉行动。安全员要带头学习，安全员带头学习必然会带动一批人跟着学习，这样在一定范围内势必形成良好的学习气氛。

2）因人而异，有的放矢。教育最好是分层次，分层次可以起到较明显的效果。对那些理论知识比较强而实践经验相对较少的员工，应加强其实际操作能力、动手能力的培训，而对那些实际动手能力强、理论知识相对较差的员工，应加强其理论基础的培训。

3）善于利用一切有利时机，随机教育。安全员要善于利用事故、异常处理的机会，给员工讲解整个事故或异常的处理要点、来龙去脉，这时往往也是员工学习热情最高的时候，所以要趁热打铁，利用设备检修的机会，尽可能地给员工讲设备的原理、维护注意事项，必要时可以聘请有经验的检修人员给员工讲解有关内容；利用每月的反事故演习的机会，向每位员工讲明演习内容，处理方法，要尽量避免个别人的演习、走过场的演习。如果能抓住这些有利的时机来进行随机的培训，则要比只按照计划任务书上的培训更有效果，更易于为员工所接受。

4）利用新设备投运的机会加强教育。每当新设备投运时，也是员工学习热情最为高涨的时候，一定要抓住这一有利时机，深入、系统地进行教育。要尽可能吃透新设备的原理、维护方法、操作要领等，必要时可以聘请专家给予讲解。

5）教育要注意以情感人。在平时的教育中，不能遗漏任何一名员工，尤其是对那些平时基础差、学习热情不高的人员，更要常常去督促他们、检查他们，必要时做一些思想工作，利用引导、启发等方式，激发他们的学习热情，让他们感受到自己是集体中不可或缺的一员，增强他们的自信心。相信在温暖的关怀下，他们一定会迅速进步，在平凡的岗位上，一样能做出不平凡的业绩。

5. 企业开展安全生产教育应注意的问题

做好安全生产教育工作要注意处理好以下三个问题：

（1）注意单向施教与多向交流的结合。随着时代的发展，员工主体意识不断增强，单纯靠"你讲他听"式的安全生产教育已难以奏效，单一的讲课式、训导式的安全生产教育已达不到很好的效果。必须以安全文化建设为依托，精心策划并组织形式新颖、内容丰富的安全生产教育活动，常年不断，潜移默化，教育熏陶广大员工。要针对员工群体求知求乐品位不断提高的实际，把安全生产教育有机融入安全文化娱乐活动之中，使单向的教育变为多向交流、单一的说教变为丰富多彩和生动活泼的艺术感染，进而使员工的文化需求与安全生产教育融为一体。

（2）注意营造良好的教育环境。教育灌输对受教育者的身心发展能够产生重要影响，而环境氛围、群体效应也不可忽视。因此，必须把营造安全文明环境作为安全生产教育的优先切入点，从提高员工的安全素质到形成安全有序的生产秩序，探索一条培养"我要安全、我会安全"员工的有效途径。

（3）注意安全生产教育与安全管理的结合。要从根本上改变个别员工对安全工作错误的认识和不规范行为，不仅要教育疏导，各种规章制度的约束也要紧紧跟上。教育与管理互为补充、相互促进，安全生产教育是通过内在思想的提高管理人，管理是通过外在约束的加强教育人。持之以恒地开展各种安全生产教育、提高管理的人文内涵的同时，坚持把正确的安全思想理念渗透到安全管理制度中，把自律与他律、内在约束与外在约束有机结合，启发员工自我教育、自我提高，既通过制度约束来巩固安全生产教育工作的成果，又在管理中体现了教育的精神，赋予管理更强的硬性约束，教育与管理互相补充、相得益彰，使安全生产教育工作保持生命力。

二、进行安全生产教育培训可参考的做法

1. 东方集装箱公司进行形象化安全生产教育的做法

近年来，东方集装箱公司结合集装箱装卸作业的机械化程度高、技术密集、装卸工艺标准和作业效率快的特点，在应用传统安全生产教育方法的同时，自己录制了安全操作标准录像片进行形象化安全生产教育，收到了较好的效果。

首先，他们根据局、公司制定的有关安全操作规程和安全管理制度，结合公司集装箱装卸作业安全管理的具体特点和几年来所发生的事故或险肇事故的原因分析，编写了"东方集装箱公司安全操作标准录像片"解说词。在编写过程中充分征求了公司技术部门、业务部门负责人和一线作业人员的意见，并经局安全主管部门修改、把关，最后由公司总经理审阅定稿。

录像片的解说词定稿后，就组织进行现场录像，每一部分录像选择的示范操作人员，都是本工种的岗位明星。他们的操作动作规范，在职工中的威信高，因此用他们的标准操作来教育职工，有很强的现身教育感召力。现场录像的每一画面要求清晰、准确并与解说词相对应。最后成片的 7 盘录像带，图像清晰、配音标准、音乐动听，每盘录像带的播放时间在 15 min 左右。这 7 盘录像带主要是分别对不同工种的作业人员进行形象化的岗位安全生产教育，如对装卸桥司机进行安全生产教育，就播放"装卸桥司机安全操作标准录像片"；对场桥司机进行安全生产教育，就播放"场桥司机安全操作标准录像片"。在 7 部"安全操作标准录像片"的基础上，公司又录制了一部综合性的安全操作标准录像片，播放

时间为 50 min，主要用于对职工进行系统的入厂安全生产教育、回笼安全生产教育和全员安全生产教育等。

公司在安全活动日、生产空余时间、安全生产教育培训班和"安全月"，运用录像片反复对职工进行了安全操作标准化教育，教育的范围包括了全体安委会委员、班组长以上的生产骨干、一线作业的全体操作人员、新入厂的工人和有关事故责任人及现场查出的"三违"人员。通过广泛的形象化的安全生产教育，收到了较好的效果：一是安全操作标准录像片的内容全面、系统，使用起来很方便，省略了传统安全生产教育的备课、讲课、板书等重复性劳动；二是录像片的图像清晰，画面都是本公司的人操作本公司的机械，在自己的平日工作环境中演示，所以看起来亲切、真实，可视性强；三是录像的解说标准，并伴有优美动听的音乐，使受教育者能坐得住、听得清、记得牢，在欢快的音乐声中受到有针对性的安全生产教育，能达到开展安全生产教育的预期效果；四是有利于分析处理事故和教育"三违"人员。若发生事故和在现场查出"三违"现象，就播放相应的安全操作标准录像片，对照录像画面客观、公正地分析处理事故责任人和"三违"人员，改变了以往分析处理事故和处理"三违"人员的随意性，使事故责任人和"三违"人员在昭示于众的安全操作标准面前知错、认错、改错，心服口服，从而有效地规范了作业人员的安全行为，在安全生产教育的形式上做到了依之以法、晓之以理、动之以情，在职工中产生了积极的心理效应。

通过经常运用安全操作标准录像片对职工进行系统的安全操作标准化教育，营造了浓厚的企业安全文化氛围，提高了大家的安全意识和遵照安全操作标准作业的自觉性，使现场的"三违"现象较以前有了明显减少，作业过程中的险肇事故得到了有效的控制，为公司各项生产（工作）任务的顺利完成提供了可靠的安全保证。

2. 使安全生产教育通俗易懂、吸引人的做法

在安全生产教育中，由于受条件的限制，普遍存在形式单一、方法单一的问题。例如，在进行安全生产教育时不区分人员之间的差别，硬性灌输各种知识，许多人接受教育后并不明白其中的道理，也不掌握基本的操作要求。再如，在日常安全生产教育中，往往只是单调地读报纸、读文件、读通知，然后讲一些大道理或者寥寥草草说几句，就宣告结束。还有在安全生产教育中缺乏层次性、趣味性，无法吸引人，导致职工出现厌烦情绪。

安全生产教育能不能通俗易懂、吸引人，首先是一个观念问题、认识问题，然后才是方法问题。有的车间班组安全员认为，安全生产知识本身就是枯燥的，不像文学作品那样丰富多彩，无论如何讲，结果都必然是枯燥无味。这种认识和这种观念是错误的，因为它不符合实际情况，是一种懒惰思想、因循守旧的思想。通过下面这个事例说明，安全生产教育也能做到通俗易懂、吸引人。

我（黄炎洲）是湖北省老河口市圣德汽车附件有限公司即将退休的一名普通工人。2014年8月初的一天上午，我接到市安监局的一个电话，希望我能抽时间到一些乡镇企业去讲讲安全课。当时，我很疑惑，我只是一名普通工人，去讲课工人们能听得进去吗？

第一课安排在洪山嘴编织袋厂。那天骄阳似火，车内热气逼人，我都有点喘不过气来，上午10时到了编织袋厂。到了我才知道，该厂陶厂长知道我要去讲安全课，要求全厂停产集中学习，人员全部集中在车间内。一走进车间，眼前的景象让我震惊。车间内60余名生产工人，90％是中年妇女，她们穿着五颜六色的服装，有穿长袖的，也有穿短袖的，有穿裙子、穿短裤的，还有披着长头发的，而且所有女工没有一个戴工作帽，绝大多数穿着拖鞋和凉鞋。仅有的4名男工，1名是电焊工，1名是电工，2名是修理工，4人中有3人穿着背心，1人赤着上身，而且全都穿着拖鞋。眼前的状况，让我意识到，乡镇企业的安全生产工作确实应该加强。

这课该怎么讲？讲"三同时"？讲"危险源"？有可能是白白浪费时间，那些中年妇女很可能听不懂。

我沉思片刻，决定这节课就讲讲生产一线工人穿戴和使用劳动防护用品的注意事项，尽量把道理讲得通俗易懂，让他们听得懂、记得住、用得上。我想还得讲典型案例，从而启发、教育他们，让他们吸取教训。

开始讲课。我先讲了一起发生在1989年7月13日的事故。那时，我在机加工分厂巡检，突然听见一声惨叫，便急忙赶到现场。只见女工赵荣一撮约60 cm长的头发被绞入钻床主轴，头皮都被扯掉了，鲜血染红了整个工作台面。大家及时将她送往医院抢救，性命是保住了，可她当时才19岁，还没谈过恋爱呢！那起事故的原因很清楚，赵荣没有按要求戴工作帽。住院期间，她疼得死去活来，经常发疯似的号啕大哭。讲完这个事故案例，我说，世上没有卖后悔药的，赵荣意识到戴工作帽的重要性的时候已经太晚了，你们一定要注意。这时，我听到台下的叹息声，有人低声说："年纪轻轻的，多可惜！"

然后，我又讲了一个离我更近的案例，这起事故就发生在我老伴的身上。那是1967年9月14日，那一天，我和老伴将终生难忘，那天的厄运让老伴左手致残，成了终身残疾。老伴是个车工，按照规定操作时不允许戴手套，但是她在清理工件铁屑时害怕割伤手，戴上了手套，结果旋转的工件绞住了手套，老伴惊叫一声，鲜血从手套里渗透出来，染红了手套，染红了衣服。医院的诊断结果是：左手食指、中指、无名指粉碎性骨折，无法再植，需要做截指手术。我告诉他们，现在老伴已经退休，工伤鉴定为六级伤残，而受伤的手每逢阴雨天总要隐隐作痛，这起事故犹如一场难缠的噩梦，将伴随我们一生。

接下来，我从生活安全讲到生产安全，从从业人员的权利讲到应尽的义务，用鲜活生动的语言就我目睹的血淋淋的案例警示他们，让工人们明白：人们的安全意识淡薄，安全知识缺乏，是酿成事故的主要原因。讲课那天天气闷热，60余名工人都集中在车间内，出人意料的是，讲课期间没有人走动，工人们都认真地听讲，陶厂长还认真地做笔记。两个半小时的课结束了，车间内响起了掌声，一名中年妇女走来对我说："听了你讲的课，才知道我们干活经常违章。比方说，上班不戴工作帽，以前我根本不知道这也是违章。听了你讲的案例，我吓了一跳，不戴工作帽会造成那么惨的事故，头皮都扯掉了，真吓人。今后上班我一定要戴工作帽，要不然说不定哪天，这样的事故也会发生在我身上。"

这堂安全课使我明白了，只要讲得通俗易懂，工人们就能听得进去。于是我暗下了决心，下一课一定要准备得更充分，更有说服力，要让工人们能听得进去。

3. 扭转对安全生产教育有抵触情绪的做法

我（段克仁）是山西新绛纺织有限责任公司的一名安全员，前几天接到任务，本地安监局委派我去给私营企业从业人员讲授安全生产知识。对此，我有点忐忑不安，因为这是生平第一次到外单位讲课，讲不好不仅愧对"安全工程师"称号，而且误人"子弟"。为此，我绞尽脑汁，精心准备。功夫不负有心人，第一堂课下来就受到职工们的好评，连企业老总都竖起大拇指夸我讲得好！

回顾这次讲课之所以能获得成功，我认为做到了以下几点：

一是仪态要庄重。人常说第一印象很重要，讲授安全知识，首先要仪态大方、庄重，给人一种诚实、可信的感觉。为此，上课前我特意进行了"包装"：红T恤、蓝长裤、皮凉鞋，剪发剃须，加之一副近视眼镜，人显得很斯文。尽管时值炎夏，我没穿背心、短裤，也没穿拖鞋，要知道，我们搞安全工作的历来就反对上岗"穿拖鞋"之类不安全装束的。事后，有职工说："看到您整齐的着装，就知道您值得我们信赖。"

二是开头要创新。万事开头难，头开好了，接下去就会非常顺利，安全生产教育也不例外，要让职工们听你讲，开头就必须紧紧抓住他们的心。为开个好头，我曾设计了几个方案，最后选定"询问式"。简单地进行自我介绍后，我问道："在座的师傅们，认为和安全没关系的请举手。"还真有一名男工举起了手。就在他举手的瞬间，我看见他手臂有一小块烧伤（烫伤）的痕迹，"请讲一下理由。"我说。他答道："上班以来没磕碰过，也没发现有什么危险存在，感觉挺好的。""请问您手臂的伤咋来的？""这是小时候开水烫的，与工作没关系。""是的，与工作无管，但与安全有关，这就是生活安全。"接着我的话从生活安全转到生产安全中，讲述安全与企业、与家庭、与个人的关系，中间不时地穿插一些近期发生的事故案例，事故给企业、家庭、个人带来的沉重负担和惨痛教训，这让职工们听得目瞪口呆。下课后，他们还在议论："真没想到，安全这么重要。"

三是内容要精彩。俗话说："巧妇难为无米之炊。"口才再好，内容不精彩，听后也会使人味同嚼蜡，难有效果。安全知识的理论讲多了，太枯燥；一味地讲事例，职工难明白"其所以然"。基于此，我决定理论占三分之一，事例占三分之二；先从事例讲起，后用理论"点睛"。如在讲述"事故的成因"时，我先讲述了一起齿轮夹断职工手臂的例子，指出他在此次操作中的错误行为，产生这种行为的原因在于个人安全意识不强；而安全意识不强又是安全生产教育欠缺所致；最后进行总结并进一步扩展，着重讲述不安全行为的种类，让职工真正明白哪些是不安全的行为，该如何防范。这样的讲解效果明显。

四是话语要实在。给职工讲安全课，千万不能居高临下，以"学者"的神态自居。听者中有年长于自己的，也有比自己懂得多的。我讲课中，我态度诚恳，用词准确，不讲一句过头的话，更不故意卖弄知识，在讲述事故案例中，不指名道姓；讲述国家法律政策时，不断章取义。另外，在讲一些专业词语时，适当地用当地方言及时"翻译"，使听者理解起来毫无障碍。

这次讲课不仅提高了职工安全意识和防范能力，而且还扭转了企业老总原来对安全生产教育工作的抵触情绪，促使他们今后认真对待安全工作。临走时许多职工紧紧抓住我的手不愿放开，从他们的言行中，我又一次感到从事安全工作的骄傲和自豪。

第四章 作业现场安全管理知识

企业生产作业现场，是作业人员管理和操作设备设施从事生产活动的场所。生产作业现场的管理与环境是否良好，直接影响生产效率，也关系到作业人员的安全。生产作业现场的温度、湿度、照度、颜色、噪声、粉尘、毒气、辐射以及特殊工程的作业等因素，都会对作业人员的正常活动产生影响。良好的生产现场管理和作业环境能给人以安全舒适的感觉，使作业人员精神振奋、动作迅速、判断准确，减少操作失误和事故发生率。因此，加强生产作业现场的安全管理，创造良好的作业环境，是避免和减少事故发生的重要措施。

第一节 企业生产现场安全管理要求

在工业企业生产过程中，存在许多潜在的危险，包括电气危险、机械危险、材料变质危险、化学反应危险、火灾危险、爆炸危险等，这些危险因素会导致事故发生。除此之外，还存在振动危险、噪声危险、辐射危险、毒性危险、污染危险等导致人员职业性危害的因素。因此，预防事故，保证安全，要特别注意抓好生产现场安全管理。

一、生产现场合理布置原则

1. 对生产现场安全的基本要求

为实现作业行为安全，消除事故隐患及提高生产效率，生产现场或作业现场的布置应具备安全舒适、秩序井然的基本条件。

（1）生产现场具备正常的生产秩序。生产现场无论是从平面还是从立体空间角度来说，都应该尽可能地划定各种物体的正确安全位置，使之处于理想状态，并保证取用方便。无用的东西和废料应及时从作业环境中清理出去。

（2）设备、管道布局合理，按规定要求着色；设备注明名称、位号；工艺管道物料流动有方向；活门开关有旋转方向；人员操作有安全警示。

（3）现场采光充足，照明的照度能满足安全操作的要求。温度、湿度要符合标准，换气次数满足要求，做到现场空气新鲜。

（4）现场安全设施齐全、牢固可靠。生产现场的安全梯、安全门，根据生产性质需要，一般情况下不少于 2 个。设备的安全罩、防护栏杆齐全可靠，电气设备的接地线、厂房的防雷装置、设备管道的防静电装置按规定设置，符合安全要求。设备的吊装孔、平台、走梯上的围栏要完整紧固。地沟、窖井、池、洞等处应有盖板，算子板铺设要牢固，通风排风装置以及事故状态下的事故排风装置要完善，处于随时可用状态。生产厂房的屋顶结构和泄压面积视生产性质而定，但不可小于规定的安全值。

2. 对设备的可动零部件的安全防范措施

对设备的可动零部件必须采取以下安全防范措施：

（1）不得让可动零部件直接接触操作人员，可采取封闭或安装安全防护装置的方法解决。

（2）生产设备或零部件存在超限或坠落、逆转可能的，要分别配置限位装置和防坠落、防逆转装置。

（3）对有特别危险的防护装置，还应有联锁保护装置。

（4）对设备的防护应做到"六有""六必"，即有轮必有罩、有轴必有套、有台必有栏、有洞必有盖、有轧点必有挡板、有特危必有联锁。

3. 对设备设施的安全防范措施

（1）对设备运行中可能有飞出物的，应采取防松脱措施，配置防护罩或防护网等安全防护装置。

（2）生产设备的一些零部件，由于运行过程中会产生过冷或过热现象，还有些生产设备加工灼热件，造成该部件过冷或过热，当操作人员靠近时就可能造成轻伤或灼伤，以致发生意外事故，因此，要求对生产设备以上部位配置防接触屏蔽。

（3）对生产、使用、储存或运输中存在易燃易爆物质的设备，如锅炉、压力容器等工作中长期载压设备，使用可燃气、可燃液、可燃固体的燃烧设备，都应采取防火与防爆措施。

（4）生产设备的控制系统能及时获得在运行过程中产生危险和有害因素的信息，达到自动监控效果，建立能保证操作者安全和设备紧急、意外情况停车的监控系统。

（5）生产设备产生的尘、毒、噪声和辐射等有害因素，应符合有害因素类型的安全标准。

（6）生产设备应按照《安全色》（GB 2893—2008）标准使用安全色。生产设备易发生危险的部位，必须有安全标志。

4. 对生产作业环境的安全要求

（1）生产现场安全通道是保证员工在通道上行走，运送材料、工件安全而设置的，如果安全通道过窄或被堵塞，则容易造成伤亡事故，因此，安全通道必须按标准设置，保证畅通无阻。

（2）生产现场的门窗启闭装置应灵活，特别是重点易燃的厂房，如锅炉房、制氧站、煤气站等处的门窗朝向要有特定要求，即门窗向外开启，而厂房内值班室、休息室、办公室的门窗则是向里开启。一旦厂房发生火灾或其他事故，会产生较大的气浪把门窗自动冲开，减少对厂房的危害程度，也便于撤离；而厂房内的房间门窗向里开，气浪会把门窗封闭，对保证人身安全有一定的作用。

（3）生产现场或工作场所的照度和照明质量要符合国家标准。在明亮的环境里作业，人员易集中精力、情绪饱满；在阴暗的环境里作业会导致人员精力分散、情绪低落，容易发生事故。

（4）生产现场的温度和湿度对人体的影响很大。一般在 $27 \sim 32 ℃$ 时，肌部用力的工作效率下降，容易疲劳；当气温达到 $32 ℃$ 以上时，需要注意力集中的工作和精密工作的效率开始受到影响；温度再升高，则对智力工作产生不利影响。因此，在生产作业中应尽量创造一个良好舒适的温度环境。

二、生产现场安全设施的要求

1. 对生产现场设备设施的安全防护措施

生产现场的安全设施主要有防护罩、防护套、防护围栏、屏蔽、盖板、箅子板、平台、走梯、安全梯、安全门、避雷针、静电消除装置、漏油保护装置、通排风装置、安全网、安全联锁以及警告牌和声光信号、指示灯等。

对生产现场设备设施的安全防护措施主要有以下几个方面：

（1）生产使用的各种转动、传动设备的靠背轮，突出机体外的轴、带轮等，都应分别装设牢固的安全罩、安全套、防护围栏。

（2）生产现场的各种地沟、窨井、池、孔、洞、坑、地下工程等，都应铺盖牢固的盖板或加设围栏。

（3）各种吊装孔、走梯、平台等，都必须按规定安装栏杆，栏杆高度不小于 $1.2~\mathrm{m}$，并安设高度不小于 $100~\mathrm{mm}$ 的挡脚板。上管架的爬梯应加设防护围栏。

（4）电气设备的周围，应按规定距离装设防护围栏、障碍和警告牌。

（5）生产厂房，视生产性质应设有两道以上的安全门和安全梯。厂房和高大设备应按规定安设避雷装置，每年要检查一次，对地电阻不大于 $10~\Omega$。

（6）盛装易燃易爆介质的设备和管道，应按规定装设静电接地装置，对地电阻不大于 $10~\Omega$。设备和管道的法兰连接处、容器与顶盖之间、法兰之间、装卸可燃液体的鹤管与槽车及管道法兰之间都应加装跨接导体，其接触电阻不大于 0.03 Ω。

（7）涉及酸碱的岗位以及有强腐蚀性介质的操作岗位，应设有事故处理水源、冲洗眼睛的洗涤器、急救药品，其他生产岗位也应备有相应的急救药品。

（8）有危险的地段、设备、建（构）筑物、地下设施和要害部位，容易忽视或易发生误操作的阀门、开关、控制点，临时安装的电气设备等，均应采取防范措施，如加设围栏、挂醒目的警告牌。

2. 对作业人员操作的安全防护措施

（1）需要作业人员经常改变动作，并与开停车频繁的转动设备接触时，极易发生伤害事故，此种设备应安装安全联锁，当作业人员动作错误，可能危害人身安全时，设备应停止运动或立即停车。

（2）生产岗位应设有存放各种防毒面具的事故柜和足够数量的消防器材。

（3）厂房的自然通风要合理且效果良好。有可燃易爆气体和有毒有害气体逸出的生产岗位应装有完善的通风排风装置。此外，还应装设事故排风装置，开关设置地点要安全方便。

3. 生产现场照明标准与要求

生产现场进行的各种生产活动主要是通过视觉对现场的各种情况做出判断而进行的。如果现场的采光和照明条件不好，作业人员就不能进行清晰准确的观察，从而不能做出准确的判断，容易造成错觉、接受错误的信息、产生不安全的行为，导致事故的发生。因此，生产现场或作业现场有良好的采光和照明，对于减少事故、保证安全是非常重要的。

生产现场采光方式有两种：一是天然采光，二是人工照明。照明的任务是利用天然光能和人工光源来创造经济合理的采光和照明条件，以满足生产和作业的安全要求。照明的方式是根据工作的具体要求而确定的。按工作面上的照明类型分类有五种：直接照明、半直接照明、漫射照明、半间接照明、间接照明。按工作面上的照度分布分类有三种：一般照明、局部照明、混合照明。适宜照度的标准是根据工作性质、工作环境及视觉条件来确定的，同时应避免产生眩光。

4. 要害部位警告牌制作和设置要求

要害部位主要是指生产区域各种储有易燃气体、可燃气体、助燃气体、易燃液体、液化石油气等有毒有害物料的罐区。加强对这些罐区的标准化管理是实现安全生产不可忽视的环节。

要害部位要设置警告牌。警告牌可用钢板制成，尺寸为 2 000 mm×1 000 mm，底着白色，牌面书写黑字。罐区名称、储存物品类别、最大储存量、安全须知等采用粗体字，其他的字一律选用仿宋体或隶书体。

在罐区名称与安全须知之间要有一条宽 8 mm 的红线，红线与上沿的距离为 200 mm，警告牌有两根由钢管制成的立柱，立柱上分段交替着有黄色与黑色，以表示警告的含义。

要害部位警告牌安全须知填写内容如下：

（1）介绍罐区内储放物质的具体名称与简要物化性质。

（2）未经允许不得进入罐区的规定与管理方法。

（3）罐区的用火规定及不准穿带铁钉的鞋进入罐区。

（4）罐区的灭火设施，如设有消火栓或设有泡沫发生器等。

（5）电气要求与临时电源的管理要求。

（6）对运输工具和装车的安全要求。

（7）值班人员的职责。

（8）跑料、漏料等异常情况下的安全规定，如切断物料来源、切断一切电源、对明火进行管制、断绝车辆来往、立即准备报告等。

（9）事故电话、火警电话号码，安全负责人姓名。

（10）违反规定的惩罚办法等内容。

罐区名称应根据所存放物料填写，如液化石油气站、裂解油储罐，或煤气柜、原油储罐区等。储存物品的类别应根据所储物料的性质填写，如易燃气体、助燃气体、易燃液体等。最大储存量以最大安全容量为准。

三、安全色及安全标志的设置标准与要求

使用安全色的目的是引起人们对周围存在不安全因素环境、设备的注意，使人们在危急状态下，借助安全色的含义，识别危险部位，尽快采取措施，提高自救能力，预防事故的发生。

1. 安全色的含义与使用

安全色是表达安全信息含义的颜色，表示禁止、警告、指令、提示等。安全色按规定有红、蓝、黄、绿四种颜色。

（1）红色表示禁止停止和消防危险，蓝色表示必须遵循的规定和指令，黄色表示警告和注意，绿色表示通行、安全状态和提示等。

（2）安全色的对比色为黑、白两种，其中红白间隔条纹标示为禁止越过，如道路上使

用的防护栏杆；黄黑色间隔条纹标示为警告危险，如企业内的防护栏杆、铁路与道路交叉道口上的防护栏杆等。

（3）注意检查、保养、维修安全色。当发现颜色有污染或有变色、褪色、不符合规定颜色范围时，要及时清理或更换。检查时间为每年至少一次。

2. 安全标志的设置与维护

（1）安全标志设置的目的是促使人们对威胁安全和健康的物体和环境尽快做出反应，以减少或避免事故发生。安全标志分为禁止、警告、命令和提示四大类型。

（2）安全标志牌的设置、检验与维修。安全标志牌应设在醒目且与安全有关的地方，并使人们看到后有足够的时间注意它所表示的内容；不宜设在门、窗、架等可移动的物体上，以免这些物体位置移动后，人们看不见安全标志；安全标志牌必须经国家劳动保护用品质量监督检验中心（北京）检验合格后方能生产与销售；安全标志牌每半年至少检查一次，如发现有变形、破损或变色，不符合安全色要求时，应及时整修或更换。

（3）在《工业管道的基本识别色、识别符号和安全标识》（GB 7231—2003）中，规定工业管道的基本识别色及其含义如下：水——艳绿、水蒸气——大红、空气——淡灰、气体——中黄、酸或碱——紫色、可燃液体——棕色、其他液体——黑色、氧——淡蓝。

四、生产现场其他相关安全管理与要求

1. 安全装备和安全附件管理规定与要求

安全装备是指为保证安全生产、预防事故、防止事故扩大，以及在应急情况下抢险救灾而设置的设备、设施、器材等；安全附件是指为保证设备安全运行所配置的安全装置。安全装备和安全附件实行安全监督与专业管理相结合的管理方法。

班组在使用过程中应注意的问题如下：

（1）认真落实安全装备和安全附件管理的有关规定，执行安全装备和安全附件的更新、检修、停用（临时停用）、报废、拆除申报程序，未经主管领导和部门批准，严禁擅自拆除、停用（临时停用）安全装备和安全附件。

（2）按照安全装备和安全附件的用途及配置数量，安装、放置在规定的使用位置，确定管理人员和维护责任，不允许挪作他用。

（3）定期对安全装备和安全附件进行专项检查，确保完好。

（4）结合生产实际，组织操作人员进行正确使用安全装备和安全附件的技术培训，经考试合格后持证上岗。定期开展岗位练兵和应急演练，提高员工使用安全装备的能力。

（5）对竣工资料不全或未达到安全装备和安全附件设计性能的工程项目，在移交时有权拒绝接管。

2. 安全装置和防护用品保管使用规定

配置在生产设备、厂房设施上，起保障人身安全作用的所有附属装置（防护罩、冲淋装置、洗眼器、报警器、防尘装置、安全护栏、平台、钢梯、护笼等）和保护设备安全的所有附属装置（安全阀、防爆膜、限位器、联锁装置、报警装置、防雷装置等）总称为安全防护装置，必须对其加强管理并定期检验和校验，保证完好。

在保管使用安全装置和防护用品过程中，应遵守以下规定：

（1）个人在生产过程中为免遭或减轻事故伤害和职业危害穿（佩）戴的符合国家安全卫生标准的用品（如防毒、防尘、防噪声、防高温、防强光、防静电、防坠落等器材），称为安全防护用品，均属加强管理的范围。

（2）各种安全装置要有专人负责管理，需经常检查和维护保养。

（3）各种安全装置要建立档案，编入设备检修计划，定期检修。

（4）各种安全装置要按有关规程，定期进行专业检查校验，并将检查、校验情况载入档案。

（5）安全装置应有明显标志，不准随意拆除、挪用或弃置不用。因检修拆除的，检修完毕后必须立即复原。

（6）必须根据作业现场环境要求（如易燃易爆场所、有毒有害场所的动火作业、设备内作业、带料盲板抽堵作业、探伤作业等）、劳动强度和劳动卫生安全标准，正确选择符合安全卫生标准的防护用品和器具。

（7）各种防护器具都应定点存放在安全、方便的地方，并有专人负责保管，定期校验和维护，每次校验后应有记录或铅封，主管人应经常检查。

（8）必须建立防护用品和器具的领用登记卡制度，并根据有关规定制定发放标准。

3. 生产现场高温作业安全管理要求

高温作业几乎遍布于工业生产的所有行业，主要的高温作业工种有炼钢、炼铁、造纸、塑料生产、水泥生产等。高温作业时，人体会出现一系列生理功能改变，这些变化在一定限度范围内是适应性反应，如果超过此范围，则会产生不良影响，甚至引起病变。需要注意的是，中暑本身就是在高温、高湿或强辐射气象条件下发生的，是以体温调节障碍为主的急性疾病。同时，在高温及热辐射作用下，肌肉的工作能力、动作的准确性、动作的协调性、反应速度及注意力降低，这样就会诱发或者导致安全事故的发生。因此，加强高温作业管理，做好防暑降温工作，也是预防事故发生的一个重要环节。

高温作业安全管理规定与要求主要有以下几点：

（1）高温作业是指企业工作地点具有生产性热源，当室外实际气温达到本地区夏季室外通风设计计算温度时，其工作地点气温高于室外气温2℃或2℃以上的作业。

（2）企业应对高温作业场所进行定时检测，检测包括温度、湿度、风速和辐射强度，掌握气象条件的变化，及时采取改进措施。

（3）对封闭、半封闭的工作场所，热源尽可能设在室外常风向的下风侧，对室内热源，在不影响生产工艺过程的情况下，可以使用喷雾降温。当热源（锅炉、蒸汽设备等）影响员工操作时，应采取隔热措施。

（4）高温作业场所的防暑降温，应首先采用自然通风，必要时使用送风风扇、喷雾风扇或空气淋浴等局部送风装置。

（5）根据工艺特点，对产生有害气体的高温工作场所，应设置隔热、强制送风或排风装置。

（6）对于高温环境中的狭小房室，应有良好的隔热措施，使室内热辐射强度小于700 W/m²，气温不超过28℃。

（7）对高温作业员工应进行上岗前和入暑前的职业健康检查。凡有心血管疾病、中枢神经系统疾病以及消化系统疾病以及严重的呼吸、内分泌、肝、肾疾病患者，均不宜从事高温作业。

（8）发现有中暑症状患者，应立即到凉爽地方休息，除进行急救治疗和必要的处理外，还应到职业病诊断机构诊疗。

（9）对高温作业者，应按有关规定供给含盐清凉饮料，饮料需符合卫生要求。

（10）对在热辐射强度较大的环境中进行作业的员工，应提供符合要求的防护用品，如防护手套、鞋、护腿、围裙、眼镜、隔热服装、面罩等。

（11）从事高温作业的员工应有合理的劳动休息制度，根据气温变化，适当调整作息时间，尽量避免加班加点。对高温超标严重的岗位，应采取轮换作业等办法，尽量缩短一次连续作业时间。

第二节　企业危险作业安全管理

2008年11月，国家安全生产监督管理总局发布化学品生产单位八项作业安全规范，即吊装作业、动火作业、动土作业、断路作业、高处作业、设备检修作业、盲板抽堵作业、受限空间作业安全规范。这八项作业也是危险作业，必须加强作业过程监督，作业过程中必须有监护人进行现场监护，预防作业过程中因审批制度不完善、执行不到位导致人身伤亡事故发生。化工生产企业的危险作业，与其他企业有许多相同之处，因此，下面对这八项作业中较为普遍的六项作业规范进行介绍。

一、吊装作业安全规范相关要点

1. 适用范围

本标准规定了化学品生产单位吊装作业分级、作业安全管理基本要求、作业前的安全检查、作业中安全措施、操作人员应遵守的规定、作业完毕作业人员应做的工作和"吊装安全作业证"的管理。本标准适用于化学品生产单位的检维修吊装作业。

2. 术语和定义

本标准采用下列术语和定义：

（1）吊装作业。吊装作业是指在检维修过程中利用各种吊装机具将设备、工件、器具、材料等吊起，使其发生位置变化的作业过程。

（2）吊装机具。吊装机具是指桥式起重机、门式起重机、装卸机、缆索起重机、汽车起重机、轮胎起重机、履带起重机、铁路起重机、塔式起重机、门座起重机、桅杆起重机、升降机、电葫芦及简易起重设备和辅助用具。

3. 吊装作业的分级

吊装作业按吊装重物的质量分为三级。

（1）一级吊装作业吊装重物的质量大于 100 t。

（2）二级吊装作业吊装重物的质量大于等于 40 t，小于等于 100 t。

（3）三级吊装作业吊装重物的质量小于 40 t。

4. 作业安全管理基本要求

（1）应按照国家标准规定对吊装机具进行日检、月检、年检。对检查中发现问题的吊装机具，应进行检修处理，并保存检修档案。检查应符合《起重机械安全规程》（GB 6067—2010）。

（2）吊装作业人员（指挥人员、起重工）应持有有效的特种作业人员操作证，方可从事吊装作业的指挥和操作工作。

（3）吊装质量大于等于 40 t 的重物和土建工程主体结构时，应编制吊装作业方案。吊装物体虽不足 40 t，但其形状复杂、刚度小、长径比大、精密贵重，以及在作业条件特殊的情况下，也应编制吊装作业方案、施工安全措施和应急救援预案。

（4）吊装作业方案、施工安全措施和应急救援预案需经作业主管部门和相关管理部门审查，报主管安全负责人批准后方可实施。

（5）利用两台或多台起重机械吊运同一重物时，升降、运行应保持同步；各台起重机械所承受的载荷不得超过各自额定起重能力的 80%。

5. 作业前的安全检查

吊装作业前应进行以下项目的安全检查：

（1）相关部门应对从事指挥和操作的人员进行资质确认。

（2）相关部门应进行有关安全事项的研究和讨论，对安全措施落实情况进行确认。

（3）实施吊装作业单位的有关人员应对起重吊装机械和吊具进行安全检查确认，确保其处于完好状态。

（4）实施吊装作业的单位使用汽车吊装机械，要确认其安装有汽车防火罩。

（5）实施吊装作业单位的有关人员应对吊装区域内的安全状况进行检查（包括吊装区域的划定、标识、障碍）。警戒区域及吊装现场应设置安全警戒标志，并设专人监护，非作业人员禁止入内。安全警戒标志应符合《安全标志使用导则》（GB 16179—1996）的规定。

（6）实施吊装作业单位的有关人员应在施工现场核实天气情况。室外作业在遇到大雪、暴雨、大雾及六级以上大风时，不应安排吊装作业。

6. 作业中的安全措施

（1）在进行吊装作业时应明确指挥人员，指挥人员应佩戴明显的标志；应佩戴安全帽，安全帽应符合《安全帽》（GB 2811—2007）的规定。

（2）各工作人员应分工明确、坚守岗位，并按《起重吊运指挥信号》（GB 5082—1985）规定的联络信号统一指挥。指挥人员按信号进行指挥，其他人员应清楚吊装方案和指挥信号。

（3）正式起吊前应进行试吊，试吊中要检查全部机具、地锚受力情况，发现问题应将工件放回地面，排除故障后重新试吊，确认一切正常后，方可正式吊装。

（4）严禁利用管道、管架、电杆、机电设备等作为吊装锚点。未经有关部门审查核算，不得将建筑物、构筑物作为锚点。

（5）在吊装作业中，夜间应有足够的照明。

（6）吊装过程中，如果出现故障，应立即向指挥人员报告，没有指挥令，任何人不得擅自离开岗位。

（7）起吊重物就位前，不许解开吊装索具。

（8）利用两台或多台起重机械吊运同一重物时，升降、运行应保持同步；各台起重机械所承受的载荷不得超过各自额定起重能力的80％。

7. 操作人员应遵守的规定

（1）按指挥人员所发出的指挥信号进行操作。对紧急停车信号，不论由何人发出，均应立即执行。

（2）司索人员应听从指挥人员的指挥，并及时报告险情。

（3）当起重臂吊钩或吊物下面有人，或者吊物上有人或浮置物时，不得进行起重操作。

（4）严禁起吊超负荷或重物质量不明和埋置物体；不得捆挂、起吊不明质量、与其他重物相连、埋在地下或与其他物体冻结在一起的重物。

（5）在制动器、安全装置失灵，吊钩防松装置损坏，钢丝绳损伤达到报废标准等情况下，严禁进行起吊操作。

（6）应按规定负荷进行吊装，经计算后选择使用吊具、索具，严禁超负荷运行。所吊重物接近或达到额定起重吊装能力时，应检查制动器，用低高度、短行程试吊后，再平稳吊起。

（7）重物捆绑、紧固、吊挂不牢及吊挂不平衡可能引起滑动、斜拉重物，棱角吊物与钢丝绳之间没有衬垫时不得进行起吊。

（8）不准用吊钩直接缠绕重物，不得将不同种类或不同规格的索具混在一起使用。

（9）吊物捆绑应牢靠，吊点和吊物的中心应在同一垂直线上。

（10）无法看清场地、无法看清吊物情况和指挥信号时，不得进行起吊。

（11）起重机械及其臂架、吊具、辅具、钢丝绳、缆风绳和吊物不得靠近高低压输电线路。在输电线路近旁作业时，应按规定保持足够的安全距离，不能满足时，应停电后再进行起重作业。

（12）停工和休息时，不得将吊物、吊笼、吊具和吊索吊在空中。

（13）在起重机械工作时，不得对起重机械进行检查和维修；在有载荷的情况下，不得调整起升变幅机构的制动器。

（14）下方吊物时，严禁自由下落（溜）；不得利用极限位置限制器停车。

（15）遇大雪、暴雨、大雾及六级以上大风时，应停止露天作业。

（16）用定型起重吊装机械（例如履带吊车、轮胎吊车、桥式吊车等）进行吊装作业时，除遵守本标准外，还应遵守该定型起重机械的操作规范。

8. 作业完毕时作业人员应做的工作

（1）将起重臂和吊钩收放到规定的位置，所有控制手柄均应放到零位，使用电气控制的起重机械应断开电源开关。

（2）对在轨道上作业的起重机，应将起重机停放在指定位置，进行有效锚定。

（3）吊索、吊具应收回放置到规定的地方，并对其进行检查、维护、保养。

（4）对接替的工作人员，应告知设备存在的异常情况及尚未消除的故障。

9. "吊装安全作业证"的管理

（1）吊装质量大于 10 t 的重物应办理作业证，作业证由相关管理部门负责管理。

（2）项目单位负责人从安全管理部门领取作业证后，应认真填写各项内容，交作业单位负责人批准。对《吊装作业安全规范》5.4 规定的吊装作业，应编制吊装方案，并将填好的作业证与吊装方案一并报安全管理部门负责人批准。

（3）作业证获得批准后，项目单位负责人应将作业证交吊装指挥人员。吊装指挥及作业人员应检查作业证，确认无误后方可作业。

（4）应按作业证上填报的内容进行作业，严禁涂改、转借作业证，变更作业内容，扩大作业范围或转移作业部位。

（5）对吊装作业审批手续齐全、安全措施全部落实、作业环境符合安全要求的，作业人员方可进行作业。

二、动火作业安全规范相关要点

1. 适用范围

本标准规定了化学品生产单位动火作业分级、动火作业安全防火要求、动火分析及合格标准、职责要求及"动火安全作业证"的管理。本标准适用于化学品生产单位禁火区的动火作业，不适用于化学品生产单位的固定动火区作业和固定用火作业。

2. 术语和定义

本标准采用下列术语和定义：

（1）动火作业。动火作业是指能直接或间接产生明火的工艺设置以外的非常规作业，如使用电焊、气焊（割）、喷灯、电钻、砂轮等进行可能产生火焰、火花和炽热表面的非常规作业。

（2）易燃易爆场所。本标准所称的易燃易爆场所是指生产和储存物品的场所符合《建筑设计防火规范》（GB 50016—2010）中火灾危险分类为甲类、乙类的区域。

3. 动火作业的分级

动火作业分为特殊动火作业、一级动火作业和二级动火作业三级。

（1）特殊动火作业。特殊动火作业是指在生产运行状态下的易燃易爆物的生产装置、输送管道、储罐、容器等部位上及其他特殊危险场所进行的动火作业。带压不置换动火作业按特殊动火作业管理。

（2）一级动火作业。一级动火作业是指在易燃易爆场所进行的除特殊动火作业以外的动火作业。厂区管廊上的动火作业按一级动火作业管理。

（3）二级动火作业。二级动火作业是指除特殊动火作业和一级动火作业以外的禁火区的动火作业。凡生产装置或系统全部停工，装置经清洗、置换、取样分析合格并采取安全隔离措施后，可根据其火灾、爆炸危险性大小，经厂安全（防火）部门批准，动火作业可按二级动火作业管理。

遇节假日或其他特殊情况时，动火作业应升级管理。

4. 动火作业的安全防火要求

（1）动火作业的安全防火基本要求主要有以下几点：

1）动火作业应办理动火安全作业证（以下简称作业证），进入受限空间、高处等进行动火作业时，还须执行《化学品生产单位受限空间作业安全规范》（AQ 3028—2008）和《化学品生产单位高处作业安全规范》（AQ 3025—2008）的规定。

2）动火作业应有专人监火，动火作业前应清除动火现场及周围的易燃物品，或采取其他有效的安全防火措施，配备足够适用的消防器材。

3）凡在盛有或盛过危险化学品的容器、设备、管道等生产、储存装置及处于《建筑设计防火规范》（GB 50016—2014）规定的甲类、乙类区域的生产设备上进行动火作业的，应将其与生产系统彻底隔离，并进行清洗、置换，取样分析合格后方可进行动火作业；因条件限制无法进行清洗、置换而确需进行动火作业时，按《动火作业安全技术规范》5.2规定执行。

4）凡处于《建筑设计防火规范》（GB 50016—2014）规定的甲类、乙类区域的动火作业，地面如有可燃物、空洞、窨井、地沟、水封等，应检查并分析，距用火点 15 m 以内的，应采取清理或封盖等措施；对于用火点周围有可能泄漏易燃、可燃物料的设备，应采取有效的空间隔离措施。

5）拆除管线的动火作业，应先查明其内部介质及其走向，并制定相应的安全防火措施。

6）在生产、使用、储存氧气的设备上进行动火作业，氧含量不得超过 21%。

7）五级风以上（含五级风）天气，原则上禁止露天动火作业。因生产需要确需动火作业时，动火作业应升级管理。

8）在铁路沿线（25 m 以内）进行动火作业时，遇装有危险化学品的火车通过或停留时，应立即停止作业。

9）凡在有可燃物构件的凉水塔、脱气塔、水洗塔等内部进行动火作业时，应采取防火隔绝措施。

10）动火期间距动火点 30 m 内不得排放各类可燃气体，距动火点 15 m 内不得排放各类可燃液体，不得在动火点 10 m 范围内及用火点下方同时进行可燃溶剂清洗或喷漆等作业。

11）动火作业前，应检查电焊、气焊、手持电动工具等动火工器具本质安全程度，保证安全可靠。

12）使用气焊、气割进行动火作业时，乙炔瓶应直立放置；氧气瓶与乙炔气瓶间距不应小于 5 m，二者与动火作业地点不应小于 10 m，并不得在烈日下暴晒。

13）动火作业完毕，动火人和监火人以及参与动火作业的人员应清理现场，监火人确认无残留火种后方可离开。

（2）特殊动火作业除了符合安全防火基本要求之外，还应符合以下规定：

1）在生产不稳定的情况下不得进行带压不置换动火作业。

2）应事先制定安全施工方案，落实安全防火措施，必要时可请专职消防队到现场监护。

3）动火作业前，生产车间（分厂）应通知工厂生产调度部门及有关单位，使之在异常情况下能及时采取相应的应急措施。

4）动火作业过程中，应使系统保持正压，严禁负压进行动火作业。

5）动火作业现场的通排风应良好，以便使泄漏的气体能顺畅排走。

5. 动火分析及合格标准

（1）动火作业前应进行安全分析，动火分析的取样点要有代表性。

（2）在较大的设备内进行动火作业，应采取上、中、下取样；在较长的物料管线上动火，应在彻底隔绝区域内分段取样；在设备外部进行动火作业，应进行环境分析，并且分析范围不小于动火点 10 m。

（3）取样与动火间隔不得超过 30 min，如超过此间隔或动火作业中断时间超过 30 min，应重新取样分析。特殊动火作业期间还应随时进行监测。

（4）使用便携式可燃气体检测仪或其他类似手段进行分析时，检测设备应经标准气体样品标定合格。

（5）动火分析合格判定。当被测气体或蒸气的爆炸下限大于等于 4% 时，其被测浓度应不大于 0.5%（体积百分数）；当被测气体或蒸气的爆炸下限小于 4% 时，其被测浓度应不大于 0.2%（体积百分数）。

6. 职责要求

（1）动火作业负责人的职责

1）负责办理作业证并对动火作业负全面责任。

2）应在动火作业前详细了解作业内容和动火部位及周围情况，参与动火安全措施的制定、落实，向作业人员交代作业任务和防火安全注意事项。

3）作业完成后，组织检查现场，确认无遗留火种后方可离开现场。

（2）动火人的职责

1）应参与风险危害因素辨识和安全措施的制定。

2）应逐项确认相关安全措施的落实情况。

3）应确认动火地点和时间。

4）若发现不具备安全条件时，不得进行动火作业。

5）应随身携带作业证。

（3）监火人的职责

1）负责动火作业现场的监护与检查，发现异常情况应立即通知动火人停止动火作业，及时联系有关人员采取措施。

2）应坚守岗位，不准脱岗；在动火作业期间，不准兼做其他工作。

3）当发现动火人违章作业时应立即制止。

4）在动火作业完成后，应会同有关人员清理现场，清除残火，确认无遗留火种后方可离开现场。

（4）动火部位负责人的职责

1）对所属生产系统在动火作业中的安全负责。参与制定、落实动火安全措施，负责生产与动火作业的衔接。

2）检查、确认作业证的审批手续，对手续不完备的作业证应及时制止动火作业。

3）在动火作业中，生产系统如有紧急或异常情况，应立即通知停止动火作业。

（5）动火分析人的职责。动火分析人对动火分析方法和分析结果负责。应根据动火点所在车间的要求到现场取样分析，在作业证上填写取样时间和分析数据并签字。不得用合格等字样代替分析数据。

（6）动火作业审批人的职责。动火作业的审批人是动火作业安全措施落实情况的最终确认人，对自己的批准签字负责。

1）审查作业证的办理是否符合要求。

2）到现场了解动火部位及周围情况，检查、完善防火安全措施。

7. "动火安全作业证"的管理

（1）作业证的区分。特殊动火作业、一级动火作业、二级动火作业的作业证应以明显标记加以区分。

（2）作业证的办理和使用要求

1）办证人须按作业证的项目逐项填写，不得空项；根据动火等级，按规定的审批权限进行办理。

2）办理好作业证后，动火作业负责人应到现场检查动火作业安全措施落实情况，确认安全措施可靠并向动火人和监火人交代安全注意事项后，方可批准开始作业。

3）作业证实行一个动火点、一张动火证的动火作业管理制度。

4）作业证不得随意涂改和转让，不得异地使用或扩大使用范围。

5）作业证一式三联，二级动火作业由审批人、动火人和动火点所在车间操作岗位各持一份存查；一级动火作业和特殊动火作业作业证由动火点所在车间负责人、动火人和主管安全（防火）部门各持一份存查；作业证保存期限至少为1年。

（3）作业证的审批

1）特殊动火作业的作业证由主管厂长或总工程师审批。

2）一级动火作业的作业证由主管安全（防火）部门审批。

3）二级动火作业的作业证由动火点所在车间主管负责人审批。

（4）作业证的有效期限

1）特殊动火作业和一级动火作业的作业证有效期不超过 8 h。

2）二级动火作业的作业证有效期不超过 72 h，每日动火前应进行动火分析。

3）动火作业超过有效期限，应重新办理作业证。

三、动土作业安全规范相关要点

1. 适用范围

本标准规定了化学品生产单位的动土作业安全要求和"动土安全作业证"的管理。本标准适用于化学品生产单位的动土作业。

2. 术语和定义

动土作业是指挖土、打桩、钻探、坑探、地锚入土深度在 0.5 m 以上，使用推土机、压路机等施工机械进行填土或平整场地等可能对地下隐蔽设施产生影响的作业。

3. 动土作业的安全要求

（1）动土作业应办理"动土安全作业证"（以下简称作业证），没有作业证严禁动土作业。

（2）作业证经单位有关水、电、气、工艺、设备、消防、安全、工程等部门会签，由单位动土作业主管部门审批。

（3）作业前，项目负责人应对作业人员进行安全生产教育。作业人员应按规定着装并佩戴合适的个体防护用品。施工单位应进行施工现场危害辨识工作，并逐条落实安全措施。

（4）作业前，应检查工具、现场支撑是否牢固、完好，发现问题应及时处理。

（5）动土作业施工现场应根据需要设置护栏、盖板和警告标志，夜间应悬挂红灯示警。

（6）严禁涂改、转借作业证，不得擅自变更动土作业内容、扩大作业范围或转移作业地点。

（7）动土临近地下隐蔽设施时，应使用适当工具挖掘，避免损坏地下隐蔽设施。

（8）动土中如暴露出电缆、管线以及不能辨认的物品时，应立即停止作业，妥善加以保护，报动土审批单位处理，经采取措施后方可继续动土作业。

（9）在进行挖掘坑、槽、井、沟等作业时，应遵守下列规定：

1）挖掘土方应自上而下进行，不准采用挖底脚的办法挖掘，挖出的土石严禁堵塞下水道和窨井。

2）在挖较深的坑、槽、井、沟时，严禁在土壁上挖洞攀登，当使用便携式木梯或便携式金属梯时，应符合《便携式木梯安全要求》（GB 7059—2007）和《便携式金属梯安全要求》（GB 12142—2007）的要求。作业时应戴安全帽，安全帽应符合《安全帽》（GB 2811—2007）的要求。在坑、槽、井、沟上端边沿不准人员站立、行走。

3）要视土壤性质、湿度和挖掘深度设置安全边坡或固壁支撑。挖出的泥土堆放处所和堆放的材料至少应距坑、槽、井、沟边沿 0.8 m，堆放高度不得超过 1.5 m。对坑、槽、井、沟边坡或固壁支撑架应随时检查，特别是雨雪后和解冻时期，如发现边坡有裂缝、疏松或支撑有折断、走位等异常危险征兆，应立即停止工作，并采取可靠的安全措施。

4）在坑、槽、井、沟的边缘安放机械、铺设轨道及通行车辆时，应保持适当距离，采取有效的固壁措施，确保安全。

5）在拆除固壁支撑时，应从下而上进行。更换支撑时，应先装新的，后拆旧的。

6）作业现场应保持通风良好，并对可能存在有毒有害物质的区域进行监测。发现有毒有害气体时，应立即停止作业，待采取了可靠的安全措施后方可作业。

7）所有人员不准在坑、槽、井、沟内休息。

（10）作业人员多人同时挖土时应相距 2 m 以上，防止工具伤人。作业人员发现异常时，应立即撤离作业现场。

（11）在危险场所动土时，应有专业人员现场监护，当所在生产区域发生突然排放有害物质时，现场监护人员应立即通知动土作业人员停止作业，迅速撤离现场，并采取必要的应急措施。

（12）高处作业涉及临时用电时，应符合《用电安全导则》（GB/T 13869—2008）和《施工现场临时用电安全技术规范》（JGJ 46—2012）的有关要求。

（13）施工结束后应及时回填土，并恢复地面设施。

4. 作业证的管理

（1）作业证由动土作业主管部门负责审批、管理。

（2）动土申请单位在动土作业主管部门领取作业证，填写有关内容后交施工单位。

（3）施工单位接到作业证，填写作业证中有关内容后，将作业证交动土申请单位。

（4）动土申请单位从施工单位得到作业证后交单位动土作业主管部门，并由其牵头组织工程有关部门审核会签后审批。

（5）动土作业审批人员应到现场核对图纸、查验标志、检查确认安全措施后方可签发作业证。

（6）动土申请单位应将办理好的作业证留存，分别送档案室、有关部门、施工单位各一份。

（7）作业证一式三联，第一联交审批单位留存，第二联交申请单位，第三联由现场作业人员随身携带。

（8）一个施工点、一个施工周期内办理一张作业许可证。

（9）作业证保存期为一年。

四、高处作业安全规范相关要点

1. 适用范围

本标准规定了化学品生产单位的高处作业分级、安全要求与防护和"高处安全作业证"的管理。本标准适用于化学品生产单位生产区域的高处作业。

2. 术语和定义

本标准采用下列术语和定义：

（1）高处作业。高处作业是指凡距坠落高度基准面 2 m 及以上有可能坠落的高处进行的作业。

（2）坠落基准面。坠落基准面是指从作业位置到最低坠落着落点的水平面。

（3）坠落高度（作业高度）。坠落高度是指从作业位置到坠落基准面的垂直距离。

（4）异温高处作业。异温高处作业是指在高温或低温情况下进行的高处作业。高温是指作业地点具有生产性热源，其气温高于本地区夏季室外通风设计计算温度的气温 2℃ 及以上时的温度。低温是指作业地点的气温低于 5℃。

（5）带电高处作业。带电高处作业是指作业人员在电力生产和供给用电设备的维修中采取地（零）电位或等（同）电位作业方式，接近或接触带电体，对带电设备和线路进行操作的高处作业。低于表 4—1 中距离的，视为接近带电体。

表 4—1　　　　　　　　　　电压等级下最小接近带电体距离

电压等级（kV）	10 以下	20～35	44	60～110	154	220
距离（m）	1.7	2	2.2	2.5	3	4

3. 高处作业的分级

高处作业分为一级、二级、三级和特级高处作业，符合《高处作业分级》（GB/T 3608—20085）的规定。

（1）作业高度在 2 m≤h<5 m 时，称为一级高处作业。

（2）作业高度在 5 m≤h<15 m 时，称为二级高处作业。

（3）作业高度在 15 m≤h<30 m 时，称为三级高处作业。

（4）作业高度在 h≥30 m 以上时，称为特级高处作业。

4. 高处作业的安全要求与防护

（1）高处作业前的安全要求

1）进行高处作业前，应针对作业内容进行危险辨识，制定相应的作业程序及安全措施。将辨识出的危害因素写入"高处安全作业证"（以下简称作业证），并制定出对应的安全措施。

2）进行高处作业时，除执行本规范外，还应符合国家现行的有关高处作业及安全技术标准的规定。

3）作业单位负责人应对高处作业安全技术负责，并建立相应的责任制。

4）高处作业人员及搭设高处作业安全设施的人员，应经过专业技术培训及专业考试，考试合格后持证上岗，并应定期进行身体检查。患有职业禁忌证（如高血压、心脏病、贫血病、癫痫病、精神疾病等）、年老体弱、疲劳过度、视力不佳及其他不适于高处作业的人员，不得进行高处作业。

5）从事高处作业的单位应办理作业证，落实安全防护措施后方可作业。

6）作业证审批人员应赴高处作业现场检查确认安全措施后，方可批准高处作业。

7）高处作业中的安全标志、工具、仪表、电气设施和各种设备应在作业前加以检查，确认其完好后投入使用。

8）高处作业前要制定高处作业应急预案，内容包括作业人员紧急状况时的逃生路线和救护方法、现场应配备的救生设施和灭火器材等。有关人员应熟知应急预案的内容。

9）在紧急状态下（在下列情况下进行的高处作业）应执行单位的应急预案：①遇有6级以上强风、浓雾等恶劣气候下的露天攀登与悬空的高处作业；②在临近有排放有毒、有害气体、粉尘的放空管线或烟囱的场所进行高处作业时，作业点的有毒物质浓度不明。

10）高处作业前，作业单位现场负责人应对高处作业人员进行必要的安全生产教育，交代现场环境和作业安全要求，以及作业中遇到意外时的处理和救护方法。

11）高处作业前，作业人员应查验作业证，确认安全措施落实后方可作业。

12）高处作业人员应按照规定穿戴符合国家标准的劳动保护用品，安全带要符合《安全带》（GB 6095—2009）的要求，安全帽应符合《安全帽》（GB 2811—2007）的要求等。

13）高处作业前，作业单位应制定安全措施并填入作业证。

14）高处作业使用的材料、器具、设备应符合有关安全标准要求。

15）高处作业用的脚手架的搭设应符合国家有关标准。高处作业应根据实际要求配备符合安全要求的吊笼、梯子、防护围栏、挡脚板等。跳板应符合安全要求，两端捆绑牢固。作业前，应检查所用的安全设施是否坚固、牢靠。夜间高处作业应有充足的照明。

16）供高处作业人员上下用的梯道、电梯、吊笼等要符合有关标准要求；作业人员上下时要有可靠的安全措施。固定式钢直梯和钢斜梯应符合《固定式钢梯及平台安全要求　第1部分：钢直梯》（GB 4053.1—2009）和《固定式钢梯及平台安全要求　第2部分：钢斜梯》（GB 4053.2—2009）的要求，便携式木梯和便携式金属梯应符合《便携式木梯安全要求》（GB 7059—2007）和《便携式金属梯安全要求》（GB 12142—2007）的要求。

17）便携式木梯和便携式金属梯梯脚底部应坚实，不得垫高使用。踏板不得有缺档。梯子的上端应有固定措施。立梯工作角度以 $75°\pm5°$ 为宜。梯子如需接长使用，应有可靠的连接措施，并且接头不得超过1处。连接后梯梁的强度不应低于单梯梯梁的强度。折梯使用时上部夹角以 $35°\sim45°$ 为宜，铰链应牢固，并应有可靠的拉撑措施。

（2）高处作业中的安全要求与防护

1）高处作业时，应设监护人对高处作业人员进行监护，监护人应坚守岗位。

2）高处作业中应正确使用防坠落用品与登高器具、设备。高处作业人员应系与作业内容相适应的安全带，安全带应系挂在作业处上方的牢固构件上或专为挂安全带用的钢架或钢丝绳上，不得系挂在移动或不牢固的物件上，不得系挂在有尖锐棱角的部位。安全带不得低挂高用。系安全带后应检查扣环是否扣牢。

3）作业场所有坠落可能的物件，应一律先行撤除或加以固定。高处作业所使用的工具、材料、零件等应装入工具袋，工作人员上下时手中不得持物。工具在使用时应系安全绳，不用时放入工具袋中。不得投掷工具、材料及其他物品。易滑动、滚动的工具、材料堆放在脚手架上时，应采取防止坠落的措施。高处作业中所用的物料应堆放平稳，不妨碍通行和装卸。作业中的走道、通道板和登高用具应随时清扫干净；拆卸下的物件及余料和废料均应及时清理运走，不得任意乱置或向下丢弃。

4）雨天和雪天进行高处作业时，应采取可靠的防滑、防寒和防冻措施。凡有水、冰、霜、雪均应及时清除。对进行高处作业的高耸建筑物，应事先设置避雷设施。遇有 6 级以上强风、浓雾等恶劣气候，不得进行特级高处作业、露天攀登与悬空高处作业。暴风雪及台风暴雨后，应对高处作业安全设施逐一加以检查，发现有松动、变形、损坏或脱落等现象，应立即修理完善。

5）在临近有排放有毒、有害气体、粉尘的放空管线或烟囱的场所进行高处作业时，作业点的有毒物浓度应在允许浓度范围内，并应采取有效的防护措施。在应急状态下，按应急预案执行。

6）带电高处作业应符合《用电安全导则》（GB/T 13869—2008）的有关要求。高处作业涉及临时用电时应符合《施工现场临时用电安全技术规范》（JGJ 46—2012）的有关要求。

7）高处作业人员应与地面保持联系，根据现场配备必要的联络工具，并指定专人负责联系。尤其是在危险化学品生产、储存场所或附近有放空管线的位置进行高处作业时，应为作业人员配备必要的防护器材（如空气呼吸器、过滤式防毒面具或口罩等），应事先与车间负责人或工长（值班主任）取得联系，确定联络方式，并将联络方式填入作业证的补充措施栏内。

8）不得在不坚固的结构（如彩钢板屋顶、石棉瓦、瓦楞板等轻型材料）上作业，若确需在不坚固的结构上进行作业，应保证其承重的立柱、梁、框架的受力能满足所承载的负荷，铺设牢固的脚手板并加以固定，脚手板上要有防滑措施。

9）作业人员不得在高处作业处休息。

10）高处作业与其他作业交叉进行时，应按指定的路线上下，不得上下垂直作业，如果确需垂直作业，应采取可靠的隔离措施。

11）在采取地（零）电位或等（同）电位作业方式进行带电高处作业时，应使用绝缘工具或穿均压服。

12) 发现高处作业的安全技术设施有缺陷和隐患时，应及时解决；危及人身安全时，应停止作业。

13) 因作业需要临时拆除或变动安全防护设施时，应经作业负责人同意，并采取相应的措施，作业后应立即恢复。

14) 防护棚搭设时，应设警戒区，并派专人监护。

15) 作业人员在作业中如果发现情况异常，应发出信号，并迅速撤离现场。

（3）高处作业完工后的安全要求

1) 高处作业完工后，应将作业现场清扫干净，作业用的工具、拆卸下的物件及余料和废料应清理运走。

2) 脚手架、防护棚拆除时，应设警戒区，派专人监护，而且，不得上部和下部同时施工。

3) 高处作业完工后，临时用电的线路应由具有特种作业操作证书的电工拆除。

4) 高处作业完工后，作业人员要安全撤离现场，验收人在作业证上签字。

5. "高处安全作业证" 的管理

（1）一级高处作业和在坡度大于45°的斜坡上面的高处作业，由车间负责审批。

（2）二级、三级高处作业及有下列情形的高处作业，由车间审核后报厂相关主管部门审批：

1) 在升降（吊装）口、坑、井、池、沟、洞等上面或附近进行高处作业。

2) 在易燃、易爆、易中毒、易灼伤的区域或转动设备附近进行高处作业。

3) 在无平台、无护栏的塔、釜、炉、罐等化工容器、设备及架空管道上进行高处作业。

4) 在塔、釜、炉、罐等设备内进行高处作业。

5) 在临近有排放有毒、有害气体、粉尘的放空管线或烟囱及设备处进行高处作业。

（3）特级高处作业及有下列情形的高处作业，由单位安全部门审核后报主管安全负责人审批：

1) 在阵风风力为6级（风速10.8 m/s）及以上情况下进行的强风高处作业。

2) 在高温或低温环境下进行的异温高处作业。

3) 在降雪时进行的雪天高处作业。

4) 在降雨时进行的雨天高处作业。

5) 在室外完全采用人工照明进行的夜间高处作业。

6) 在接近或接触带电体条件下进行的带电高处作业。

7) 在无立足点或无牢靠立足点条件下进行的悬空高处作业。

（4）作业负责人应根据高处作业的分级和类别向审批单位提出申请，办理作业证。作业证一式三份，一份交作业人员，一份交作业负责人，一份交安全管理部门留存，保存期为1年。

（5）作业证的有效期为7天，若作业时间超过7天，应重新审批。对于作业期较长的项目，在作业期内，作业单位负责人应经常深入现场检查，发现隐患及时整改，并做好记录。若作业条件发生重大变化，应重新办理作业证。

五、设备检修作业安全规范相关要点

1. 适用范围

本标准规定了化学品生产单位设备检修前的安全要求、检修作业中的安全要求及检修结束后的安全要求。本标准适用于化学品生产单位设备的大修、中修、小修与抢修作业。

2. 术语和定义

设备检修是指为了保持和恢复设备、设施规定的性能而采取的技术措施，包括检测和修理。

3. 检修前的安全要求

（1）外来检修施工单位应具有国家规定的相应资质，并在其等级许可范围内开展检修施工业务。

（2）在签订设备检修合同时，应同时签订安全管理协议。

（3）根据设备检修项目的要求，检修施工单位应制定设备检修方案，检修方案应经设备使用单位审核。检修方案中应有安全技术措施，并明确检修项目安全负责人。检修施工单位应指定专人负责整个检修作业过程的具体安全工作。

（4）检修前，设备使用单位应对参加检修作业的人员进行安全生产教育，安全生产教育主要包括以下内容：

1）有关检修作业的安全规章制度。

2）检修作业现场和检修过程中存在的危险因素和可能出现的问题及相应对策。

3）检修作业过程中所使用的个体防护器具的使用方法及使用注意事项。

4）相关事故案例和经验、教训。

（5）检修现场应根据《安全标志及其使用导则》（GB 2894—2008）的规定设立相应的安全标志。

（6）检修项目负责人应组织检修作业人员到现场进行检修方案交底。

（7）检修前施工单位要做到检修组织落实、检修人员落实和检修安全措施落实。

（8）当设备检修涉及高处、动火、动土、断路、吊装、抽堵盲板、受限空间等作业时，须按相关作业安全规范的规定执行。

（9）临时用电应办理用电手续，并按规定安装和架设。

（10）设备使用单位负责设备的隔绝、清洗、置换，检验合格后交出。

（11）检修项目负责人应与设备使用单位负责人共同检查，确认设备、工艺处理等满足检修安全要求。

（12）应对检修作业使用的脚手架、起重机械、电气焊用具、手持电动工具等各种工器具进行检查；手持式、移动式电气工器具应配有漏电保护装置。凡不符合作业安全要求的工器具不得使用。

（13）对检修设备上的电器电源，应采取可靠的断电措施，确认无电后在电源开关处设置安全警示标牌或加锁。

（14）对检修作业使用的气体防护器材、消防器材、通信设备、照明设备等应安排专人检查，并保证完好。

（15）对检修现场的梯子、栏杆、平台、箅子板、盖板等进行检查，确保安全。

（16）对有腐蚀性介质的检修场所应备有人员应急用冲洗水源和相应防护用品。

（17）对检修现场存在的可能危及安全的坑、井、沟、孔、洞等应采取有效防护措施，设置警告标志，夜间应设警示红灯。

（18）应将检修现场影响检修安全的物品清理干净。

（19）应检查、清理检修现场的消防通道、行车通道，保证畅通。

（20）需夜间检修的作业场所，应设满足要求的照明装置。

（21）检修场所涉及的放射源，应事先采取相应的处置措施使其处于安全状态。

4. 检修作业中的安全要求

（1）参加检修作业的人员应按规定正确穿戴劳动保护用品。

（2）检修作业人员应遵守本工种安全技术操作规程。

（3）从事特种作业的检修人员应持有特种作业操作证。

（4）多工种、多层次交叉作业时，应统一协调，采取相应的防护措施。

（5）从事有放射性物质的检修作业时，应通知现场有关操作、检修人员避让，确认好安全防护间距，按照国家有关规定设置明显的警示标志，并设专人监护。

（6）夜间检修作业及特殊天气的检修作业，须安排专人进行安全监护。

（7）当生产装置出现异常情况可能危及检修人员安全时，设备使用单位应立即通知检修人员停止作业，迅速撤离作业场所。经处理，异常情况排除且确认安全后，检修人员方可恢复作业。

5. 检修结束后的安全要求

（1）因检修需要而拆移的盖板、箅子板、扶手、栏杆、防护罩等安全设施应恢复其安全使用功能。

（2）检修所用的工器具、脚手架、临时电源、临时照明设备等应及时撤离现场。

（3）检修完工后所留下的废料、杂物、垃圾、油污等应清理干净。

六、受限空间作业安全规范相关要点

1. 适用范围

本标准规定了化学品生产单位受限空间作业安全要求、职责要求和"受限空间安全作业证"的管理。本标准适用于化学品生产单位的受限空间作业。

2. 术语和定义

本标准采用下列术语和定义：

（1）受限空间。受限空间是指化学品生产单位的各类塔、釜、槽、罐、炉膛、锅筒、管道、容器以及地下室、窨井、坑（池）、下水道或其他封闭、半封闭场所。

（2）受限空间作业。受限空间作业是指进入或探入化学品生产单位的受限空间进行的作业。

3. 受限空间作业的安全要求

（1）受限空间作业实施作业证管理，作业前应办理"受限空间安全作业证"。

（2）安全隔绝

1）受限空间与其他系统连通的可能危及安全作业的管道应采取有效隔离措施。

2）管道安全隔绝可采用插入盲板或拆除一段管道进行隔绝，不能用水封或关闭阀门等代替盲板或拆除管道。

3）对与受限空间相连通的可能危及安全作业的孔、洞应进行严密的封堵。

4）受限空间带有搅拌器等用电设备时，应在停机后切断电源，上锁并加挂警示牌。

（3）清洗或置换。受限空间作业前，应根据受限空间盛装（过）的物料特性，对受限空间进行清洗或置换，并达到下列要求：

1）氧含量一般为 $18\%\sim21\%$，在富氧环境下不得大于 23.5%。

2）有毒气体（物质）浓度应符合 GBZ 2 的规定。

3）可燃气体浓度：当被测气体或蒸气的爆炸下限大于等于 4％时，其被测浓度不得大于 0.5％（体积百分数）；当被测气体或蒸气的爆炸下限小于 4％时，其被测浓度不得大于 0.2％（体积百分数）。

（4）通风。应采取措施保持受限空间空气良好流通。

1）打开人孔、手孔、料孔、风门、烟门等与大气相通的设施，进行自然通风。

2）必要时，可采取强制通风。

3）采用管道送风时，送风前应对管道内的介质和风源进行分析确认。

4）禁止向受限空间充氧气或富氧空气。

（5）监测

1）作业前 30 min 内，应对受限空间进行气体采样分析，分析合格后方可进入。

2）分析仪器应在校验有效期内，使用前应保证其处于正常工作状态。

3）采样点应有代表性，容积较大的受限空间，应采取上、中、下各部位取样。

4）作业中应定时监测，至少每 2 h 监测一次，如监测分析结果有明显变化，则应加大监测频率；作业中断超过 30 min，应重新进行监测分析，对可能释放有害物质的受限空间，应连续监测。情况异常时应立即停止作业，撤离人员，经对现场处理并取样分析合格后，方可恢复作业。

5）涂刷具有挥发性溶剂的涂料时，应做连续分析，并采取强制通风措施。

6）采样人员深入或探入受限空间采样时，应采取《受限空间作业安全规程》4.6 中规定的防护措施。

（6）个体防护措施。受限空间经清洗或置换不能达到规定要求时，应采取相应的防护措施方可作业。

1）在缺氧或有毒的受限空间作业时，应佩戴隔离式防护面具，必要时，作业人员应拴好救生绳。

2）在易燃易爆的受限空间作业时，应穿防静电工作服、工作鞋，使用防爆型低压灯具及不发生火花的工具。

3）在有酸碱等腐蚀性介质的受限空间作业时，应穿戴好防酸碱工作服、工作鞋、手套等护品。

4）在产生噪声的受限空间作业时，应佩戴耳塞或耳罩等防噪声护具。

（7）照明及用电安全

1）受限空间照明电压应小于等于 36 V，在潮湿容器、狭小容器内作业时，电压应小于等于 12 V。

2）使用超过安全电压的手持电动工具作业或进行电焊作业时，应配备漏电保护器。在潮湿容器中进行，作业人员应站在绝缘板上，同时保证金属容器接地可靠。

3）临时用电应办理用电手续，按《用电安全导则》（GB/T 13869—2008）规定架设和拆除。

（8）监护

1）在受限空间进行作业时，受限空间外应设有专人监护。

2）进入受限空间前，监护人应会同作业人员检查安全措施，统一联系信号。

3）在风险较大的受限空间作业，应增设监护人员，并随时保持与受限空间作业人员的联络。

4）监护人员不得脱离岗位，并应掌握受限空间作业人员的人数和身份，对人员和工器具进行清点。

（9）其他安全要求

1）在受限空间作业时，应在受限空间外设置安全警示标志。

2）受限空间出入口应保持畅通。

3）多工种、多层交叉作业时，应采取互相之间避免伤害的措施。

4）作业人员不得携带与作业无关的物品进入受限空间，作业中不得抛掷材料、工器具等物品。

5）受限空间外应备有空气呼吸器（氧气呼吸器）、消防器材和清水等相应的应急用品。

6）严禁作业人员在有毒、窒息环境下摘下防毒面具。

7）难度大、劳动强度大、时间长的受限空间作业应采取轮换作业制度。

8）在受限空间进行高处作业时，应按《化学品生产单位高处作业安全规范》（AQ 3025—2008）的规定进行，应搭设安全梯或安全平台。

9）在受限空间进行动火作业时，应按《化学品生产单位动火作业安全规范》（AQ 3022—2008）的规定进行。

10）作业前后应清点作业人员和作业工器具。作业人员离开受限空间作业点时，应将作业工器具带出。

11）作业结束后，由受限空间所在单位和作业单位共同检查受限空间内外，确认无问题后方可封闭受限空间。

4. 职责要求

（1）作业负责人的职责

1）对受限空间作业安全负全面责任。

2）在受限空间作业环境、作业方案和防护设施及用品达到安全要求后，方可安排人员进入受限空间作业。

3）在受限空间及其附近发生异常情况时，应停止作业。

4）检查、确认应急准备情况，核实内外联络及呼叫方法。

5）对未经允许试图进入或已经进入受限空间者进行劝阻或责令退出。

（2）监护人员的职责

1）对受限空间作业人员的安全负有监督和保护的职责。

2）了解可能面临的危害，对作业人员出现的异常行为能够及时警觉并做出判断。与作业人员保持联系和交流，观察作业人员的状况。

3）当发现异常时，立即向作业人员发出撤离警报，并帮助作业人员从受限空间逃生，同时立即呼叫紧急救援。

4）掌握应急救援的基本知识。

（3）作业人员的职责

1）负责在保障安全的前提下进入受限空间实施作业任务。作业前应了解作业的内容、地点、时间、要求，熟知作业中的危害因素和应采取的安全措施。

2）确认安全防护措施落实情况。

3）遵守受限空间作业安全操作规程，正确使用受限空间作业安全设施与个体防护用品。

4）应与监护人员进行必要的、有效的安全、报警、撤离等双向信息交流。

5）服从作业监护人的指挥，如发现作业监护人员不履行职责，应停止作业并撤出受限空间。

6）在作业中如出现异常情况或感到不适或呼吸困难，应立即向作业监护人发出信号，迅速撤离现场。

第三节　企业事故隐患排查治理规章与方法

许多事故的发生，都是由于隐患未能及时发现并消除而引起的，因此，消除事故隐患是预防事故的有效措施，也是保证安全生产的有效措施。对于企业来讲，排查治理事故隐患是一项长期的任务，企业只有建立完善事故隐患排查治理的常态机制，坚持不懈地开展好隐患治理工作，才能远离事故灾害，确保安全生产。在事故隐患排查治理上，《安全生产事故隐患排查治理暂行规定》对此做出明确规定，《安全生产事故隐患排查治理体系建设实施指南》则给出了具体可行的方法。

一、《安全生产事故隐患排查治理暂行规定》相关要点

2007 年 12 月 28 日，国家安全生产监督管理总局公布《安全生产事故隐患排查治理暂行规定》（国家安全生产监督管理总局令第 16 号），自 2008 年 2 月 1 日起施行。

《安全生产事故隐患排查治理暂行规定》分为五章三十二条，各章内容为：第一章总则，第二章生产经营单位的职责，第三章监督管理，第四章罚则，第五章附则。制定本规定的目的是根据安全生产法等法律、行政法规，建立安全生产事故隐患排查治理长效机制，强化安全生产主体责任，加强事故隐患监督管理，防止和减少事故，保障人民群众生命财产安全。

1. 总则中的有关规定

在第一章总则中，对相关事项进行了规定。

（1）生产经营单位安全生产事故隐患排查治理和安全生产监督管理部门、煤矿安全监察机构（以下统称安全监管监察部门）实施监管监察，适用本规定。

有关法律、行政法规对安全生产事故隐患排查治理另有规定的，依照其规定。

（2）本规定所称安全生产事故隐患（以下简称事故隐患），是指生产经营单位违反安全生产法律、法规、规章、标准、规程和安全生产管理制度的规定，或者因其他因素在生产经营活动中存在可能导致事故发生的物的危险状态、人的不安全行为和管理上的缺陷。

事故隐患分为一般事故隐患和重大事故隐患。一般事故隐患是指危害和整改难度较小，发现后能够立即整改排除的隐患。重大事故隐患是指危害和整改难度较大，应当全部或者局部停产停业，经过一定时间整改治理方能排除的隐患，或者因外部因素影响致使生产经营单位自身难以排除的隐患。

（3）生产经营单位应当建立健全事故隐患排查治理制度。

生产经营单位主要负责人对本单位事故隐患排查治理工作全面负责。

（4）各级安全监管监察部门按照职责对所辖区域内生产经营单位排查治理事故隐患工作依法实施综合监督管理，各级人民政府有关部门在各自职责范围内对生产经营单位排查治理事故隐患工作依法实施监督管理。

（5）任何单位和个人发现事故隐患，均有权向安全监管监察部门和有关部门报告。

安全监管监察部门接到事故隐患报告后，应当按照职责分工立即组织核实并予以查处；发现所报事故隐患应当由其他有关部门处理的，应当立即移送有关部门并记录备查。

2. 生产经营单位职责的有关规定

在第二章生产经营单位的职责中，对相关事项做了规定。

（1）生产经营单位应当依照法律、法规、规章、标准和规程的要求从事生产经营活动。严禁非法从事生产经营活动。

（2）生产经营单位是事故隐患排查、治理和防控的责任主体。

生产经营单位应当建立健全事故隐患排查治理和建档监控等制度，逐级建立并落实从主要负责人到每个从业人员的隐患排查治理和监控责任制。

（3）生产经营单位应当保证事故隐患排查治理所需的资金，建立资金使用专项制度。

（4）生产经营单位应当定期组织安全生产管理人员、工程技术人员和其他相关人员排查本单位的事故隐患。对排查出的事故隐患，应当按照事故隐患的等级进行登记，建立事故隐患信息档案，并按照职责分工实施监控治理。

（5）生产经营单位应当建立事故隐患报告和举报奖励制度，鼓励、发动职工发现和排除事故隐患，鼓励社会公众举报。对发现、排除和举报事故隐患的有功人员，应当给予物质奖励和表彰。

（6）生产经营单位将生产经营项目、场所、设备发包、出租的，应当与承包、承租单位签订安全生产管理协议，并在协议中明确各方对事故隐患排查、治理和防控的管理职责。生产经营单位对承包、承租单位的事故隐患排查治理负有统一协调和监督管理的职责。

（7）安全监管监察部门和有关部门的监督检查人员依法履行事故隐患监督检查职责时，生产经营单位应当积极配合，不得拒绝和阻挠。

（8）生产经营单位应当每季、每年对本单位事故隐患排查治理情况进行统计分析，并分别于下一季度15日前和下一年1月31日前向安全监管监察部门和有关部门报送书面统计分析表。统计分析表应当由生产经营单位主要负责人签字。

对于重大事故隐患，生产经营单位除依照前款规定报送外，还应及时向安全监管监察部门和有关部门报告。重大事故隐患报告内容应当包括：

1）隐患的现状及其产生原因。

2）隐患的危害程度和整改难易程度分析。

3）隐患的治理方案。

（9）对于一般事故隐患，由生产经营单位（车间、分厂、区队等）负责人或者有关人员立即组织整改。

对于重大事故隐患，由生产经营单位主要负责人组织制定并实施事故隐患治理方案。重大事故隐患治理方案应当包括以下内容：

1）治理的目标和任务。

2）采取的方法和措施。

3）经费和物资的落实。

4）负责治理的机构和人员。

5）治理的时限和要求。

6）安全措施和应急预案。

（10）生产经营单位在事故隐患治理过程中，应当采取相应的安全防范措施，防止事故发生。事故隐患排除前或者排除过程中无法保证安全的，应当从危险区域内撤出作业人员，并疏散可能危及的其他人员，设置警戒标志，暂时停产停业或者停止使用；对暂时难以停产或者停止使用的相关生产储存装置、设施、设备，应当加强维护和保养，防止事故发生。

（11）生产经营单位应当加强对自然灾害的预防。对于因自然灾害可能导致事故灾难的隐患，应当按照有关法律、法规、标准和本规定的要求排查治理，采取可靠的预防措施，制定应急预案。在接到有关自然灾害预报时，应当及时向下属单位发出预警通知；发生自然灾害可能危及生产经营单位和人员安全的情况时，应当采取撤离人员、停止作业、加强监测等安全措施，并及时向当地人民政府及其有关部门报告。

（12）地方人民政府或者安全监管监察部门及有关部门挂牌督办并责令全部或者局部停产停业治理的重大事故隐患，治理工作结束后，有条件的生产经营单位应当组织本单位的技术人员和专家对重大事故隐患的治理情况进行评估；其他生产经营单位应当委托具备相应资质的安全评价机构对重大事故隐患的治理情况进行评估。

经治理后符合安全生产条件的，生产经营单位应当向安全监管监察部门和有关部门提出恢复生产的书面申请，经安全监管监察部门和有关部门审查同意后，方可恢复生产经营。申请报告应当包括治理方案的内容、项目和安全评价机构出具的评价报告等。

3. 监督管理的有关规定

在第三章监督管理中，对相关事项做了规定。

（1）安全监管监察部门应当指导、监督生产经营单位按照有关法律、法规、规章、标准和规程的要求，建立健全事故隐患排查治理等各项制度。

（2）安全监管监察部门应当建立事故隐患排查治理监督检查制度，定期组织对生产经营单位事故隐患排查治理情况开展监督检查；应当加强对重点单位的事故隐患排查治理情况的监督检查。对检查过程中发现的重大事故隐患，应当下达整改指令书，并建立信息管理台账。必要时，报告同级人民政府并对重大事故隐患实行挂牌督办。

（3）已经取得安全生产许可证的生产经营单位，在其被挂牌督办的重大事故隐患治理结束前，安全监管监察部门应当加强监督检查。必要时，可以提请原许可证颁发机关依法暂扣其安全生产许可证。

（4）安全监管监察部门应当会同有关部门把重大事故隐患整改纳入重点行业领域的安全专项整治中加以治理，落实相应责任。

（5）对挂牌督办并采取全部或者局部停产停业治理的重大事故隐患，安全监管监察部门收到生产经营单位恢复生产的申请报告后，应当在 10 日内进行现场审查。审查合格的，对事故隐患进行核销，同意恢复生产经营；审查不合格的，依法责令改正或者下达停产整改指令。对整改无望或者生产经营单位拒不执行整改指令的，依法实施行政处罚；不具备安全生产条件的，依法提请县级以上人民政府，按照国务院规定的权限予以关闭。

4. 罚则中的有关规定

在第四章罚则中，对相关事项做了规定。

（1）生产经营单位及其主要负责人未履行事故隐患排查治理职责，导致发生生产安全事故的，依法给予行政处罚。

（2）生产经营单位违反本规定，有下列行为之一的，由安全监管监察部门给予警告，并处 3 万元以下的罚款：

1）未建立安全生产事故隐患排查治理等各项制度的。

2）未按规定上报事故隐患排查治理统计分析表的。

3）未制定事故隐患排查治理方案的。

4）重大事故隐患不报或者未及时报告的。

5）未对事故隐患进行排查治理擅自生产经营的。

6）整改不合格或者未经安全监管监察部门审查同意擅自恢复生产经营的。

（3）生产经营单位事故隐患排查治理过程中违反有关安全生产法律、法规、规章、标准和规程规定的，依法给予行政处罚。

（4）安全监管监察部门的工作人员未依法履行职责的，按照有关规定处理。

二、《安全生产事故隐患排查治理体系建设实施指南》相关要点

2012 年 7 月 3 日，国务院安全生产委员会办公室下发《关于印发工贸行业企业安全生产标准化建设和安全生产事故隐患排查治理体系建设实施指南的通知》（安委办〔2012〕28号）。该通知指出，为进一步推进企业安全生产标准化建设和安全隐患排查治理体系建设，夯实安全管理基础，提升安全监管水平，促进全国安全生产形势持续稳定好转，国务院安委会办公室组织制定了《工贸行业企业安全生产标准化建设实施指南》和《安全生产事故隐患排查治理体系建设实施指南》。

《安全生产事故隐患排查治理体系建设实施指南》分为五章，各章内容为：第一章概述，第二章政府监管工作，第三章企业隐患排查治理工作，第四章隐患排查治理标准，第五章隐患排查治理信息系统。在此主要介绍与企业隐患排查治理工作相关的内容。

1. 安全生产事故隐患排查治理的基本概念

（1）安全生产事故隐患。安全生产事故隐患（以下简称隐患、事故隐患或安全隐患），是指生产经营单位违反安全生产法律、法规、规章、标准、规程和安全生产管理制度的规定，或者因其他因素在生产经营活动中存在可能导致事故发生的物的危险状态、人的不安全行为和管理上的缺陷。在事故隐患的三种表现中，物的危险状态是指生产过程中或生产区域内的物质条件（如材料、工具、设备、设施、成品、半成品）处于危险状态；人的不安全行为是指人在工作过程中的操作、指示或其他具体行为不符合安全规定；管理上的缺陷是指在开展各种生产活动中所必需的各种组织、协调等行动存在缺陷。

（2）隐患分级。隐患分级是以隐患的整改、治理和排除的难度及其影响范围为标准的，可以分为一般事故隐患和重大事故隐患。一般事故隐患是指危害和整改难度较小，发现后能够立即整改排除的隐患。重大事故隐患是指危害和整改难度较大，应当全部或者局部停产停业，经过一定时间整改治理后方能排除的隐患，或者因外部因素影响致使生产经营单位自身难以排除的隐患。

（3）隐患排查。隐患排查是指生产经营单位组织安全生产管理人员、工程技术人员和其他相关人员对本单位的事故隐患进行排查，并对排查出的事故隐患，按照事故隐患的等级进行登记，建立事故隐患信息档案。

（4）隐患治理。隐患治理是指消除或控制隐患的活动或过程。对排查出的事故隐患，应当按照事故隐患的等级进行登记，建立事故隐患信息档案，并按照职责分工实施监控治理。对于一般事故隐患，由于其危害和整改难度较小，发现后应当由生产经营单位（车间、分厂、区队等）负责人或者有关人员立即组织整改。对于重大事故隐患，由生产经营单位主要负责人组织制定并实施事故隐患排查治理方案。

2. 企业隐患排查治理工作

企业是隐患排查治理工作的主体，是隐患排查治理工作的直接实施者。企业隐患排查治理工作主要包括四个方面，即自查隐患、治理隐患、自报隐患和分析趋势。自查是为了发现自身所存在的隐患，保证全面而减少遗漏；治理是为了将自查中发现的隐患控制住，防止引发后果，尽可能从根本上解决问题；自报是为了将自查和治理情况报送政府有关部门，以使其了解企业在排查和治理方面的信息；分析趋势是为了建立安全生产预警指数系统，对安全生产状况做出科学、综合、定量的判断，为合理分配安全监管资源和加强安全管理提供依据。

（1）企业自查隐患。企业自查隐患就是在政府及其部门的统一安排和指导下，确定自身分类分级的定位，采用适用其的隐患排查治理标准，通过准备、组织机构建设、建立健全制度、全面培训、实施排查、分析改进等步骤形成完整的、系统的企业自查机制。尤其是大型企业集团，应在企业内部形成连接所有管理层级和各个生产单位，以及当地安全监管部门的隐患排查治理体系。

1）准备工作。为保证隐患自查工作能够打下坚实的基础，企业必须做好与之相关的准备工作。隐患排查治理是涉及企业所有部门、所有生产流程、所有人员的一项系统工程，如果不做好全面的准备，那么所建立的隐患排查治理机制将缺乏系统性和可操作性，结果必然是"一阵风"式地开展一次"运动"，不能做到深入和持久地开展自查工作。准备工作主要包括：①收集信息。由企业安全生产主管部门和有关专业人员，对现行有关隐患排查治理工作的各种信息、文件、资料等通过多种行之有效的方式进行收集。此项工作也可以委托与企业有合作关系的服务方来实施。②辅助决策。将收集到的信息形成有关材料向企业管理层汇报，并说明有关情况，使企业管理层的领导能够全面、正确理解和认识隐患排查治理工作，对企业建设隐患排查治理工作做出正确决策。③领导决策。高、中层领导需要从思想意识中真正解决为什么要实施隐患排查治理工作的问题，并为此项工作提供充分的各类资源，隐患排查治理工作才会在企业得到有效和完全的实施。

2）组织机构建设。由企业一把手担任隐患排查治理工作的总负责人，以安全生产委员会或领导班子为总决策管理机构，以安全生产管理部门为办事机构，以基层安全管理人员为骨干，以全体员工为基础，形成从上至下的组织保证。形成从主要负责人到一线员工的隐患排查治理工作网络，确定各个层级的隐患排查治理职责。

领导层：主要负责人是隐患排查治理工作的第一责任人，通过安委会、领导办公会等形式，将隐患排查治理工作纳入到其日常工作的范围中，亲自定期组织和参与检查，及时准确把握情况，以发出明确的指令。主管负责人要在其职责中明确有关隐患排查治理的内容，将有关情况上传下达，做好主要负责人的帮手。其他有关领导也要在各自管辖范围内做好隐患排查治理工作，至少要知道、过问、督促、确认。

管理层：安全生产管理机构和专职安全管理人员是隐患排查治理工作的骨干力量，编制有关制度、培训各类人员、组织检查排查、下达整改指令、验证整改效果等是其主要的工作内容。还要通过监督方式对各部门和下属单位及所有员工在隐患排查治理工作方面的履职情况进行了解，将其纳入考核，全力推动隐患排查治理工作的全方位和全员化。

操作层：按照责任制、相关规章制度和操作规程中明确的隐患排查治理责任，在日常各项工作中，员工要有高度的隐患意识，随时发现和处理各种隐患和事故苗头，自己不能解决的及时上报，同时采取临时性的控制措施，并注意做好记录，为统计分析隐患留下资料。

3）建立健全规章制度。制度是企业管理的基本依据，需要企业将法律、法规、标准、规范以及上级和外部的其他要求全面掌握，将其各项具体的规定结合自身的实际情况，通过编制工作将外部的规定转化为企业内部的各项规章制度，再经过全面地执行和落实，变成企业的管理行动。隐患排查治理工作也不例外，也基本按这一思路展开。企业需要建立的隐患排查治理工作制度主要有：隐患排查治理和监控责任制、事故隐患排查治理制度、隐患排查治理资金使用专项制度、事故隐患建档监控制度（事故隐患信息档案）、事故隐患报告和举报奖励制度等。

4）隐患排查治理标准的细化。企业应根据其适用的政府部门制定颁布的隐患排查治理标准，结合自身的实际情况，对标准的内容和要求进行细化。例如，对企业主要负责人的安全生产职责中规定"督促、检查安全生产工作，及时消除生产安全事故隐患"的内容，企业就应当提出更具体的要求：明确督促的方式方法、检查的方式方法（对矿山等企业领导来说，可能就要与下井带班作业相结合）、检查的频率（是每周还是每月参加一次）等。

（2）人员全面培训。在全面展开工作之前，应对有关人员进行初步的培训，使其掌握"谁来干？干什么？如何干？工作质量有什么要求？"等内容。企业隐患排查治理体系建设的初期培训对象分为两种：一是对领导层（高层与中层）人员进行背景培训，二是对承担推进工作的骨干人员进行全面培训。对领导层（高层与中层）进行背景培训，通过培训使相关领导充分认识到企业实施隐患排查治理体系的重要意义、作用，让他们了解整个实施过程，知道自己在整个过程中的工作职责，以及应该给予隐患排查治理工作的支持和保障。对承担推进工作的骨干人员进行全面培训，主要内容包括背景（可与领导层培训合并进行）、相关政策法规、隐患排查标准内容详解、制度编写、隐患排查治理过程等方面。

隐患排查的主体是企业的所有人员，包括从领导到一线员工直到在企业工作范围内的外部人员，以保证排查的全面性和有效性。在颁布隐患排查治理制度文件之后，组织全体员工，按照不同层次、不同岗位的要求，学习相应的隐患排查治理制度文件内容。所有人员能不能或者会不会隐患排查是关键，必须对其进行有针对性和有效果的教育培训。在各种安全生产教育培训工作中，要将隐患排查的内容纳入，并根据需要做专门的培训，还要确认培训的效果，以保证所有人员有意识、有能力开展隐患排查工作。

（3）实施排查。排查的实施是一项涉及企业所有管理范围的工作，需要有计划、按部就班地开展。

1）排查计划。排查工作涉及面广、时间较长，需要制订一个比较详细可行的实施计划，确定参加人员、排查内容、排查时间、排查安排、排查记录等内容。为提高效率，也可以与日常安全检查、安全生产标准化的自评工作或管理体系中的合规性评价和内审工作相结合。

2）隐患排查的种类。隐患排查种类包括：①专项排查。专项排查是指采用特定的、专门的排查方法进行的排查，这种类别的方法具有周期性、技术性和投入性的特点。主要有按隐患排查治理标准进行的全面自查、对重大危险源的定期评价、对危险化学品的定期现状安全评价等。②日常排查。日常排查指与安全生产检查工作相结合的排查，具有日常性、及时性、全面性和群众性的特点。主要有企业全面的安全大检查、主管部门的专业安全检查、专业管理部门的专项安全检查、各管理层级的日常安全检查、操作岗位的现场安全检查等。

3）排查的实施。以专项排查为例，企业组织隐患排查组，根据排查计划到各部门和各所属单位进行全面的排查，流程及关键点如图4—1所示。排查必须及时、准确和全面地记录排查情况和发现的问题，并随时与被检查单位的人员做好沟通。

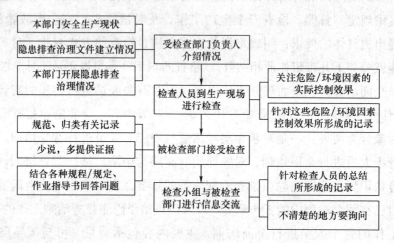

图4—1　各部门排查流程及关键点

4）排查结果的分析总结。一是评价本次隐患排查是否覆盖了计划中的范围和相关隐患类别。二是评价本次隐患排查是否遵循了"全面、抽样"的原则，是否遵循了重点部门、高风险和重大危险源适当突出的原则。三是确定本次隐患排查的发现，包括确定隐患清单、隐患级别以及分析隐患的分布（包括隐患所在单位和地点的分布、种类）等。四是做出本次隐患排查治理工作的结论，填写隐患排查治理标准表格。

（4）纳入考核和持续改进。为了确保顺利进行隐患排查治理工作，领导必须责成有关部门以考核手段为基本的保障。必须规定上至一把手、下至普通员工以及所有检查人员的职责、权利和义务，特别是必须明确规定企业中、高层领导在此项工作中的义务与职责。因为企业的中层、高层领导是实施与开展隐患排查治理工作的重要保障力量。

隐患排查治理机制的各个方面都不是一成不变的，也要随着安全生产管理水平的提高而与时俱进，借助安全生产标准化的自评和评审、职业健康安全管理体系的合规性评价、内部审核与认证审核等外力的作用，实现企业在此工作方面的持续改进。另外，隐患排查治理也为整体安全生产管理提供了持续改进的信息资源，通过对隐患排查治理情况的统计、分析，能够为预测预警输入必要的信息，能够为管理的改进提供方向性的资料。

3. 企业隐患治理

对隐患排查所发现的各种隐患进行治理，才能真正解决企业生产经营过程中的问题，降低风险，提高安全管理水平。

（1）一般隐患治理

1）一般隐患分级。一般隐患是指危害和整改难度较小，发现后能够立即整改排除的隐患。为更好地、有针对性地治理在企业生产和管理工作中存在的一般隐患，要对一般隐患进行进一步的细化分级。事故隐患的分级是以隐患的整改、治理和排除的难度及其影响范围为标准的。根据这个分级标准，在企业中通常将隐患分为班组级、车间级、分厂级、厂（公司）级，其含义是在相应级别的组织（单位）中能够整改、治理和排除。其中厂（公司）级隐患中的某些隐患如果属于应当全部或者局部停产停业，并经过一定时间整改治理方能排除的，或者因外部因素影响致使企业自身难以排除的，应当列为重大事故隐患。

2）现场立即整改。有些隐患，如明显地违反操作规程和劳动纪律的行为，属于人的不安全行为的一般隐患，排查人员一旦发现，应当要求立即整改并如实记录，以备对此类行为统计分析，确定是否为习惯性或群体性隐患。有些设备、设施方面的简单的不安全状态，如安全装置没有启用、现场混乱等物的不安全状态等一般隐患，也可以要求现场立即整改。

3）限期整改。有些隐患难以做到立即整改，但也属于一般隐患，则应限期整改。限期整改通常由排查人员或排查主管部门对隐患所属单位发出"隐患整改通知"，内容需要明确列出隐患情况的排查发现时间和地点、隐患情况的详细描述、隐患发生原因的分析、隐患整改责任的认定、隐患整改负责人、隐患整改的方法和要求、隐患整改完毕的时间要求等。限期整改需要对全过程进行监督管理，除对整改结果进行"闭环"确认外，也要在整改工作实施期间进行监督，以发现和解决可能临时出现的问题，防止拖延。

（2）重大隐患治理。针对重大隐患，就需要"量身定做"，为每个重大隐患制定专门的治理方案。由于重大隐患治理的复杂性和较长的周期性，在没有完成治理前，还要有临时性的措施和应急预案。治理完成后，还要有书面申请以及接受审查等工作。

1）制定重大事故隐患治理方案。重大事故隐患由生产经营单位主要负责人组织制定并实施事故隐患治理方案。重大事故隐患治理方案应当包括以下内容：①治理的目标和任务；②采取的方法和措施；③经费和物资的落实；④负责治理的机构和人员；⑤治理的时限和要求；⑥安全措施和应急预案。根据相关规定，企业在制定重大事故隐患治理方案时，还必须考虑安全监管监察部门或其他有关部门所下达的"整改指令书"和政府挂牌督办的对有关内容的指示，也要将这些指示的要求体现在治理方案里。

2）重大事故隐患治理过程中的安全防范措施。生产经营单位在事故隐患治理过程中，应当采取相应的安全防范措施，防止事故发生。事故隐患排除前或者排除过程中无法保证安全的，应当从危险区域内撤出作业人员，并疏散可能危及的其他人员，设置警戒标志，暂时停产停业或者停止使用；对暂时难以停产或者停止使用的相关生产储存装置、设施、设备，应当加强维护和保养，防止发生事故。

3）重大事故隐患的治理过程。企业在重大事故隐患治理过程中，还要随时接受和配合安全监管部门的重点监督检查。如果企业的重大事故隐患属于重点行业领域的安全专项整治的范围，就更应落实相应的整改、治理的主体责任。

4）重大事故隐患治理情况评估。地方人民政府或者安全监管监察部门及有关部门挂牌督办并责令全部或者局部停产停业治理的重大事故隐患，治理工作结束后，有条件的生产经营单位应当组织本单位的技术人员和专家对重大事故隐患的治理情况进行评估；其他生产经营单位应当委托具备相应资质的安全评价机构对重大事故隐患的治理情况进行评估。这种评估主要针对治理的效果进行，确认其措施的合理性和有效性，确认对隐患及其可能导致的事故的预防效果。评估需要由具有一定条件和资质的技术人员和专家或有相应资质的安全评价机构实施，以保证评估本身的权威性和有效性。

5）重大事故隐患治理后的工作。重大事故隐患治理后并经过评估，符合安全生产条件的，生产经营单位应当向安全监管监察部门和有关部门提出恢复生产的书面申请，经安全监管监察部门和有关部门审查同意后，方可恢复生产经营。申请报告应当包括治理方案的内容、项目和安全评价机构出具的评价报告等。对挂牌督办并采取全部或者局部停产停业治理的重大事故隐患，安全监管监察部门收到生产经营单位恢复生产的申请报告后，应当在 10 日内进行现场审查。审查合格的，对事故隐患进行核销，同意恢复生产经营；审查不合格的，依法责令其改正或者下达停产整改指令。对整改无望或者生产经营单位拒不执行整改指令的，依法实施行政处罚；不具备安全生产条件的，依法提请县级以上人民政府按照国务院规定的权限予以关闭。

（3）隐患治理措施。隐患治理及其方案的核心都是通过具体的治理措施来实现的，这些措施大体上分为工程技术措施和管理措施，再加上对重大隐患需要做的临时性防护和应急措施。

1）治理措施的基本要求。基本要求主要包括：①能消除或减弱生产过程中产生的危险、有害因素；②处置危险和有害物，并将其降低到国家规定的限值内；③预防生产装置失灵和操作失误产生的危险、有害因素；④能有效地预防重大事故和职业危害的发生；⑤发生意外事故时，能为遇险人员提供自救和互救条件。

隐患治理的方式方法是多种多样的，因为企业必须考虑成本投入，需要以最小的代价取得最适当（不一定是最好）的结果。有时候隐患治理很难彻底消除隐患，这就必须在遵守法律法规和标准规范的前提下，将其风险降低到企业可以接受的程度。可以这样说，"最好"的方法不一定是最适当的，而最适当的方法一定是"最好"的。

2）工程技术措施。工程技术措施的实施等级顺序是直接安全技术措施、间接安全技术措施、指示性安全技术措施等；根据等级顺序的要求，应遵循的具体原则应按消除、预防、减弱、隔离、连锁、警告的等级顺序选择安全技术措施；应具有针对性、可操作性和经济合理性并符合国家有关法规、标准和设计规范的规定。

3）安全管理措施。安全管理措施往往在隐患治理工作中受到忽视，即使有也是老生常谈式的提高安全意识、加强培训教育和加强安全检查等几种。其实管理措施往往能系统性地解决很多普遍和长期存在的隐患，这就需要在实施隐患治理时，主动和有意识地研究分析隐患产生原因中的管理因素，发现和掌握其管理规律，通过修订有关规章制度和操作规程并贯彻执行，从根本上解决问题。

（4）闭环管理。闭环管理是现代安全生产管理中的基本要求，对任何一个过程的管理最终都要通过"闭环"才能结束。隐患治理工作的收尾工作也是闭环管理，要求治理措施完成后，企业主管部门和人员对其结果进行验证和效果评估。验证就是检查措施的实现情况，是否按方案和计划的要求一一落实了；效果评估是对完成的措施是否起到了隐患治理和整改的作用，是彻底解决了问题还是部分地、达到某种可接受程度地解决，是否真正能做到"预防为主"。当然不可忽略的还有是否隐患的治理措施会带来或产生新的风险，这也需要特别关注。

4. 安全生产形势预测预警

安全生产形势预测预警是指以隐患排查结果和仪器仪表监测检测数据为基础，辨识和提取有效信息，分析其可能产生的后果并予以量化，将有关信息经过综合分析形成直观地、动态地反映企业安全生产现状的安全生产预警指数系统，运用预测理论，建立数学模型，对未来的安全生产趋势进行预测，得出安全生产趋势的发展情况。

（1）预测预警的任务

1）以企业日常隐患排查工作为基础，发现工作场所存在的隐患并及时纠正，使生产过程中人的不安全行为和物的不安全状态及管理缺陷处于监测、识别、诊断和干预的监控之下。

2）通过对隐患排查数据、监测信息的分析，可以确定各种信息可能造成的后果，辨明造成伤亡的严重程度，确定是否处于安全状态。分析的主要任务是应用适宜的识别指标判断可能造成的后果，这对整个预警系统的活动至关重要。将分析得出的不安全因素进行量化，对可能造成的后果进行量化统计分析，加以系数修正，计算得出安全生产预警指数，通过安全生产预警指数走向的升高和降低，直观反映当前的安全状况是安全、注意、警告，或是危险。

3）利用系统分析、信息处理、建模、预测、决策、控制等主要内容的预测理论，定量计算未来安全生产发展趋势，警示生产过程中将面临的危险程度，提请企业采取有效措施防范事故的发生。

4）根据安全生产预警指数数值大小，对事故征兆（险肇事件）的不良趋势采取不同的措施，进行矫正、预防与控制。

5）对可能造成损失的事件及时进行整改，分析规律，防范同类事件的发生。

（2）预测预警指数系统的建立。这里所指的预测预警指数系统是根据中国安全生产协会《安全生产预警指数管理系统》软件的有关内容提出的，供企业参考。

1）收集数据。安全生产预警的基础是数据的收集，数据来源有两个方面：隐患排查的结果及仪器仪表的监测数据。在隐患排查中，不仅要发现物的不安全状态，同时对人的行为也要加以判断，对于好的安全行为要及时表扬并记录在案，对仪器仪表监测过程中不正常的数据要进行整理。通过对历史数据、即时数据的整理、分析、存储，建立安全预警数据档案。

2）分析判断。对收集到的信息、数据进行分析，判断已经发生的异常征兆及可能发生的连锁反应，评价事故征兆可能造成的损失。对分析的结果进行分类统计，形成部门安全预警情况报告，上报企业安全管理部门，汇总分析后，得出当前安全生产预警指数报告。分析判断包括原始数据判断和伤害等级判断。

3）系数修正。系数修正包括：①报告份数修正。为了消除规定时间内安全预警情况报告数量不同对安全生产预警指数的影响，按每周（月）适合本企业的平均数来修正周（月）伤害统计值。②事故修正。事故的发生会造成安全生产预警指数的升高。另外，每次事故发生后都会对一定时期内的安全生产工作产生影响。因此，系数修正要考虑不同级别事故及事故发生后一段时期内的影响。③隐患整改率修正。隐患整改率的高低直接影响企业安全生产状况。因此，要根据不同的隐患整改率进行修正。④培训及演练修正。安全生产教育培训是提高员工安全意识和安全素质、防止产生不安全行为、减少人员失误的重要途径。因此，培训能够降低企业安全风险，降低安全生产预警指数值。不同级别的培训（厂级、车间级和班组级）对员工的影响不同，修正值也不同。

4）计算。安全生产预警指数的计算是以规定时间段内的各部门安全预警情况报告为基础，进行报告份数、演练、培训、事故、隐患整改率等系数修正，计算得到安全生产预警指数值。计算包括统计值计算和安全生产预警指数计算。

5）生成图形。根据预警指数值，并按照时间顺序将一段时间内的安全生产预警指数连接后，即构成了安全生产预警指数图，从而直观反映企业整体安全形势。

运用预测理论对历史安全生产预警指数进行整理、修正后，消除影响因素，建立数学模型，生成安全生产趋势图，直观预测企业安全生产趋势。

第四节　生产作业现场安全管理相关规定

企业安全管理的一个重要内容，就是对生产作业现场的安全管理。生产作业现场管理涉及的不安全因素多，管理起来难度大，许多事故的发生，正是由于安全管理存在的缺陷，造成了人的行为失控和隐患的存在。近年来，国家安全生产监督管理总局先后发布实施了一系列与企业生产作业现场安全管理相关的规定，认真执行这些规定，对于保证生产作业现场安全有重要的意义。在此介绍《劳动密集型加工企业安全生产八条规定》《有限空间安全作业五条规定》《企业安全生产风险公告六条规定》《严防企业粉尘爆炸五条规定》《工贸企业有限空间作业安全管理与监督暂行规定》。

一、《劳动密集型加工企业安全生产八条规定》

2015 年 2 月 15 日，国家安全生产监督管理总局公布《劳动密集型加工企业安全生产八条规定》（国家安全生产监督管理总局令第 72 号），自公布之日起施行。

劳动密集型加工企业安全生产八条规定内容如下：

1. 必须证照齐全，确保厂房符合安全标准和设计规范，严禁违法使用易燃、有毒有害材料。

2. 必须确保生产工艺布局按规范设计，严禁安全通道、安全间距违反标准和设计要求。

3. 必须按标准选用、安装电气设备设施，规范敷设电气线路，严禁私搭乱接、超负荷运行。

4. 必须辨识危险有害因素，规范液氨、燃气、有机溶剂等危险物品的使用和管理，严禁泄漏及冒险作业。

5. 必须严格执行动火、临时用电、检维修等危险作业审批监控制度，严禁违章指挥、违规作业。

6. 必须严格落实从业人员安全生产教育培训，严禁从业人员未经培训合格上岗和需持证人员无证上岗。

7. 必须按规定设置安全警示标识和检测报警等装置，严禁作业场所粉尘、有毒物质等浓度超标。

8. 必须配备必要的应急救援设备设施，严禁堵塞、锁闭和占用疏散通道及事故发生后延误报警。

二、《有限空间安全作业五条规定》

2014 年 9 月 29 日，国家安全生产监督管理总局公布《有限空间安全作业五条规定》（国家安全生产监督管理总局令第 69 号），自公布之日起施行。

有限空间安全作业五条规定具体内容如下：

1. 必须严格实行作业审批制度，严禁擅自进入有限空间作业。
2. 必须做到"先通风、再检测、后作业"，严禁通风、检测不合格作业。
3. 必须配备个人防中毒窒息等防护装备，设置安全警示标识，严禁无防护监护措施作业。
4. 必须对作业人员进行安全培训，严禁教育培训不合格上岗作业。
5. 必须制定应急措施，现场配备应急装备，严禁盲目施救。

三、《企业安全生产风险公告六条规定》内容与解读

2014 年 12 月 10 日，国家安全生产监督管理总局公布《企业安全生产风险公告六条规定》（国家安全生产监督管理总局令第 70 号），自公布之日起施行。

1. 企业安全生产风险公告六条规定

企业安全生产风险公告六条规定如下：

（1）必须在企业醒目位置设置公告栏，在存在安全生产风险的岗位设置告知卡，分别标明本企业、本岗位主要危险危害因素、后果、事故预防及应急措施、报告电话等内容。

（2）必须在重大危险源、存在严重职业病危害的场所设置明显标志，标明风险内容、危险程度、安全距离、防控办法、应急措施等内容。

（3）必须在有重大事故隐患和较大危险的场所和设施设备上设置明显标志，标明治理责任、期限及应急措施。

（4）必须在工作岗位标明安全操作要点。

（5）必须及时向员工公开安全生产行政处罚决定、执行情况和整改结果。

（6）必须及时更新安全生产风险公告内容，建立档案。

2. 制定颁布企业安全生产风险公告的必要性

近年来，党中央、国务院对信息公开的要求越来越严，在政务信息公开方面要求"全面推进政务公开，坚持以公开为常态、不公开为例外"。而新修订的《安全生产法》对企业

安全生产风险信息公开做出了一系列要求。

企业是安全生产的主体。近年来发生的一系列事故，尤其是江苏昆山"8·2"特别重大爆炸事故充分说明，广大群众尤其是企业从业人员，对于企业安全生产风险的了解与否和了解程度，直接关系到企业从业人员的生命财产安全。

可以说，企业安全生产风险信息公开，是落实《安全生产法》、实行依法治安的要求，是强化群众参与、完善安全生产监督机制的要求，也是事故隐患排查治理、落实预防为主的要求。无论是从法律法规还是从工作实践看，强化企业安全生产风险信息公开都势在必行。

3. 《企业安全生产风险公告六条规定》的主要内容和法律依据

（1）要求企业在醒目位置设置公告栏，在存在安全生产风险的岗位设置告知卡。

通过设置公告栏，重点约束企业公告企业主要危险危害因素、后果等，让进出企业的人员，包括企业员工，对企业危险危害因素一目了然。通过设置告知卡，让相关岗位的具体操作人员对自己岗位安全状况了如指掌。

这一条在《安全生产法》等法规中都有明确规定。《安全生产法》第四十一条规定："生产经营单位应当教育和督促从业人员严格执行本单位的安全生产规章制度和安全操作规程；并向从业人员如实告知作业场所和工作岗位存在的危险因素、防范措施以及事故应急措施。"第五十条规定："生产经营单位的从业人员有权了解其作业场所和工作岗位存在的危险因素、防范措施及事故应急措施，有权对本单位的安全生产工作提出建议。"

《职业病防治法》第二十五条规定："产生职业病危害的用人单位，应当在醒目位置设置公告栏，公布有关职业病防治的规章制度、操作规程、职业病危害事故应急救援措施和工作场所职业病危害因素检测结果。"

（2）关于第二条规定和第三条规定。

第二条规定，必须在重大危险源、存在严重职业病危害的场所设置明显标志。第三条规定，必须在有重大事故隐患和较大危险的场所和设施设备上设置明显标志。

在综合考量相关法规的基础上，我们将风险归纳为重大危险源、存在严重职业病危害的场所、有重大事故隐患和较大危险的场所和设施设备。这两条规定不仅考虑到了企业自身安全，也考虑到了企业周边的安全。

《安全生产法》第三十二条规定："生产经营单位应当在有较大危险因素的生产经营场所和有关设施、设备上，设置明显的安全警示标志。"第三十七条规定："生产经营单位对重大危险源应当登记建档，进行定期检测、评估、监控，并制定应急预案，告知从业人员和相关人员在紧急情况下应当采取的应急措施。"

《职业病防治法》第二十五条规定："对产生严重职业病危害的作业岗位，应当在其醒目位置，设置警示标识和中文警示说明。警示说明应当载明产生职业病危害的种类、后果、预防以及应急救治措施等内容。"

（3）关于在工作岗位标明安全操作要点的要求。

规定要求企业必须在工作岗位标明安全操作要点，这是吸取了基层工作中行之有效的经验，将其上升到部门规章层面。

（4）关于安全生产行政处罚信息的公开。

监管部门对企业安全生产行政处罚决定以及企业的执行情况、整改结果，从某种层面上体现了企业安全生产方面存在的问题，反映了企业的安全生产状况。《企业信息公示暂行条例》明确要求企业公示受到行政处罚的信息。

（5）关于更新公告内容、建立档案。

新制定的《企业信息公示暂行条例》规定，"企业信息公示应当真实、及时""政府部门和企业分别对其公示信息的真实性、及时性负责"。《职业病防治法》规定用人单位应当"建立、健全职业卫生档案和劳动者健康监护档案"。《安全生产事故隐患排查治理暂行规定》规定生产经营单位"对排查出的事故隐患，应当按照事故隐患的等级进行登记，建立事故隐患信息档案，并按照职责分工实施监控治理"。

四、《严防企业粉尘爆炸五条规定》内容与条文释义

2014年8月15日，国家安全生产监督管理总局公布《严防企业粉尘爆炸五条规定》（国家安全生产监督管理总局令第68号），自公布之日起施行。

《严防企业粉尘爆炸五条规定》适用于工贸行业中涉及煤粉、铝粉、镁粉、锌粉、钛粉、锆粉、面粉、淀粉、糖粉、奶粉、血粉、鱼骨粉、纺织纤维粉、木粉、纸粉、橡胶塑料粉、烟草等企业的爆炸性粉尘作业场所。其中，第一条是针对厂房的规定，第二条是针对防尘的规定，第三条是针对防火的规定，第四条是针对防水的规定，第五条是针对制度的规定。

第一条 必须确保作业场所符合标准规范要求，严禁设置在违规多层房、安全间距不达标厂房和居民区内。

条文释义如下：

（1）粉尘爆炸危险作业场所的厂房，必须满足《建筑设计防火规范》（GB 50016—2014）和《粉尘防爆安全规程》（GB 15577—2007）的要求。厂房宜采用单层设计，屋顶采用轻型结构。如厂房为多层设计，则应为框架结构，并保证四周墙体设有足够面积的泄爆口，保证楼层之间隔板的强度能承受爆炸的冲击，保证一层以上楼层具有独立安全出口。

（2）粉尘爆炸危险作业场所的厂房应与其他厂房或建（构）筑物分离，其防火安全间距应符合 GB 50016 的相关规定。

（3）由于粉尘爆炸威力巨大，危害波及范围广，因此，粉尘爆炸危险作业场所严禁设置在居民区内。

第二条　必须按标准规范设计、安装、使用和维护通风除尘系统，每班按规定检测和规范清理粉尘，在除尘系统停运期间和粉尘超标时严禁作业，并停产撤人。

条文释义如下：

（1）通风除尘系统可有效降低作业场所粉尘浓度、减少作业现场粉尘沉积。企业必须按照 GB 15577、GB 50016、《粉尘爆炸危险场所用收尘器防爆导则》（GB/T 17919—2008）和《供暖通风与空气调节设计规范》（GB 50019—2003）等规定，对除尘系统进行设计、安装、使用和维护。

（2）粉尘爆炸危险作业场所除尘系统必须根据 GB 15577 规定，按工艺分片（分区）相对独立设置，所有产尘点均应装设吸尘罩，各除尘系统管网间禁止互通互连，防止连锁爆炸。

（3）为保证除尘器安全可靠运行，企业必须按照 GB/T 17919 规定，对除尘系统的进出风口压差、进出风口和灰斗的温度等指标（参数）进行检测。按照《工作场所空气中粉尘测定　第 1 部分：总粉尘浓度》（GBZ/T 192.1—2007）规定对粉尘浓度进行检测。

（4）发现除尘系统管道和除尘器箱体内有粉尘沉积时，必须查明原因，及时规范清理。清理时应采用负压吸尘方式，避免粉尘飞扬。如必须采用喷吹方式，清灰气源应采用氮气、二氧化碳或其他惰性气体，以防止清灰过程中粉尘爆炸。

（5）作业场所沉积的粉尘是引发连锁爆炸、大爆炸的主要因素，企业应按照 GB 15577 规定建立定期清扫粉尘制度，每班对作业现场及时、全面规范清理。清扫粉尘时应采取措施防止粉尘二次扬起，最好采用负压吸尘方式清扫，严禁使用压缩空气吹扫。

（6）在除尘系统停运期间和作业岗位粉尘堆积严重（堆积厚度最厚处超过 1 mm）时，极易引发粉尘爆炸。因此，必须立即停止作业，将人员撤离作业岗位。

第三条　必须按规范使用防爆电气设备，落实防雷、防静电等措施，保证设备设施接地，严禁作业场所存在各类明火和违规使用作业工具。

条文释义如下：

（1）粉尘爆炸危险作业场所应严禁各类明火和火花产生，使用防爆电气设备是防止电气火花的可靠措施。必须按《爆炸和火灾危险环境电力装置设计规范》（GB 50058—1992）和《危险场所电气防爆安全规范》（AQ 3009—2007）规定安装、使用防爆电气设备。

（2）雷电放电过程中产生的巨大放电电流破坏力极大，也易诱发粉尘爆炸事故。粉尘爆炸危险作业场所的厂房（建构筑物）必须按《建筑物防雷设计规范》（GB 50057—2010）

规定设置防雷系统，并可靠接地。

（3）粉料的输送、排出、混合、搅拌、过滤和固体的粉碎、研磨、筛分等，都会产生静电，可能引起粉尘燃烧或爆炸。粉尘爆炸危险作业场所的所有金属设备、装置外壳、金属管道、支架、构件、部件等，都应按照 GB 15577 和《防静电事故通用导则》（GB 12158—2006）规定采取防静电接地。所有金属管道连接处（如法兰）应进行跨接。

（4）铁质器件之间碰撞、摩擦会产生火花。在粉尘爆炸危险作业场所，禁止违规使用易发生碰撞火花的铁质作业工具，检修时应使用防爆工具。尤其对于存在铝、镁、钛、锆等金属粉末的场所，应采取有效措施防止其与锈钢摩擦、撞击，产生火花。

第四条　必须配备铝镁等金属粉尘生产、收集、贮存的防水防潮设施，严禁粉尘遇湿自燃。

条文释义如下：

《危险化学品目录》中记载的遇湿易燃金属粉尘有锂、钠、钾、钙、钡、镁、镁合金、铝、铝镁、锌等。在这些金属粉尘的生产、收集、贮存过程中，必须按照 GB 15577 规定采取防止粉料自燃措施，配备防水防潮设施，防止粉尘遇湿自燃，进而引发粉尘爆炸与火灾事故。

第五条　必须严格执行安全操作规程和劳动防护制度，严禁员工培训不合格和不按规定佩戴使用防尘、防静电等劳保用品上岗。

条文释义如下：

（1）安全操作规程主要包括通风除尘系统使用维护、粉尘清理作业、打磨抛光作业、检维修作业、动火作业等。

（2）按照《安全生产法》和 GB 15577 规定，存在粉尘爆炸危险作业场所的企业主要负责人和安全生产管理人员必须具备相应的粉尘防爆安全生产知识和管理能力。企业必须对所有员工进行安全生产和粉尘防爆教育，普及粉尘防爆知识和安全法规，使员工了解本企业粉尘爆炸危险场所的危险程度和防爆措施；对粉尘爆炸危险岗位的员工应进行专门的安全技术和业务培训，经考试合格后方准上岗。

（3）现场作业人员长时间吸入粉尘易造成尘肺病或矽肺病。现场作业人员必须按规定佩戴使用防尘劳保用品上岗。为防止人体皮肤与衣服之间、衣服与衣服之间摩擦产生静电，粉尘爆炸危险作业场所员工禁止穿化纤类易产生静电的工装，必须按照 GB 15577 和《个体防护装备选用规则》（GB/T 11651—2008）规定，穿着防静电工装。

五、《工贸企业有限空间作业安全管理与监督暂行规定》相关要点

2013 年 5 月 20 日，国家安全生产监督管理总局公布《工贸企业有限空间作业安全管理与监督暂行规定》（国家安全生产监督管理总局令第 59 号），自 2013 年 7 月 1 日起施行。

《工贸企业有限空间作业安全管理与监督暂行规定》分为五章三十条，各章内容为：第一章总则，第二章有限空间作业的安全保障，第三章有限空间作业的安全监督管理，第四章法律责任，第五章附则。制定本规定的目的是为了加强对冶金、有色、建材、机械、轻工、纺织、烟草、商贸企业（以下统称工贸企业）有限空间作业的安全管理与监督，预防和减少生产安全事故，保障作业人员的安全与健康。

1. 总则中的有关规定

第一章总则对相关事项做了规定。

（1）工贸企业有限空间作业的安全管理与监督，适用本规定。

本规定所称有限空间，是指封闭或者部分封闭，与外界相对隔离，出入口较为狭窄，作业人员不能长时间在内工作，自然通风不良，易造成有毒有害、易燃易爆物质积聚或者氧含量不足的空间。工贸企业有限空间的目录由国家安全生产监督管理总局确定、调整并公布。

（2）工贸企业是本企业有限空间作业安全的责任主体，其主要负责人对本企业有限空间作业安全全面负责，相关负责人在各自职责范围内对本企业有限空间作业安全负责。

（3）国家安全生产监督管理总局对全国工贸企业有限空间作业安全实施监督管理。

县级以上地方各级安全生产监督管理部门按照属地监管、分级负责的原则，对本行政区域内工贸企业有限空间作业安全实施监督管理。省、自治区、直辖市人民政府对工贸企业有限空间作业的安全生产监督管理职责另有规定的，依照其规定。

2. 有限空间作业安全保障的有关规定

第二章有限空间作业的安全保障对相关事项做了规定。

（1）存在有限空间作业的工贸企业应当建立下列安全生产制度和规程：

1）有限空间作业安全责任制度。

2）有限空间作业审批制度。

3）有限空间作业现场安全管理制度。

4）有限空间作业现场负责人、监护人员、作业人员、应急救援人员安全培训教育制度。

5）有限空间作业应急管理制度。

6）有限空间作业安全操作规程。

（2）工贸企业应当对从事有限空间作业的现场负责人、监护人员、作业人员、应急救援人员进行专项安全培训。专项安全培训应当包括下列内容：

1）有限空间作业的危险有害因素和安全防范措施。

2）有限空间作业的安全操作规程。

3）检测仪器、劳动防护用品的正确使用。

4）紧急情况下的应急处置措施。

安全培训应当有专门记录，并由参加培训的人员签字确认。

（3）工贸企业应当对本企业的有限空间进行辨识，确定有限空间的数量、位置以及危险有害因素等基本情况，建立有限空间管理台账，并及时更新。

（4）工贸企业实施有限空间作业前，应当对作业环境进行评估，分析存在的危险有害因素，提出消除、控制危害的措施，制定有限空间作业方案，并经本企业负责人批准。

（5）工贸企业应当按照有限空间作业方案，明确作业现场负责人、监护人员、作业人员及其安全职责。

（6）工贸企业实施有限空间作业前，应当将有限空间作业方案和作业现场可能存在的危险有害因素、防控措施告知作业人员。现场负责人应当监督作业人员按照方案进行作业准备。

（7）工贸企业应当采取可靠的隔断（隔离）措施，将可能危及作业安全的设施设备、存在有毒有害物质的空间与作业地点隔开。

（8）有限空间作业应当严格遵守"先通风、再检测、后作业"的原则。检测指标包括氧浓度、易燃易爆物质（可燃性气体、爆炸性粉尘）浓度、有毒有害气体浓度。检测应当符合相关国家标准或者行业标准。

未经通风和检测合格，任何人员不得进入有限空间作业。检测的时间不得早于作业开始前 30 min。

（9）检测人员进行检测时，应当记录检测的时间、地点、气体种类、浓度等信息。检测记录经检测人员签字后存档。

检测人员应当采取相应的安全防护措施，防止中毒窒息等事故发生。

（10）有限空间内盛装或者残留的物料对作业存在危害时，作业人员应当在作业前对物料进行清洗、清空或者置换。经检测，有限空间的危险有害因素符合《工作场所有害因素职业接触限值　第 1 部分：化学有害因素》（GBZ 2.1）的要求后，方可进入有限空间作业。

（11）在有限空间作业过程中，工贸企业应当采取通风措施，保持空气流通，禁止采用纯氧通风换气。

发现通风设备停止运转、有限空间内氧含量浓度低于或者有毒有害气体浓度高于国家标准或者行业标准规定的限值时，工贸企业必须立即停止有限空间作业，清点作业人员，撤离作业现场。

（12）在有限空间作业过程中，工贸企业应当对作业场所中的危险有害因素进行定时检测或者连续监测。

作业中断超过 30 min，作业人员再次进入有限空间作业前，应当重新通风，检测合格后方可进入。

（13）有限空间作业场所的照明灯具电压应当符合《特低电压限值》（GB/T 3805）等国家标准或者行业标准的规定；作业场所存在可燃性气体、粉尘的，其电气设施设备及照明灯具的防爆安全要求应当符合《爆炸性环境　第 1 部分：设备　通用要求》（GB 3836.1）等国家标准或者行业标准的规定。

（14）工贸企业应当根据有限空间存在的危险有害因素的种类和危害程度，为作业人员提供符合国家标准或者行业标准的劳动防护用品，并教育监督作业人员正确佩戴与使用。

（15）工贸企业有限空间作业还应当符合下列要求：

1）保持有限空间出入口畅通。

2）设置明显的安全警示标志和警示说明。

3）作业前清点作业人员和工器具。

4）作业人员与外部有可靠的通信联络。

5）监护人员不得离开作业现场，并与作业人员保持联系。

6）存在交叉作业时，采取避免互相伤害的措施。

（16）有限空间作业结束后，作业现场负责人、监护人员应当对作业现场进行清理，撤离作业人员。

（17）工贸企业应当根据本企业有限空间作业的特点，制定应急预案，并配备相关的呼吸器、防毒面罩、通信设备、安全绳索等应急装备和器材。有限空间作业的现场负责人、监护人员、作业人员和应急救援人员应当掌握相关应急预案内容，定期进行演练，提高应急处置能力。

（18）工贸企业将有限空间作业发包给其他单位实施的，应当发包给具备国家规定资质或者安全生产条件的承包方，并与承包方签订专门的安全生产管理协议或者在承包合同中明确各自的安全生产职责。存在多个承包方时，工贸企业应当对承包方的安全生产工作进行统一协调、管理。

工贸企业对其发包的有限空间作业安全承担主体责任。承包方对其承包的有限空间作业安全承担直接责任。

（19）有限空间作业过程中发生事故后，现场有关人员应当立即报警，禁止盲目施救。应急救援人员实施救援时，应当做好自身防护，佩戴必要的呼吸器具、救援器材。

3. 有限空间作业安全监督管理的有关规定

第三章有限空间作业的安全监督管理对相关事项做了规定。

（1）安全生产监督管理部门应当加强对工贸企业有限空间作业的监督检查，将检查纳入年度执法工作计划。对发现的事故隐患和违法行为，依法做出处理。

（2）安全生产监督管理部门对工贸企业有限空间作业实施监督检查时，应当重点抽查有限空间作业安全管理制度、有限空间管理台账、检测记录、劳动防护用品配备、应急救援演练、专项安全培训等情况。

（3）安全生产监督管理部门应当加强对行政执法人员的有限空间作业安全知识培训，并为检查有限空间作业安全的行政执法人员配备必需的劳动防护用品、检测仪器。

（4）安全生产监督管理部门及其行政执法人员发现有限空间作业存在重大事故隐患的，应当责令其立即或者限期整改；重大事故隐患排除前或者排除过程中无法保证安全的，应当责令其暂时停止作业，撤出作业人员；重大事故隐患排除后，经审查同意后，方可恢复作业。

4. 法律责任的有关规定

第四章法律责任对相关事项做了规定。

（1）工贸企业有下列行为之一的，由县级以上安全生产监督管理部门责令限期改正；逾期未改正的，责令停产停业整顿，可以并处 5 万元以下的罚款：

1）未在有限空间作业场所设置明显的安全警示标志的。

2）未按照本规定为作业人员提供符合国家标准或者行业标准的劳动防护用品的。

（2）工贸企业有下列情形之一的，由县级以上安全生产监督管理部门给予警告，可以并处 2 万元以下的罚款：

1）未按照本规定对有限空间作业进行辨识、提出防范措施、建立有限空间管理台账的。

2）未按照本规定对有限空间的现场负责人、监护人员、作业人员和应急救援人员进行专项安全培训的。

3）未按照本规定对有限空间作业制定作业方案或者方案未经审批擅自作业的。

4）有限空间作业未按照本规定进行危险有害因素检测或者监测、实行专人监护作业的。

5）未教育和监督作业人员按照本规定正确佩戴与使用劳动防护用品的。

6）未按照本规定对有限空间作业制定应急预案、配备必要的应急装备和器材并定期进行演练的。

第五章　安全心理知识与违章行为的纠正

近年来，安全心理与人的安全行为越来越受到人们的关注。在企业生产作业过程中发生的大量事故，大多是人为事故，许多事故的发生都与人员心理变化、情绪变化有直接的关系。因此，了解安全心理与安全行为方面的知识，了解安全心理对人员行为的影响，并且将安全心理学相关知识运用于企业安全管理，对于预防和纠正企业员工违章作业，提高员工的安全可靠性，促进安全管理水平的提高，有着非常积极的意义。

第一节　心理过程与心理活动

在心理学研究中，心理过程是指一个人心理现象的动态过程，包括认知过程、情感过程和意志过程，反映正常个体心理现象的共同性一面。认知过程、情感过程和意志过程，这三种过程不是彼此孤立的，而是相互联系、相互作用的，由此构成心理过程的三个不同方面。

一、人的认知过程

人的认知过程是指人认识客观事物的过程，即对信息进行加工处理的过程，这是一个非常复杂的过程，是人由表及里，由现象到本质地反映客观事物特征与内在联系的心理活动。它由人的感觉、知觉、记忆、思维和想象等认知要素组成。

1. 感觉的含义与特性

（1）感觉的含义。感觉是大脑对客观事物个别属性的反映。感觉可以分为外部感觉和内部感觉两大类。外部感觉是个体对外部刺激的觉察，主要包括视觉、听觉、嗅觉、味觉、皮肤感觉。内部感觉是个体对内部刺激的觉察，主要包括机体感觉、平衡感觉和运动感觉。其中视觉和听觉是最重要的感觉。

（2）感觉的特性。不管是哪种感觉，都与人的机体状况有关，人的机体不健康、有毛病或有缺陷，都直接影响感觉的发生和水平。尽管人的感觉器官具有很强的感受性，但对外界事物变化的感知却并不很精确，具有感觉的模糊性。基于这一点，在生产活动中，为了弥补感觉的这一局限性，必要时必须借助仪器、仪表等物质手段，以便客观、精确地反映事物及其变化。因此，为了保证生产的安全，应该把直接感知与间接感知有机结合起来。

2. 记忆的特点与作用

记忆是过去的经验通过识记、保持、再认和回忆的方式在人脑中的反映。在一个人的经历中，曾经感知过的事物、思考过的问题、采取过的行动、练习过的动作、体验过的情绪和情感，都会有一部分在头脑中保留下来，形成记忆。

（1）记忆的基本环节。记忆是包括"记"和"忆"的完整过程。所谓"记"，是指识记和保持，这是记忆的前提和关键。所谓"忆"，是指再认和回忆，这是记忆要达到的目的，也是检验记忆的指标。概括地说，记忆也是人脑的一种机能，它是过去的经验在人脑中的反映。具体来说，记忆是人脑对感知过的事物、思考过的问题或理论、体验过的情绪、做过的动作的反映。记忆也是一个复杂的心理过程，它包括识记、保持、再认和重现三个基本环节。

1）识记。识记是记忆的第一步，是获得事物印象并成为经验的过程。根据是否有预定目的和意志努力的程度，识记可分为无意识记和有意识记两种。无意识记是事先没有自觉的目的，也没有经过特殊的意志努力的识记，又称为不随意识记。有意识记是事先有预定目的，并经过一定的意志努力的识记，又称为随意识记。人们掌握知识和技能，主要靠有意识记。

2）保持。保持是把识记过的内容在头脑中储存下来的过程，它是识记在时间上的延续。识记不等于保持。例如，上安全培训课程时对老师讲解的内容听明白了，这是识记的过程。但如果下课后有许多内容忘记了，说明这些内容没记住，即没保持住。就二者的关系而言，识记是保持的前提，保持是识记的继续和巩固。保持的对立面是遗忘。遗忘是指对识记过的事物不能（或错误地）再认和重现。遗忘的进程是不均衡的，有先快后慢的特点，以后基本稳定在一个水平上。防止遗忘的有效手段是对识记材料加强理解、及时回忆和复习，并经常应用。

3）再认和重现。再认又称识别。当先前曾识记和保持过的事物再出现于面前时，人们能把它认出来，这就是再认。另一种情况是，即使先前感知或思考过的事物不在面前，甚至已隔了很长一段时间，人们仍然能把它在头脑中重现出来，这就是重现过程。重现也称为回忆。可见，再认和重现虽然都属于对过去感知过的事物在头脑中的恢复，但程度是有差别的。一般可以认为再认主要是以识记为前提，重现则主要以保持为基础。

（2）记忆的作用。记忆是人们积累经验的基础。没有记忆，人类的一切事情都得从头做起，无法积累经验，人类的各种能力也就不能得到提高，一切危险也就无法避免，安全也就没有保障。记忆也是思维的前提。只有通过记忆，才能为人脑的思维提供可以加工的材料，否则思维就只能开空车。人之所以比动物"乖巧"，能在复杂多变的环境中求得生存和发展，一个重要原因就是人类会思维。但思维必须有原料，这就是丰富的信息储存，而信息的储存则要靠记忆。可见没有记忆，也就难以思维，更不可能做出预见性判断。而没有思维，人也就失去了同动物相比的优越性，只能停留在"刺激—反应"的低水平上，不得不承受更多的危险，并为此付出更多的代价。

（3）记忆的特性。记忆具有许多神奇的特性，主要表现在以下几个方面：

1）易变性。随着时间的推移，每个人对知识、经验、事件、物品等的记忆并不是原封不动的，其中的一些内容、形式或形象会潜移默化地发生改变，一些原有经验在新经验的不断充实中逐渐丰富、完善和更新。

2）不可见性。记忆是不可见与非直观的。只要人们不肯将记在脑中的内容转录，以说、写或其他方式复制出来，别人就无法得到它。

3）不完全可靠性。记忆的易变性导致了回忆的不完全可靠性。回忆起来的知识、经验、事件、物品的形象等，不能确保是首次识记时的原型，随着时间的顺延，其中的一些可能更完备，也有可能出现残缺，还有可能走形或变样。

4）瞬捷性。据研究，在 50 ms 至 30 s 的时间里，人脑可以记住 4 个不同的数据。正常人的大脑可以在一眨眼之间记住感兴趣的知识、经验、事件等。人们所记住的内容，在取用时也具有瞬捷性。人们还能在很短的瞬间去比照记住的信息，如此事与彼事、过去和现在等。

5）无穷性。每个正常人的记忆潜力都无穷大。记忆的容量究竟有多大，有人认为是 5 万～10 万个组块，也有人认为是 10^{15} Bit，总之，它有巨大的容量。

记忆对于安全生产也有着重要的作用，直接关系着自身的安全和他人的安全。需要提醒的是，对安全生产知识、安全操作规程等，千万不要认为其没有必要而忽视记忆，忘记了这些重要的内容，就有可能伤害自己或者他人。

3. 思维的分类与品质

思维是一种高级的认知活动，是个体对客观事物本质和规律的认知。在日常生活中，人们经常说到的"考虑""思考""想一想"等，都是指思维活动。

（1）对于思维的不同分类。依据不同的标准进行划分，可以将思维分为不同的类别。

1）依据凭借物的不同，可将思维分为动作思维、形象思维和抽象思维。动作思维是以具体动作作为工具解决直观而具体问题的思维。形象思维是以头脑中的具体形象来解决问题的思维活动。抽象思维是以语言为工具来进行的思维。在正常成人身上，这三种思维往往是互相联系、互相渗透的，单独运用一种思维来解决问题的极少。从思维的发展来看，经历着从动作思维到形象思维，再到抽象思维的过程。

2）依据思维活动的方向和思维成果的特点，思维可分为辐合思维和发散思维。辐合思维是人们利用已有知识经验，朝一个方向思考，得出唯一结论的思维。辐合思维是一种有条理的思维活动。发散思维是一种扩散状态的思维模式，思维呈现出多维发散状。

3）根据思维活动及其结果的新颖性，思维可分为常规思维和创造思维。对已有知识经验没有进行明显的改组，也没有创造出新的思维成果的思维叫作常规思维。对已有知识经验进行明显的改组，同时创造出新的思维成果的思维叫作创造思维。创造思维是高级思维过程，它是辐合思维和发散思维的有机结合。

（2）思维的基本品质。思维品质是衡量思维能力优劣、强弱的标准或依据。一般思维的基本品质主要通过思维的广阔性、批判性、深刻性、灵活性、敏捷性等体现出来。

1）思维的广阔性。思维的广阔性是指能全面而细致地考虑问题。具有广阔思维的人，在处理问题初做决断时，不仅考虑问题的整体，还照顾到问题的细节；不但考虑问题本身，而且还考虑与问题相关的一切条件。思维的广阔性是以丰富的知识经验为基础的。知识经验越丰富，就越有可能从事物的各个方面、各种内外联系去分析问题、看待问题和解决问题，因而思维的广阔性是安全的保证。

2）思维的批判性。思维的批判性也称思维的独立性，是指在思维中能独立地分析、判断、选择和吸收相关知识，并做出符合实际的评价，从而独立地解决问题。思维的批判性或独立性是使自己保持创新头脑的重要品质。具有较强的思维批判性或独立性的人，往往有较强的自主性，对别人提出的观点和结论既不盲目地肯定和接受，也不盲目地予以否定，而是经过深入思考，得出自己独立的见解。相反，缺乏思维批判性的人，往往没有自己的主见。这样的人跟着好人学好，跟着坏人学坏。在生产活动中，这种人极易出事故。

3）思维的深刻性。思维的深刻性是指能深入到事物的本质去考虑问题，不为表面现象所迷惑。具有深刻性思维的人，喜欢追根究底，不满足于表面的或现成的答案。缺乏思维深刻性的人最多只能透过现象揭示其浅层次的本质，而具有思维深刻性的人则能揭示其深层次的本质，看出别人所看不出来的问题。例如，要分析事故发生的原因时，有的人只考虑造成事故的直接原因，而有的人则看得更深一层，不仅考虑直接原因，而且考虑造成事故的内在原因、间接原因，从而能找出防止事故发生的根本措施和方法。

4）思维的灵活性。思维的灵活性是指一个人的思维活动能根据客观情况的变化而随机应变，不固守一个方面或角度，不坚持显然是没有希望的思路。平时人们所说的"机智"，主要是指思维的灵活性。思维灵活的人不固守传统和已得的经验，当一个思维方向受阻时，可以转换到其他方向上去，但不是无原则地见风使舵，也不等于遇事浅尝辄止。缺乏思维灵活性的人往往表现得比较固执，爱钻牛角尖，人们经常形容为"一条道跑到黑""撞了南墙也不回头"，思想僵化，遇事拿不出办法。

5）思维的敏捷性。思维的敏捷性是指能在很短的时间内提出解决问题的正确意见和可行的办法，体现在处理事务和作决策时能当机立断，不犹豫、不徘徊。思维的敏捷性不等于思维的轻率性。思维的轻率性也表现出快速的特点，但往往比较肤浅且多错。思维的敏捷性是思维其他品质发展的结果，也是所有优良思维品质的集中表现。它对于处理那些突发性的事故具有特别重要的意义。因为在这种情况下，即使是短暂的延误，都可能造成更为严重的后果，导致更大的损失或伤害。

此外，思维的品质还涉及思维的条理性或逻辑性、思维的新颖性和创造性等。它们在安全生产中也是非常重要的。思维的条理性差，说话办事就会缺乏条理，表达不清，叙述不明，人们不知所云或办事丢三落四，也容易引起事故。思维的创造性差，凡事处理都总是老一套，对简单问题可能还有效，但遇到新问题就会不知所措。

思维是一种高级的心理活动形式，良好的思维品质是人们做好一切工作的最重要的主观条件和基本保证，因此，在安全生产中不可缺少，在遇到困难复杂的问题时，需要认真思考、认真分析。

4. 想象的特点与安全

想象是思维活动的一种特殊形式，是人脑对已有感知形象进行加工、改造并形成新形象的心理过程。想象也是一种高级认知活动。

（1）无意想象和有意想象。按目的性程度和产生的方式，想象可以分为无意想象和有意想象两大类。无意想象也称不随意想象，它是一种没有特定目的的、不自觉的初级想象，是一种"流变"式想象。例如，看到浮云，自然而然地想象为人面、奇峰、异兽；听到别人朗读诗词，不自觉地想象着诗词中所描述的情景。无意想象是最简单、最初级形式的想象。梦是无意想象的一种极端形式。有意想象是有意识、有目的并需依赖意志的努力而进行的想象。

（2）想象的品质。想象的品质主要反映在主动性、丰富性、生动性、现实性等方面，它们对安全都有一定影响。

1）想象的主动性是和有意想象联系在一起的。想象的主动性是人驾驭的想象、主动的想象，无论对搞好生产、提高工作效率，还是保证生产中的安全，都很重要。在从事实际操作时，要主动想象会出现哪些问题，会遇到哪些困难，并想象如何克服和避免，这样可以做到临危不乱，处变不惊，工作井然有序。相反，缺乏想象，一旦祸事临头，就会惊慌失措。

2）想象的丰富性是指想象内容充实具体。想象的丰富性取决于一个人的表象储备，这同经验积累有关。"见多识广"是想象丰富的必要条件。同时，爱好思考也是必要的。对同一种现象或事物，爱好思考的人想得深、想得细、想得全。显然，这对预防事故是有好处的。但应指出，想象过于丰富，有时会使人谨小慎微，工作时放不开手脚，产生畏难情绪或恐惧心理，反而会影响生产的安全。

3）想象的生动性是指想象表现的鲜明程度。有的人对想象中的事物，如闻其声，如见其形，历历在目，栩栩如生。有的人则比较粗略、模糊。想象越生动，对想象的体验越深刻，记忆也越容易持久。

4）想象的现实性是指想象与客观现实相关的程度。有现实性的想象是有根据的想象，它在一定条件下是可以实现的。无根据的想象是空想和瞎想。凡想象都有可超越现实的特点。但有现实性的想象可以指导人的进一步行动，促进人们按这种设想去奋斗；而空想则起不到这种作用。因此，在想象中要注意提高其现实性的程度。

（3）想象的实际应用。想象作为一种特殊的思维形式，是人在头脑里对已储存的表象进行加工改造形成新形象的心理过程，能突破时间和空间的束缚。想象能起到对机体的调节作用，还能起到预见未来的作用。通俗地讲，想象就是人在大脑中凭借记忆所提供的材料进行加工，从而产生新形象的心理过程。

想象中最重要的是有意想象，有意想象也是实现科学预见的一部分。在班组安全生产管理中，所开展的危险预知分析活动，实际上也是一种想象活动。危险预知分析活动以操作者为中心，对其能接触到的所有危险，进行全面的分析评价，制定具有针对性的防范措施，使每位职工在作业前熟悉和掌握本岗位的危险分布、危险特征及防范措施，以达到对危险的识别、控制和预防的目的。班组员工可以运用预先想象，通过开展危险预知分析活动，及时发现和处置事故隐患，消除不安全因素，有效预防事故。

二、人的情感过程

人的情感过程是指人对客观事物采取什么态度的过程。人们在认识客观事物时，不是冷漠无情、无动于衷的，而总是带有某种倾向性，表现出鲜明的态度体验，充满着感情的色彩。因此，情感过程是心理过程的一个重要内容，也是人与动物相区别的一个重要标志。根据情感色彩的程度，可以将情感过程分为情绪、情感和情操三个层次。

1. 人的情绪与安全

在心理学上，一般把情感中像愤怒、悲哀、恐惧等这种短暂急剧发生的强烈情感称为情绪。情绪状态的发生每个人都能够体验，但是对其所引起的生理变化与行为却比较难以控制。人们处于某种情绪状态时，个人是可以感觉得到的，而且这种情绪状态是主观的。

因为喜、怒、哀、乐等不同的情绪体验，只有当事人才能真正地感受到，别人固然可以通过察言观色去揣摩当事人的情绪，但并不能直接地了解和感受。

与情绪相关的情绪状态，是指在某种事件或情境的影响下，在一定时间内所产生的激动不安状态。其中最典型的情绪状态有心境、激情、应激三种。

（1）人的心境与安全。心境俗称心情。对个体而言，它是人的比较长时间的微弱、平静的情绪状态。对群体来说，则为"心理气氛"。心境不是对于某一件事的特定体验，而是弥散性的一般情绪状态，往往在一个较长时间内影响一个人的所有活动，蔓延范围较大。在日常生活中常常见到这种情况：一个人心情好时，看什么都好，都满意；心情不好时，看什么都不顺眼，心烦易怒。

心境有积极和消极之分。积极的心境是一种增力性情绪，它可以使人心情愉快、思维敏捷，充满克服困难的信心，因而有利于劳动效率的提高，对保证安全是一种有利因素。消极的心境是一种减力性或负面情绪，它容易使人产生懒散，精神萎靡不振，感受能力下降，思维迟钝，对活动提不起兴趣，思想和注意力不集中；对引起自己心情不好的某些事件或因素总是萦绕脑际，挥之不去，经常出现愣神或发呆现象。显然，这对安全是一种威胁，也是造成事故的隐患。

引起心境变化的原因很多，如客观因素方面有生活中的重大事件、家庭纠纷、事业的成败、工作的顺利与否、人际关系的干扰等；生理因素方面有健康状态、疲劳、慢性疾病等；气候因素方面有阴天易使人心情郁闷，晴好天气则使人心情开朗；环境因素方面有工作场所脏、乱，粉尘烟雾弥漫，易使人产生厌烦、忧虑等负面情绪。

在生产作业中，能够使员工保持良好的心境，避免情绪的大起大落是非常重要的。心境与生产效率、安全生产都有很大关系。心理学家曾在一家工厂中观察到，在良好的心境下，工人的工作效率提高了 $0.4\% \sim 4.2\%$；而在不良的心境下，工作效率降低了 $2.5\% \sim 18\%$，而且事故率明显增加。这是因为工人在心境不佳时进行作业，认知过程和意志行动水平低下，因而反应迟钝，神情恍惚，注意力不集中，除了工作效率下降外，还极易出现操作失误和事故。因此，创造一个良好的生产作业环境，努力培养和激发员工的积极心境，对安全生产有重要的作用。

（2）人的激情与安全。激情是一种猛烈爆发的、短暂的情绪状态，如大喜、大悲、暴怒、绝望、恐怖等。猛烈性（张度）、爆发性（时间）、短暂性（延续）是激情的三个明显特点。激情不同于心境，它往往是对某件事的特定体验，情境性较强。激情来得快，但消失或减弱得也快（与心境相比而言）。伴随激情的发生，其外部表现较为明显，如怒发冲冠、暴跳如雷、声嘶力竭、手舞足蹈、涕泪皆流，严重时会产生昏厥。

激情也有积极和消极之分。积极的激情能鼓舞人们积极进取，为正义、真理而奋斗，为维护个人或集体荣誉而不懈努力，因而对安全是一种有利因素。但在消极的激情下，认识范围缩小，控制力减弱，理智的分析判断能力下降，不能约束自己，不能正确评价自己行为的意义和后果。或趾高气扬，不可一世；或破罐破摔，铤而走险，丧失理智，忘乎所以，冒险蛮干。负面激情不仅会严重影响人的身心健康，而且也是安全生产的大敌、导致事故的温床。因此，无论是在生产过程，还是在日常生活中，都应努力避免负面激情，否则会带来严重后果。

（3）人的应激与安全。应激是指当遇到出乎意料的紧张情况时所产生的情绪状态。应激也是一种复杂的心理状态，每当偏离最佳状况而操作者又无法或不能轻易地校正这种偏离时，操作者呈现的状态就为应激。例如，飞机在飞行中，发动机突然发生故障，驾驶员紧急与地面联系着陆；正常行驶的汽车意外遇到故障时，司机紧急刹车等。

能引起应激现象的因素很多，大致可以分为四个方面：作业时的环境因素、工作因素、组织因素、个性因素。

1）环境因素。如工作调动、晋升、降级、解雇、待业、缺乏晋升机会等。

2）工作因素。恶劣的工作环境、工作环境中的人际关系、工作负荷量过大常成为应激的来源。例如，在危险地段行车或运载危险物品的驾驶工作、长期从事需要高度注意力的工作（如仪表监视）、长期担负重体力劳动强度的工作，会由于工作负荷量过大而感受应激。超时工作（加班）也是一个重要的应激源，据称，每周超过 50 h 以上的工作会引起心理失调。

3）组织因素。组织因素主要体现在组织的工作性质、风气习惯、工作气氛等方面。

4）个性因素。与个性有关的应激源主要有：与健康有关的因素，如有病的工人可能有产生更大的工作应激的危险性；完成工作的任务与能力之间的匹配程度，失配越严重，员工感受到的应激越大，造成失误的可能性也越大；对工作环境喜欢还是讨厌的程度，如外向程度或神经敏感性程度对不同的工作环境也会产生应激；个人的性格，人的心理特性的差异也会影响对应激源的反应程度。

在应激状态下，人会产生一系列的生理反应变化，同时会出现两种反应：一种是目瞪口呆，手足失措，陷入一片混乱，判断力、决策力丧失；另一种是急中生智，头脑冷静清醒，动作精确，行动有力，能及时摆脱困境。前者是一种减力性应激状态，后者是一种增力性应激状态。人在增力性应激状态下，可以最大限度地发挥自己的潜能，做出在通常情况下难以做出的事情。

在应激情绪状态下，究竟是产生增力效应，还是减力效应，具有较大的个体差异性，而且也视具体情境而定。总体来说，它和一个人原来的心理准备状态、平时的训练和经验等因素有密切关系。如果平时注意提高警惕、增强意志的锻炼，应激状态下就会做到遇事不慌，处变不惊，当机立断，化险为夷。

2. 控制情绪，保持好心情

在工作生活中，不管是谁，不论是有钱还是没钱，不论是成家还是没有成家，都会遇到烦心的事，都会有不如意的事情。在遇到烦心事情的时候，最需要做的就是控制自己的情绪，不要让情绪失控，不要做出以后后悔的事情。

控制情绪有如下几个要点：

（1）觉察情绪。要控制情绪，首先要能觉察到情绪。每个人的情绪在平时基本上是稳定的，如果出现与平时不一样的变化，就要能觉察到自己的情绪产生了什么变化，是愤怒、是焦虑、是忧伤、是委屈、是失落，等等。

（2）接纳正常的情绪。健康情绪不是指时刻处于阳光状态，而是所表现出的情绪应与所遇到的事件呈现出一致性。如果失恋了，伤心是正常的；如果遇到抢劫，恐惧是正常的；如果亲人离世了，悲伤是正常的；如果被误会了，愤怒是正常的。所以，当情绪体验符合客观事件时，要第一时间暗示自己：我现在的情绪是正常的，这样一暗示，情绪张力就会下降，内心自然就会恢复平静。很多时候人的痛苦并不是来源于情绪本身，而是来源于对情绪的抵触。

（3）表达情绪。要知道，中国人表达情绪大部分时候都是在发泄，所以伤己伤人，妨碍沟通。例如，因为与朋友聚会回家晚了，妻子的表达一般都是："这么晚才回来，你心里根本没这个家！""你真是太不像话了，要我说多少次你才能早点回来！"这样的表达一般都趋向于批评、指责，主语是"你"，表达之后往往会导致战火升级，沟通也就无从谈起，只会让人越来越晚回家，甚至关系破裂。健康的情绪表达应该是自己的情绪，主语是"我"。妻子的表达可以是这样："你这么晚回来，我很担心你。""晚上我一个人会害怕，如果早点回来陪我会让我感觉非常幸福。"这样的表达方式加上温柔的语气，会让人感觉到妻子对自己的牵挂及恩爱，自然会怜惜起妻子来，进而调整自己的行为。

（4）陶冶情绪。情绪管理能力需要一定时间的培养及锻炼，可以从以下几个方面来培养：一是尽量养成有规律的生活习惯，生活规律了，情绪自然也就会稳定而有规律；二是注意他人的感受，能够帮助他人的时候不要犹豫，照顾或帮助他人会给你带来好的情绪；三是培养自己的兴趣爱好，结交几个知心朋友，这样当情绪不好的时候，可以通过兴趣爱好或者与知心朋友交谈来转移。

3. 人的情感与安全

情感包括道德感和价值感两个方面，具体表现为爱情、幸福、仇恨、厌恶、美感等。情感是人类所特有的心理现象之一，人类高级的社会性情感主要有责任感、挫折感、理智感和美感。

（1）责任感与安全。责任感是一个人所体验的自己对社会或他人所负的道德责任的情感。责任感的产生及其强弱取决于对责任的认识，包括两方面的内容：一是对责任本身的认识与认同。例如，责任范围、责任内容是否明确，制约着责任感的产生。责任不明，职责不清，不知道哪些事该管，哪些事不该管，这样不可能产生强烈的责任感。但是，即使是已经明确了责任，如果没有被自己所认同，也不能产生责任感。例如，虽然班组长委派自己去从事某项工作，但自己心里不愿接受，或者心存疑虑，总想把任务推出去，在这种情况下，不可能产生较强的责任感。二是对责任意义的认识或预期。责任本身的意义越重大，对责任意义的认识越深刻，对责任的情感体验也就越强烈。

责任感对安全的影响极大，很多事故的发生与责任心不强有关。一些人上班脱岗、值班时睡觉，班组长对班组员工疏于管理、监督，工作拖沓、推延，作业时冒险蛮干、不遵守操作规程等，都是责任心不强的表现，极易导致事故发生。

（2）挫折感与安全。人在生产、生活、工作和学习中，并非总是一帆风顺，有时会遇到障碍，出现失败，产生挫折。所谓挫折感，在心理学上是指个体在从事有目的的活动过程中，遇到障碍和干扰，致使个人动机不能实现、个人需要不能满足时的情绪反应。

人在做事时，有时成功，有时失败，但并非所有的失败都能导致挫折感。挫折感的产生有一定的条件，它与个人从事工作的目的性强度、造成挫折的障碍、个人对挫折的容忍力有关。挫折感一旦产生，便会对人的情绪、行为等产生重要影响。人在遭受挫折后，其情绪、行为会表现出异常。总体来说，不同的人遭受挫折后的反应尽管不同，但基本上可归纳为两大类：积极、建设性的和消极、破坏性的。

为了防止或减少挫折感的产生，最基本的措施有两条：从客观上来说，应该尽可能改变产生挫折的情境。在从事有目的的活动之前，要做好物质上、思想上、管理措施上等各方面的准备工作，增大活动成功的把握，减少失败的概率。员工在生产作业中遇到困难时，要主动寻求别人或班组长的支持帮助，作为班组长要主动关心自己的下属，及时给予鼓励，并切实解决其实际问题。一旦出现失败，应实事求是地分析产生失败的主客观原因，对由客观因素所造成的失败，要给予正视和认可，不要一味地强调员工的责任。要本着总结经验、吸取教训、以利再干的态度，恰当地指出问题所在，使之做到心服口服，这样有利于将受挫折而造成的负性情绪转向正性情绪，促进其升华。从主观上来说，作为员工，在确定目标时应该量力而行，切忌好高骛远，期望值要适度；在工作开始之前应有周密的计划，对可能出现的困难应有充分的心理准备；平时要加强意志锻炼，一旦失败要理智地控制自己的情绪，必要时可采取心理调适的办法（如精神发泄），尽快从失败的痛苦中解脱出来，把失败看作成功的代价，变失败的痛苦为进一步奋斗的压力和动力。

（3）理智感与安全。理智感是一个人在智力活动中由认识和追求真理的需要是否得到满足而引起的情感体验。人在认识过程中，当有新的发现时会产生愉快或喜悦的情感；在突然遇到与某种规律相矛盾的事实时，会产生疑惑或惊讶的情感；在不能做出判断、犹豫不决时，会产生疑虑的情感；在做出判断而又感到论据不足时，会产生不安的情感。所有这些情感都属于理智感。

一个人的理智感较强，表现为求知欲旺盛、热爱真理、服从科学。这对安全生产是一种积极的有利情感。在现代化企业，由于科学技术的飞速发展，出现了许多新的机器、设备、仪器和工艺手段。要熟悉、掌握和驾驭它们，单靠传统的经验、技能已无济于事，必须善于学习，不断更新自己的知识储备，努力学习技术技能，而要做到这一点，强烈的求知欲望是必不可少的。凡事不讲科学，仅仅满足于一知半解，固守从老师傅那里得到的陈旧经验，遇事冒险蛮干，不懂装懂，认为只要胆大就行，这些都是一种缺乏理智感的表现。抱着这样的情感从事生产活动，很容易在操作中出错，成为安全生产的威胁。

（4）美感与安全。美感是人对能激起或满足自己美的需要的一种情感体验，是根据一定的审美标准评价事物时所产生的情感体验。美感的体验有两个特点：一是具有愉悦感的体验，二是带有倾向性的体验。因此，对美的事物往往百看不厌，百听不烦。对美的强烈追求，往往也成为人的生活中的一种动力。

在生活中，不同的人对美的理解是不同的。有的人以对工作负责、技术精熟而受到同事敬佩、领导表扬、社会尊重为美，当他们做到这些后，心里会感到美滋滋的；有的人则以外表漂亮、打扮入时、会吃会玩为美。前者是一种高尚的、内在的美，后者是一种表面的、庸俗的美。前者对生产中的安全是一种有利因素，因为它可以激励人们树立较强的工作责任感和对技术精益求精的奋发向上的精神；后者则有可能使人沉溺于琐屑的日常生活，消磨人的意志，增强人的虚荣心。例如，一些工厂的青年员工不恰当地追求服饰美，认为穿劳动服是丑化自己，不是将其扔到一边，就是加以改造，使之失去了劳动保护的作用。一些女工为了外表美，甚至带着戒指、首饰等上岗操作机器，给安全带来隐患。如此等等，除了其他原因之外，主要是虚荣的爱美之心在作怪。因此，树立正确的审美观，克服美感对安全带来的消极影响，是进行安全意识教育的一项重要内容。

三、人的意志过程

意志过程是指人在自己的活动中设置一定的目标，按计划不断地克服内部和外部困难并力求实现目标的心理过程。意志过程也是人的意识能动性的体现，即人不仅能认识客观事物，而且还能根据对客观事物及其规律的认识自觉地改造世界。

1. 人的意志作用与特点

意志是人类特有的有意识、有目的、有计划地调节和支配自己行动的心理现象。意志从本质上来说，就是人自身对意识的积极调节和控制。因此，它对人的任何有意识活动的顺利、有效达成，都具有非常重要的作用。人的活动不同于动物的活动，人的活动在绝大多数情况下都是有目的的。而为了确定活动的目的（目标），就需要意志的参与。意志通过对意识的自我定向、自我约束、自我调节和自我控制，保证人们达到预定目的。因此，它是完成既定任务必不可少的心理因素。

（1）意志的作用。人的行动主要是有意识、有目的的行动。在从事各种实践活动时，通常总是根据对客观规律的认识，先在头脑里确定行动的目的，然后根据目的选择方法，组织行动，施加影响于客观现实，最后达到目的。例如，新员工进入企业从事生产劳动，首先要确定行动目的，然后根据这个目的努力工作、刻苦学习，克服各种困难，争取在遵章守纪、操作能力、技术水平等方面都得到发展，成长为优秀的员工。在这些行动过程中，人们不仅意识到自己的需要和目的，还会以此调节自己的行动以实现预定的目的。意志就是在这样的实际行动中表现出来的。

意志的作用主要体现在以下几个方面：一是意志使认识活动更加广泛深入，二是意志调节着人的情绪情感，三是意志对人的自我修养具有重要意义。

（2）意志行动与意志过程。人不仅需要认识客观世界，而且需要改造客观世界。与此相应，人的心理、意识，不仅能对客观事物产生认识过程和态度体验，更主要的是，能保证人对客观现实进行有意识、有目的、有计划的改造和变革。人的这种自觉确定活动目的，并为达到预定目的，有意识地支配、调节行动的心理现象，就是意志，或称意志过程。

需要注意的是，意志行动是在意志支配下实现的行动。意志行动不同于生来就有的本能活动和缺乏意识控制的不随意行动，只有意志参与的行动才是意志行动。例如，手被针刺就会缩回，而打哈欠、摇头摆脑等一些无意的动作都不是意志行动。

意志行动有其发生、发展和完成的历程，这一过程大致可以分为两个阶段：采取决定阶段和执行决定阶段。前者是意志行动的开始阶段，它决定意志行动的方向，是意志行动的动因；后者是意志行动的完成阶段，它使内心世界的期望、计划付诸行动，以达到某种目的。

（3）意志行动的基本特征。意志是在有目的的行动中表现出来的，这个目的是自觉的、有意识的。所以，人的意志行动也具有以下几个特征：

1）行动目的的自觉性是意志行动的主要特征。所谓行动目的方向具有充分自觉的认识。既不是勉强的行动，也不是无方向的、盲目的冲动，而是有意识、有目的、有计划的自觉行动。例如，人生来就会的吞咽、眨眼、咳嗽等动作不是意志行动；疏忽、失误动作、习惯性动作、冲动性行为等亦非意志行动。意志行动的自觉目的性特征，不仅表现在能够自觉地想到、选择、意识行动的目的，而且表现为自觉地同意和采纳这种目的，并且有按照一定方向行动的决心，而这种决心通常需要很大的紧张性和毅力。

2）与克服困难相联系是意志行动最重要的特征。意志行动一定是有意行动，而有意行动却不一定都是意志行动。例如，一般的有意动作，如打开窗子通风换气，打开收音机听广播等，都不能算作意志行动。意志行动总是与调节人克服困难、排除行动中的障碍分不开的。可以说，意志是否坚强，主要以克服困难的大小来衡量。人们通常需要面对的困难有两种：内部困难和外部困难。内部困难主要是指人的主观因素，如信心不足、情绪波动、私心杂念的干扰等。外部困难是指外在条件的干扰，如环境恶劣、工具缺乏、气候异常、他人干扰等。一个意志坚强的人，就是既能不断克服各种各样的内部障碍，又能不断克服各种各样的外部障碍，坚持到底，不达目的不肯罢休的人。

3）意志行动以随意动作为基础，与自动化的习惯动作既有联系又相区别。人的行动是由简单的动作组成的。动作可以分为不随意动作和随意动作。不随意动作是指事先没有确定目的的动作。如耳听到声音，头立刻转向声源；瞳孔的放大与缩小等。随意动作是由意识指引的活动，它是一种在生活实践中学会的动作。这种动作有简单的，如吃饭、穿衣、走路、跑步等；也有复杂的，如学习、劳动、社会交往等。随意动作是意志行动的基础。如果没有随意动作，意志就无法表现。正是因为有随意动作，人才可以根据自己的目的去组织、支配、调节一系列的动作，从而形成复杂的行动，以达到预定的目的。

4）意志对行动的调节作用。意志对行动的调节作用有两方面：一是发动，二是抑制。在实践活动中，意志对行动的发动和抑制作用，不是互相排斥的，而是互相联系的、统一的。为了达到预定的目的，意志通过抑制和发动这两个作用，克服与预定目的相矛盾的行动，发动与预定目的实现有关的行动，从而实现对人的活动的支配和调节。

意志不仅调节外部动作，还可以调节人的心理状态。当员工排除外界干扰，把注意力集中于完成生产作业时，就存在意志对注意、思维等认识活动的调节；当人在危急、险恶的情境下，克服内心的恐惧慌乱，强迫自己保持镇定时，就表现出意志对情绪状态的调节。意志对行为的调节和支配并不总是轻而易举的，常会遇到各种外部、内部的困难，因此，意志行动的实现往往与克服困难相联系。

2. 人的意志品质与安全生产

人的意志有强有弱。构成人的意志的某些比较稳定的方面，就是人的意志品质。一个人的意志品质有好有差，好的意志品质通常被人们称为坚强的意志，或意志坚强；差的意志品质则通常被称为意志薄弱。坚强的意志品质主要是指意志的自制性、果断性、恒毅性和坚定性，而意志薄弱主要是指意志的上述品质较差。

(1) 意志的自制性。意志的自制性或自律性是一种自我约束的品质。有自制性的人善于克制自己的思想、情绪、情感、习惯、行为、举止，能恰当地把它们控制在一定的"度"的范围，抑制与行动目的不相容的动机，不为其他无关的刺激所引诱、动摇。

意志的自制性品质对安全生产有重要影响。为了预防事故、保证安全，每个企业部门都有相应的劳动纪律和安全规章制度，需要员工自觉地加以遵守。而任何纪律本质上都是对员工某些行为的约束。只有具有良好的意志自制力才能自觉地按照规章制度办事，积极主动地去执行已经做出的决定。因此，这对从事现代化大生产的员工来说是一种必备的心理素质。在现实生活中人们不难发现，许多事故就是由于违章操作引起的。尽管造成违章的原因是多方面的，但其中不容忽视的原因之一，就是某些员工将必要的规章制度看作是可有可无的，从心理上不愿遵守，因而在行动上放纵自己。由此可见，要想保障安全，就要遵章守纪，而要遵章守纪，就必须加强意志自制性品质的培养。

(2) 意志的果断性。意志的果断性即通常所说的拿得起，放得下。果断性集中反映了一个人做决定的速度，但迅速决断并不意味着草率决定，鲁莽从事，轻举妄动。前者是指在迅速比较了各种外界刺激和信息之后做出决断，其思想、行动的迅速定向是理智思考的结果；而后者则是在信息缺乏，甚至是信息有错误时，不加分析地做出选择和决定，往往是在感情冲动时采取的一种非理智的选择和决定。

意志的果断性对紧急重大事件的处理具有重大意义。在生产中，有些事故的发生是有先兆的，能否在事故发生前的一刹那，自觉采取果断措施排除险情，与生产作业人员的意志果断性有很大关系。如果能在情况紧急下及时采取果断措施，就能够避免事故发生。相反，则可能会延误时机，造成严重后果。当然，人的意志并不是单独存在的，还需要与其他心理因素相联系。

(3) 意志的恒毅性。意志的恒毅性也称坚韧性、坚持性。人们通常所说的坚持不懈、坚韧不拔、有恒心、有毅力、有耐力等，就是指恒毅性好的意志品质。与此相反的虎头蛇尾、半途而废、见异思迁、浅尝辄止、缺乏耐心等，则指的是恒毅性差的意志品质。顽强的毅力和顽固是有区别的。顽固是不顾变化的情况，固执己见；顽强的毅力则是在意识到变化的情况下，仍坚持既定目标，务求实现。前者是一种消极的心理品质，后者是一种积极的心理品质。

恒毅性对于克服工作、生产中的困难，减少事故危害程度等来说是一种可贵的意志品质。俗话说，最后的胜利常常产生于"再坚持一下"的努力之中。"再坚持一下"的努力就是意志恒毅性的品质。这种品质在遇到紧急情况时特别重要。

（4）意志的坚定性。意志的坚定性是指对自己选定或认同的行动目的、奋斗目标坚定不移、矢志不渝，努力去实现的一种品质。意志的坚定性品质的树立取决于对行动目标的认识，认识越深刻，行动也就越自觉。认识到目标的意义越重大、影响越深远（对自己、对企业、对社会、对国家），选定目标也越坚决，坚持目标的意志努力也就越强烈。此外，意志的坚定性还和一个人的理想、信念等有关。

坚定的意志品质对安全生产的影响很大。这是因为安全生产是以熟练的操作技能为基本前提的，而技能不同于本能，它不是先天就具备的，而是后天学得的。要使操作技能达到熟练的程度，不经过意志的努力是难以达到的。许多人之所以不能使自己的操作技能达到炉火纯青的地步，而仅仅满足于能应付、过得去，除了其他原因外，很重要的就是缺乏意志的坚定性，不舍得花力气。此外，人要对本来感到厌烦的工作或职业建立起兴趣，并能维持这种兴趣，也要有坚定的意志品质。

3. 注意的特点与功能

注意是心理活动对一定事物的指向和集中。指向是指从众多的事物中选择出要反映的对象。集中是指在选择对象的同时，对别的事物的影响加以抑制而不予理会，以保证对所选对象做出清晰的反映。

（1）注意的三个功能。注意主要具有以下三个功能：

1）注意的选择功能。对于作用于各种感受器官的种种刺激只有加以注意，才能选出那些有意义的、重要的、符合需要的刺激。从各种可能的动作中选出与完成当前活动有关的动作，从保存在头脑的大量记忆中选出与当前智力活动有关的记忆，都有赖于注意的作用。由于注意作用的介入，人们意识中的感知、动作和记忆的范围便大大地缩小了，其中一部分（强的、重要的或新的）占有优势，另一部分（弱的、无关的或很熟悉的）则受到抑制。如果心理活动没有注意的选择功能，人们就不可能将有关的信息检索出来，意识就会处于一片混沌状态。

2）注意的维持功能。人们从外界获得的感知信息、从记忆中提取的信息只有加以注意才能保持在意识中或进行精制的加工，转换成更持久的形式存储在记忆中。没有注意的维持功能（即不加以注意），头脑中的信息就会很快在意识中消失，任何智力操作都无法完成。

3）注意的调节和监督功能。在注意状态下，人们才能对自己的行为和活动进行调节和监督。人的生活是有目标的，无论是积极的目标还是消极的目标，只有对于自我的注意，才使人有可能对自己的行为与特定的目标相比较，注意反馈信息，并相应地调节、监督自己的行为，使之与特定的目标相一致。如果行为与目标不一致就进一步加以调节，在反馈环节中进行不断的调节，直至达到目标为止。

（2）无意注意与有意注意。根据注意时有无目的性和意志努力的程度，可把注意分为两类：无意注意（不随意注意）和有意注意（随意注意）。

1）无意注意是指事先没有预定目的，也无须意志努力的注意。无意注意的产生同客观刺激物本身的新异性、刺激物的强度、刺激物之间的对比关系、刺激物的变化等有关。通常新出现的事物、强烈的刺激等都容易引起人们的注意。无意注意的引起还与个人的主观状态相联系。当某一刺激物出现时，能否成为注意的对象，往往取决于人们的知识经验。当新的刺激出现时，如果对此一无所知，就不会去注意；如果很熟知，也不会引起注意。个人的需要与兴趣也影响着无意注意。凡是能满足人的需要和符合兴趣的事物，如物价、薪酬、奖金等信息，容易引起无意注意。此外，无意注意也依赖于个人的心理状态。当人们精神愉快时，注意范围广，注意力也容易维持，当人们精神疲惫时，注意的阈限上升，甚至平时能引起注意的事物也会被忽略。

2）有意注意是指有预定目的，又需要做出意志努力的注意。人们的实践活动是有目的、有意识的，在达到预定目的的过程中，难免会遇到一些困难和挫折，需要调动人们的有意注意，通过意志的努力去克服。事实上，对于意义重大的事物往往需要通过意志努力去集中注意。由于有意注意的参与，人们才能借助内部语言进行自我调节和控制，努力排除干扰，把注意力维持在应该注意的对象上，保证人们实践活动的顺利进行。

（3）无意注意、有意注意与安全的关系。数据表明，在所有发生的事故中，由人的失误引起的事故占较大比例，而"不注意"又是其中的重要原因。引起不注意的原因有以下几个方面：

1）强烈的无关刺激的干扰。当外界的无关刺激达到一定强度，会引起作业者的无意注意，使注意对象转移而造成事故。但当外界没有刺激或刺激陈旧时，大脑又会难以维持较高的意识水平，反而降低意识水平和转移注意对象。

2）注意对象设计欠佳。长期的工作使作业者对控制器、显示器以及被控制系统的操作、运动关系形成了习惯定型，若改变习惯定型，需要通过培训和锻炼建立新的习惯定型。但遇到紧急情况时仍然会反应缓慢，出现操作错误。

3）注意的起伏。注意的起伏是指人对注意客体不可能长时间保持高意识状态，而是按照间歇的加强或减弱规律变化。因此，越是高度紧张需要意识集中的作业，其持续时间越不宜长，因为低意识期间容易导致事故。

4）意识水平下降导致注意分散。注意力分散是指作业者的意识没有有效地集中在应注意的对象上。这是一种低意识水平的现象。环境条件不良，引起机体不适；机械设备与人的心理不相符，引起人的反感；身体条件欠佳、疲劳；过于专心于某一事物，以致对周围发生的事情不做反应。上述原因均可引起意识水平下降，导致注意分散。

一般来讲，人从生理上、心理上不可能始终集中注意力于一点，不注意的发生是必然的生理和心理现象，是不可避免的。因此，班组生产作业中，在进行危险作业时，对班组员工进行适当的提醒是十分必要的，对于事故也能起到积极预防的作用。大量的事例说明，注意了，就容易避免事故的伤害；不注意，就可能导致事故的发生。

第二节 个性心理特征与差异

个性心理是一个人在社会生活实践中形成的相对稳定的各种心理现象的总和，主要包括气质、性格和能力，反映了人的心理现象的个别性一面。在生活中，不同的人有不同的脾气性格，在心理学中，个性心理是研究分析的一个重点。个性心理主要包含两方面的内容：个性倾向性与个性特征。个性倾向性包括需要、动机、兴趣、理想、信念、世界观；个性特征包括能力、气质（心理学的气质指脾气、秉性或性情）、性格。人的心理过程与个性心理特点都是在社会实践中发展形成的。一方面，个性心理是在心理过程基础上形成的；另一方面，已经形成的个性心理又能调节心理过程，并在心理过程中表现出来。

一、个性倾向性

个性倾向性是推动人进行活动的动力系统，是个性结构中最活跃的因素，决定着人对周围世界认识和态度的选择和趋向，决定人追求什么。个性倾向性包括需要、动机、兴趣、爱好、态度、理想、信仰和价值观等。个性倾向体现了人对社会环境的态度和行为的积极特征，对人的心理影响主要表现在心理活动的选择性以及人的行为模式上。

1. 人的个性心理特征

人的个性心理特征，就是个体在社会活动中表现出来的比较稳定的成分，包括能力、气质和性格。个性的特征具有先天性和后天性、共同性和差异性、稳定性和可变性、独立性和统一性、客观性和能动性。例如，形成一个人脾气暴躁、性格外向的评价，其含义是通过一段时间的了解，看到这个人的一些行为表现，才产生这样的评价。所以，心理特征在一段时间内具有相对稳定的特性。个性心理特征在个性结构中并非孤立存在，它受到个性倾向性的制约。

（1）个性心理特征。个性心理特征是人的多种心理特征的一种独特的组合，集中反映了一个人精神面貌稳定的类型差异。例如，有的人聪明，有的人愚笨；有的人有高度发展的数学才能，有的人有高度发展的音乐才能，这是能力上的差异。能力标志着人在完成某项活动时的潜在可能性上的特征。有的人活泼好动、反应敏捷，有的人直率热情、情绪易冲动，有的人安静稳重、反应迟缓，有的人敏感、情绪体验深刻、孤僻，这是气质上的差异。气质标志着人的心理活动的稳定的动力特征。有的人果断、坚韧不拔，有的人优柔寡断、朝三暮四，有的人急功近利，有的人疾恶如仇，这是性格上的不同。性格显示着人对现实的稳定的态度和行为方式上的特征。能力、气质、性格统称为个性心理特征。

（2）个性倾向性。个性是人在活动中满足各种需要的基础上形成和发展起来的。人的一切活动，无论是简单的或是复杂的，都是在某种内部动力推动下进行的。这种推动人进行活动，并使活动朝着一定目标的内部动力，称为动机。动机的基础是人的各种需要。对一个人来说，什么是最重要的？想要怎样生活？又必须怎样生活？由此而产生的愿望、态度、目标、理想、信念等，都是由这个人的价值观所支配的。价值观是一种浸透于人的所有行动和个性中的，支配着人评价和衡量好与坏、对与错的心理倾向性。价值观的基础也是人的各种需要。如果说需要是个性倾向性的基础，那么价值观则处于个性倾向性的最高层次。它制约和调节着人的需要、动机等个性倾向性。

人的个性总是在活动中体现出来。在人的各种活动中，需要、动机是人的活动的根源和动力；兴趣、爱好决定人的活动的倾向；理想、信念、世界观关系着人的宏观活动目标和准则；能力决定了人的活动水平；气质决定了人的活动的方式；性格则决定人的活动的方向。在活动中表现出来的人的个性心理的诸成分的综合，生动地表明了一个人总的精神面貌。

（3）个性心理特征与事故发生。人的个性是在各种活动中体现出来的。在预防事故、发现事故、处理事故等安全活动的各个环节上，人都会体现出各自活动方式、活动水平、活动倾向、活动动机、活动方向的不同，因而也就会取得不同的结果。

在生产活动中，大部分事故都是与人为因素有关的，结果表明，86％的事故都与操作者个人麻痹或违章等因素有关。人为因素是大部分事故的起因。那么这些肇事者在某些方面是否有着一些共同的特点呢？大量的研究都证明了他们具有一些共同的特点。人们发现，缺少社会责任感、缺少社会公德、自负、情绪不稳定、控制力差、业务能力差等这些个性上的品质，都可以或多或少地在这些肇事者身上找到。在分析事故起因时，这些个性品质往往正是导致事故的直接原因。这也从实践上证明了人的个性与安全之间存在内在联系。有些个性品质有助于做好事故预防，及时发现事故和妥善处理事故等各个环节的工作，而有些个性品质则不利于搞好安全生产。但无论如何，理论和实践都证明，个性与安全有着密切联系，在生产活动中，无论是要减少人的不安全行为，还是要及时辨识物的不安全状态，都要受到个性心理诸成分的制约和影响。

2. 需要的特征和需要的层次理论

人的存在和发展必然需要一定的事物，类似于衣、食、住房、劳动、人际交往等，都是人们存在和发展所必需的。

（1）需要的特征。人的需要在不同的年龄阶段、不同的情境下、不同的环境中，都存在一定的差距，这种差距，有时很大，有时较小，并不是固定不变的。人的需要具有以下几个方面的特征：

1）客观现实性。需要是人的本性。人的需要是在一定的自然条件或社会条件下产生的，它会随着客观条件的变化而变化、发展而发展。

2）主观差异性。需要总是主观的，它以意向、愿望、动机、抱负、兴趣、信念等形式表现出来。正因为需要是主观的，需要的广度依赖于人的自身状况及其生活的物质条件，所以人的需要又表现出丰富多样性和个别差异性。

3）动力发展性。需要是个体活动的基本动力，是个体行为动力的重要源泉。人的需要是一个不断发展变化的动态结构，永远不会只停留在某一种水平上。从内容来看，需要的发展性主要表现在两方面，即横向发展和纵向发展。从需要实现的手段来看，需要的发展性还表现在实现或满足需要的方式手段越来越多，水平越来越高。

4）整体关联性。人的需要结构中的诸要素是相互联系、相互作用的整体。这种整体关联性表现为各种需要既互为条件，又互为补充。一方面，精神需要的存在与发展以物质需要的存在发展为基础；物质需要的存在与发展又以精神需要的存在与发展为条件。一般来说，满足精神需要应以物质需要作保障，满足物质需要必须要以精神需要作指导。另一方面，各种需要又是互为补充的。

（2）需要层次理论。美国心理学家马斯洛在 20 世纪 40 年代提出了需要层次理论，引起人们的广泛关注。马斯洛认为人的需要是多种多样的，按其强度的不同可以排列成一个等级层次，人的需要从低级到高级可以分为五类。

1）生理需要。这类需要是人与动物共同具有的，即与生存直接相关的需要，包括吃、喝、睡眠等。生理需要的某一种若不能获得满足，就会影响人的生活。举例来说，一个人可以在暂时的饥饿中仍有能力处理较高层次的需要，但是前提是这个人的整个生活不能笼罩在饥饿之中。

2）安全需要。当生理需要被很好满足之后，安全需要则随之在人们的生活中起主要作用。安全需要包括对结构秩序和可预见性及人身安全等的要求，其主要目的是降低生活中的不确定性。

3）归属与爱的需要。随着对生理需要和安全需要的实质性满足，个人便将开始以归属与爱的需要作为其主要内驱力；人需要爱与被爱，需要与人建立交往和发展亲密的关系，需要有归属感，即要求归属于一个集团或群体的感情。如果这一层的需要没有满足，人就会感到孤独和空虚。

4）尊严需要。这种需要既包括社会对自己的能力、成就等的承认，又包括自己对自己的尊重。前者可形成威望、地位和被接受感，后者形成一种自足、自尊和自信感。对这一类需要缺乏满足，就会使人产生失落感、软弱感和自卑感。

5）自我实现。自我实现是指人的潜力、才能和天赋的持续实现，人的终生使命的达到与完成，人对自身的内在本性的更充分的认识与承认。马斯洛指出，音乐家必须作曲，画家必须绘画，诗人必须写诗，这种需要可称之为自我实现。

马斯洛认为，他所列出的五类需要是从低级到高级逐渐上升的。需要的层次越高，它在人类的进化过程中出现得越晚；高层次的需要在个体发展过程中出现得相对迟一些。特别是一些高层次的需要要到中年时才开始产生；虽然高层次需要不直接与生存问题相关，但比起低层次需要来说，对高层次需要的满足是人们更加渴望的，因为高层次需要的满足会产生更加深沉的幸福感，导致心灵的平静和更加丰富的内心生活。

马斯洛特别指出，当一层需要被满足之后，一个人便上升到另一层需要。但无论一个人在需要层次上已经上升到多高，如果一种较低层次的需要遭到较长时间的挫折，这个人都将退回到这一需要层次，并停留在这一层次，直到这层需要被满足为止。

（3）对需要层次理论的认识与启发。从马斯洛的需要层次理论中，人们可以得到一定的启示，使人们对于需要这一心理现象的本质和规律能够有更清楚和更深入的认识。

1）人的需要有一个从低级向高级发展的过程。人从出生到成年，其需要基本上是按马斯洛提出的需要层次递进发展的。

2）人在每一时期都有一定的需要占主导地位。但对成年人来说，在某一时期为何要有这种需要而不是那种需要，则是由其理想、信念和世界观所决定的，而非出于其需要本能。

3）在一个成年人身上，各种需要往往是交杂在一起的，很难用单一的需要来解释他的某种行为。例如，一般人在选择职业时，既要考虑收入问题，又要考虑地位问题，还可能考虑前途问题，那么他最终选择的职业，便往往是考虑到多种需要后平衡的结果。

4）虽然人并非完全是在较低层次的需要获得满足之后才会出现较高层次的需要，但是低层次的需要未获满足，至少会干扰高层次需要的出现。人们很容易理解这样一个事实：

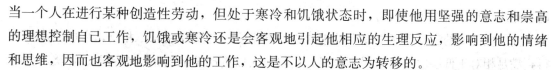

当一个人在进行某种创造性劳动，但处于寒冷和饥饿状态时，即使他用坚强的意志和崇高的理想控制自己工作，饥饿或寒冷还是会客观地引起他相应的生理反应，影响到他的情绪和思维，因而也客观地影响到他的工作，这是不以人的意志为转移的。

5）较高层次的需要相对于较低层次的需要对于人的生存来说并不那么迫切，但它却是社会中的人在其人生中所更为看重的。高层次需要的满足相对于低层次需要的满足的确更能给人以深沉的快乐感。高层次的需要更能激发人的进取心，因此，追求的高层次需要未获满足时，人也会产生更强烈的挫折感和失落感。

3. 人的安全需要与安全行为

人的需要与动机往往联系在一起，有需要就会有动机，有人认为需要和动机是人的一切行为的原动力。人的需要又是有层次的，先是满足最基本的生活需要，而后是满足社会和精神需要，人们的需要是不断地由低级向高级发展的。安全是每个人都需要的，如果把安全作为原动力，当人们感到不安全的时候，就会促使人们关注安全、重视安全。

（1）安全需要是人的基本需要之一。安全需要是人的基本需要之一，并且是低层次的需要。保障人身安全是这一层次需要的重要内容。在企业生产中，建立起严格的安全生产保障制度是极其重要的，如果没有保证生产安全的必要条件，那么这种客观的不安全会使人产生心理上的不安全感。如果某个工作场所曾经发生过事故，而企业领导又没有及时采取必要的安全防护措施，那么员工就认为这个工作场所是个不安全之地，就会担心自己不知何时也会碰上厄运，因而影响正常的工作情绪和操作动作的协调，这就有可能导致事故。因此，从生产管理的角度来看，企业领导应时刻把职工的安全放在首位，尤其是对于生产设备的选用、安装、检测、维修，操作规程的制定、执行等关键环节，更需要加倍注意。

（2）低层次的需要与安全。在人的各类需要中，安全需要继生理需要之后处于第二个层次。这并不意味着如果生理需要未获得实质性的满足人就会不顾安全了，但是，如果意识到生理需要的满足还有某些欠缺，就会对关联着其他层次的需要活动有所干扰。尤其是在现实社会中，人们对于住房、薪酬收入这样的与生理需要相关的问题总是进行横向比较。究竟住房、薪酬收入等达到什么程度才能满足及满足到何种程度，只能是因人而异，很难有一个标准，这就使很多人容易因此产生压力感、挫折感、愤世嫉俗和心理不平衡。这样的心理状态如果带入工作中，显然对安全生产是十分不利的。

（3）高层次的需要与安全。高层次的需要是指实现个人理想、抱负，发挥个人能力到最大程度，达到自我实现境界的人，接受自己也接受他人，解决问题能力增强，自觉性提高，善于独立处事，要求不受打扰的独处，完成与自己的能力相称的一切事情的需要。也就是说，人必须干称职的工作，这样才会使他们感到最大的快乐。马斯洛提出，为满足自我实现需要所采取的途径是因人而异的。自我实现的需要是努力实现自己的潜力，使自己越来越成为自己所期望的人物。

高层次需要的满足更能激发人的进取心，更能使人自豪和快乐。相反，高层次需要未得到满足相对于低层次需要未得到满足，也就给人以更严重的打击。在晋职、评奖、分配这些关系着人的名誉、地位、自尊、自我实现的需要等方面的工作，往往还不能做得尽善尽美。有一些员工，特别是那些工作能力较强、较有抱负的员工，就容易因此受到挫折，产生强烈的不满情绪。如果把这种情绪带入工作，那么对于保证生产安全也将是十分不利的。

精神需要是人们的高层次需要，精神层面的满足是促使人们自身能力发展完善的重要驱动力。对于员工来讲，每个员工都想要得到来自领导的奖赏与肯定，需要别人（包括领导、同事、亲友，甚至陌生人）知道自己的价值和优点。作为企业管理者和班组长，应当学会用艺术的方法对员工进行奖赏，满足员工对荣誉的需求心理。

4. 人的动机特征与安全

在心理学上，动机一般被认为涉及行为的发端、方向、强度和持续性。通俗地讲，动机是指一个人想要干某事而在心理上形成的思维途径，同时也是一个人在做某种决定时所产生的念头。

人们做事情一般来讲总有一定的动机，动机是推动人进行活动的内部原因或动力。动机具有启发性、方向性、强度等特征。例如，因饥饿引起吃饭的活动，为获得优良成绩而勤奋学习，为受到他人赞扬而尽力做好工作。吃饭、勤奋学习、尽力做好工作的行动分别由饥饿、获得优良成绩、受到他人赞扬的动机所驱动。

（1）动机的内涵。动机是由需要与诱因共同组成的，因此，动机的强度既取决于需要的性质，也取决于诱因力量的大小。实验表明，诱因引起的动机的力量依赖于个体达到目标的距离。距离太大，动机对活动的激发作用就很小。人有理想、有抱负，他的动机不仅支配行为指向近期的目标，而且能指向远期的目标。

根据动机对行为作用的大小和地位，可以将动机分为主导动机和非主导动机。主导动机是个体最重要、最强烈、对行为影响最大的动机。非主导动机是强度相对较弱、处于相对次要地位的动机。在动机系统中，主导动机可以抑制那些与其目标不一致的动机，对个体的行为起决定性作用，非主导动机则起辅助作用。根据引起动机的原因，可以将动机分为内部动机和外部动机。内部动机是由内部因素引起的动机，外部动机则是由外界的刺激作用而引起的动机。相对而言，内部动机比较稳定，会随着目标的实现而增强；而外部动机则是不稳定的，往往会因目标的实现而减弱。

动机是在需要的基础上产生的，是需要的表现形式。如果说人的各种需要是个体行为积极性的源泉和实质，那么人的各种动机就是这种源泉和实质的具体表现。虽然动机是在需要的基础上产生的，是由需要所推动的，但需要在强度上必须达到一定水平，并指引行为朝向一定的方向，才有可能成为动机。产生动机的另一个因素是刺激，只有当刺激和个体需要相联系时，刺激才能引起活动，从而形成活动的动机。因此，需要和刺激是动机产生的两个必要条件。

（2）动机的功能。就动机与活动的关系来说，动机具有下列功能：

1）引发功能。人们的各种各样的活动总是由一定动机所引起，有动机才能唤起活动，它对活动起着启动作用，动机乃是引起活动的原动力。

2）指引功能。动机使行动具有一定的方向，它像指南针和方向盘一样，指引着行动的方向，使行动朝预定的目标进行。

3）激励功能。动机对行动起着维持和加强作用，促使活动达到目的。动机的性质和强度不同，对行动的激励作用也不同，一般来说，高尚的动机比低级的动机具有更大的激励作用；动机强比动机弱具有更大的激励作用。

由此可见，动机是个体活动的动力和方向，它好像汽车的发动机和方向盘，既给人的活动以动力，又对活动方向进行控制。

（3）影响动机的因素。对个人动机的模式具有决定性影响作用的因素，有以下三种：

1）嗜好与兴趣。如果同时有好几种不同的目标同样可以满足个人的某种需求，那么个人在生活过程中养成的嗜好，就会影响他的目标选择。例如，有人爱吃面条，有人爱吃米饭，同样是为解决饥饿的需要，但是目标却不同。

2）价值观。价值观的最终点便是理想。价值观与兴趣有关，但它强调生活的方式与生活的目标，牵涉更广泛、更长期的行为。不同的人有不同的价值观，在价值观上存在较大的差异。

3）抱负水准。抱负水准是指一种想将自己的工作做到某种质量标准的心理需求。一个人的嗜好与价值观决定其行为的方向，而抱负水准则决定其行为达到什么程度。个人在从事某一实际工作之前，自己内心预先估计能达到的成就目标，然后驱使全力向此目标努力，假如，工作结果的质与量都达到或超过了自己的标准，便会有一种"有所成就"的感觉（成功感），否则就有失败感、挫折感。

个人抱负水准的高低不同，主要基于三个因素：一是个人的成就动机，即遇事想做、想做好、想胜过他人；二是过去的成败经验与个人的能力及判断力有关，过去从事某事经常成功，自然就会提高抱负水准，反之则降低；三是第三者的影响，如父母、教师、朋友、领导的希望、期待或整个社会气氛都指向较高目标，则个人的抱负水准自然也随之提高。

（4）动机与安全。总体而言，动机越强，效果越好。对具体活动来说，动机强度与工作效率之间是一种倒 U 形曲线关系。中等强度的动机最有利于任务的完成。各种活动都存在一个最佳的动机水平，它随任务性质的不同而变化。较容易的任务，效率随动机的提高而上升；随着任务难度的增加，动机的最佳水平有逐渐下降的趋势。

人的各种行为都是由其动机直接引发的。为了减少生产中的不安全行为，人们应自觉地把安全问题放在首位，建立起安全生产动机，避免因发生事故而给个人带来伤害和造成企业财产损失。但是在生产实际中，也有少数人出于个人私利或侥幸心理违章操作，这种错误的动机往往可能导致严重的后果，是安全生产的大敌。建立安全生产的良好动机是十分必要的，但同时也要注意，如果动机过于强烈，反而会造成过分紧张，甚至恐惧，操作时容易混乱、动作不协调，更易导致事故发生。

5. 人的兴趣特征与兴趣的发展变化

在心理学上，兴趣也是在需要基础上发生和发展的，需要的对象也就是兴趣的对象。正是由于人们对某些事物产生了需要，才会对这些事物发生兴趣。人的兴趣不仅是在活动中发生和发展起来的，还是认识和从事活动的巨大动力。兴趣是推动人们去寻求知识和从事活动的心理因素。兴趣发展成爱好后，就成为人们从事活动的强大动力。凡是符合自己兴趣的活动，就容易提高积极性，并且会积极愉快地从事这种活动。兴趣对活动的作用一般有三种情况：对未来活动的准备作用，对正在进行的活动的推动作用，对活动的创造性态度的促进作用。

（1）兴趣的分类与特性。人们的兴趣是多种多样的，可以用不同的标准进行分类。例如，根据兴趣的内容，可以把兴趣划分为物质兴趣和精神兴趣。根据兴趣的倾向性，可以把兴趣划分为直接兴趣和间接兴趣。根据兴趣时间的长短，可以把兴趣分为短暂的兴趣和稳定的兴趣。

人与人之间的兴趣存在很大的差异，这种差异体现为兴趣的特性，兴趣的特性可从以下几个方面加以分析：

1）兴趣的倾向性。兴趣的倾向性是指人对什么事物感兴趣。兴趣总是指向于一定的对象和现象。人们的各种兴趣指向什么，往往是各不相同的。有人对数学感兴趣，有人对哲学感兴趣。人们的兴趣指向不同，主要是由于生活实践不同造成的，受社会历史条件制约。也可以根据社会伦理的观点把兴趣区分为两类，即高尚的兴趣和低级的兴趣。前者同个人身心健康和社会进步相联系，后者使人腐化堕落、有碍社会进步。

2）兴趣的广度。兴趣的广度是指兴趣的数量范围。有人兴趣广泛，有人兴趣狭窄。兴趣广泛者往往生气勃勃，广泛涉猎知识，视野开阔。兴趣贫乏者接受知识有限，生活单调平淡。人应该培养广泛的兴趣，但最好还是要有中心兴趣，否则兴趣博而不专，结果只能是庸庸碌碌，一无所长。中心兴趣对于人们能否在事业上做出成绩起着重要作用。

3）兴趣的持久性。兴趣的持久性是指对事物感兴趣持续时间的长短。人对各种事物的兴趣，既可能是经久不变，也可能是变幻无常。人在兴趣的持久性方面会有很大差异。有的人缺乏稳定的兴趣，容易见异思迁，喜新厌旧；有的人对事物有稳定的兴趣，凡事力求深入。稳定而持久的兴趣使人们在工作和学习过程中表现出耐力和恒心，对于人们的学习和工作有重要意义。

4）兴趣的效能。兴趣的效能是指兴趣在推动认识深化过程所起的作用。有的人兴趣只停留在消极的感知水平上，喜欢听听音乐、看看绘画便感到满足，没有进一步表现出认识的积极性；有的人的兴趣是积极主动的，表现出力求认识和掌握感兴趣的事物。因此，后者的兴趣效能就高于前者。

（2）兴趣与其他心理现象的关系。兴趣和需要有密切联系。兴趣的发生以一定需要为基础。人的兴趣是在需要的基础上，在生活、生产实践中形成和发展起来的。同时，已经形成的深刻而稳定的兴趣，不仅反映着已有的需要，还可产生新的需要。

在现实生活中，人们并不是对每种事物都可能感兴趣。如果没有一定的需要作为基础和动力，人们常常对某些事物漠不关心。相反，如果人们有某种需要，则会对相关信息和活动反应积极，久而久之，可以发生兴趣。如有的人对外语毫无兴趣，可是为了出国学习会努力学习外语，从而可能逐渐培养起对学习外语的兴趣。

兴趣与认知、情绪、意志有着密切的联系。人对某事物感兴趣，必然会对相关的信息特别敏感。兴趣可使人的感知更加灵敏清晰，记忆更鲜明，思维更加敏捷，想象更加丰富，注意更加集中和持久。兴趣还可以使人产生愉快的情绪体验，使人容易对事物产生热情和责任感。稳定的兴趣还可以帮助人们增强意志力，克服工作中的困难，顺利完成工作任务。

兴趣与能力也有密切联系。能力往往是在人对一定的对象和现象有浓厚的兴趣基础上形成和发展起来的。反过来，能力也影响着兴趣的进一步发展。

（3）兴趣在安全生产中的作用。在生产作业过程中，一个人对所从事的工作是否感兴趣，与他在生产中的安全问题密切相关。如果对所从事的工作感兴趣，首先会表现在对兴趣对象和现象的积极认知上，对兴趣对象和现象的积极认知，会促使人对所使用的机器设备的性能、结构、原理、操作规程等做全面细致的了解和熟悉，以及对与其操作相关的整个工艺流程的其他部分做一定的了解。在操作过程中，他会密切关注机器设备等是否处于正常状态。这样，如果机器设备、工艺流程或周围环境出现异常情况，他会及时察觉，及时做出正确判断，并迅速采取适当行动，因而往往能把一些事故消灭于萌芽状态。

对所从事的工作感兴趣，还表现在对兴趣对象和现象的喜好上。对于本职工作的喜好，可以使人在平淡、枯燥中感受到乐趣，因而在工作时容易情绪积极，心情愉快。良好的情绪状态有助于保持精力旺盛，减少疲劳，使操作准确且能及时察觉生产中的异常情况。

在劳动场所中还可以发现，热爱工作的人，其操作台往往整齐干净，工具放置井然有序，工作起来自然就心情舒畅。而对工作兴味索然的人，操作台前往往乱七八糟，有时候连急需的工具都找不到。这种"乱"的景况还容易把人的心境破坏，把操作动作搞乱，更不要说要在发生紧急情况时能够采取正确行动了。在这样的情况下，很容易出事故。

对所从事的工作感兴趣，也表现在对兴趣对象和现象的积极求知和积极探究上。曾经有人说过，兴趣是最好的老师。兴趣可促使人积极获取所需要的知识和技能，使本职工作的知识技能丰富和熟练，从而不断提高工作能力。这样不但可以提高工作效率，而且对操作过程中出现的各种异常情况都有能力采取相应措施，防止事故的发生。

这里所说的兴趣，指的是稳定持久的兴趣、有效能的兴趣，而且最好还是直接兴趣。那种因一时新奇而产生的短暂而不稳定的兴趣，不仅对生产安全无益，往往还有害。因为新奇感过后，人更容易产生厌倦。同时，因对这项工作产生厌倦，他可能会把兴趣转移到别的地方去，见异思迁，这对搞好本职工作往往会有消极影响。那种仅满足于对感兴趣的客体的感知，浅尝辄止，不求甚解的兴趣，也无益于做好工作。

（4）兴趣的培养与安全。在实际生产中，企业的生产性劳动一般都是比较平淡和枯燥的，若以功利标准来衡量，其职业经济收入少，也不容易出名。在一般情况下，许多人都很难自觉地对这样的工作产生兴趣。然而，对本职工作是否感兴趣又密切关系着生产中的安全问题，这就需要加强培养兴趣的工作。

培养对本职工作的兴趣，首先要端正劳动态度。只要有理想、有抱负，肯付出辛勤劳动，从事平凡的职业一样可以做出好的成绩；反之，即使谋取到了热门抢眼的工作，也会庸庸碌碌，一事无成。我国近年来所评选出的"全国十大杰出青年"当中，既有为国家争光，做出突出贡献的优秀运动员和青年科学家，也有普通工人。这些普通人在平凡的岗位上取得了不平凡的业绩，他们也应该成为人们学习的楷模。

培养普通劳动者的职业兴趣，除了要采取一定的思想教育手段外，更主要的是要搞好企业的经营管理，提高企业效益，让员工更多地看到并得益于自己工作的成绩和意义，促使他们保持高度的劳动积极性，产生对本职工作的兴趣。

二、人的个性特征

人的个性特征也就是人的个性心理特征，是人在社会活动中表现出来的比较稳定的成分，主要包括能力、气质和性格。个性心理特征在个性结构中并非孤立存在，它受到个性倾向性的制约。在班组中，有多少班组成员就会有多少种不同的性格特点，有的性格特点相互接近，有的性格特点则相差很远。人的性格特点具有先天性，人们常说，江山易改，本性难移。指的就是性格特点的先天性，但是，性格特点在不同环境的影响下也会发生后天的改变。

1. 人的性格特征与性格结构

性格是一个人对现实的稳定态度和习惯化的行为方式。性格贯穿在一个人的全部活动中，是构成个性的核心部分。人对现实的稳定态度和习惯化的行为方式，要受到道德品质和世界观的影响，因此，人的性格有优劣好坏之分。应当注意的是，并不是人对现实的任何一种态度都代表他的性格，在有些情况下，对待事物的态度是属于一时情境性的、偶然的，那么此时表现出来的态度就不能算是他的性格特征。

（1）性格的特征。性格是一种十分复杂的心理构成物，它有着各个侧面并形成一个性格特征系统。性格的特征主要表现在以下四个方面：

1）性格的态度特征。人对现实的态度主要是指对社会、对集体、对他人、对劳动以及对自己的态度。对社会、集体、他人的态度的性格特征有爱集体、富有同情心、善交际或孤僻、拘谨，甚至粗暴等；对劳动的性格特征有勤劳或懒惰、革新创造或墨守成规、俭朴或浮华等；对自己的性格特征有自豪或自卑、大方或羞怯等。这类特征多数属于道德品质。

2）性格的意志特征。一个人的行为方式往往反映了性格的意志特征。属于这类好的特征的有自觉性、自制性、坚定性、果断性、纪律性、严谨、勇敢，属于这类坏的特征的有盲目性、依赖性、脆弱性、优柔寡断、冲动、草率、怯懦等。

3）性格的情绪特征。性格的情绪特征是指情绪影响人的活动或受人控制时经常表现出来的稳定特点，主要表现在情绪反应的强弱和快慢、起伏的程度、保持时间的长短、主导心境的性质等方面，如暴躁/温和、乐观/悲观、热情/冷漠等。

4）性格的理智特征。人的感知、记忆、想象、思维等认识过程方面的个别差异，即认知的态度和活动方式上的差异，称为性格的理智特征。例如，在感知方面有主动观察型和被动感知型，详细分析型和概括型、快速型和精确型的差别。

（2）性格结构可塑性的改变。人的性格可以因经历、环境、教育等因素而改变。在经历、环境、教育因素的影响下，人可以不断地克服不良性格，培养优良的性格特征。经历，尤其是给人以强烈刺激的经历，对于性格的改变可以产生相当大的作用。

在安全生产教育中，通过事故案例教育往往能够收到比较好的效果，特别是那些自己亲身经历险肇事故、亲眼所见惨痛事故的教训，更能够刺激人们的安全意识，从而改变自己的不良习惯，改变自己不好的性格。

当然，在生产活动中，并不是每个人都得亲身经历一场事故之后才去注意改变不良性格，而是应该把别人的事故当作一面镜子，检讨自己在性格等方面是否存在不良品质，引以为戒，克服缺点。

在良好性格的形成过程中，教育和实践具有重要的意义。一个人的性格具有相对稳定性，不是一朝一夕就能改变的。为了取得安全生产教育的良好效果，对性格不同的员工在进行安全生产教育时，应该采取不同的教育方法。对性格开朗，有点自以为是，又希望别人尊重他的员工，可以当面进行批评教育，甚至争论，但一定要坚持说理，就事论事，平等待人；对性格较固执，又不爱多说话的员工，适合于多用事实、榜样教育或后果教育方法，让他自己进行反思和从中接受教训；对于自尊心强，又缺乏勇气性格的员工，适合于先冷处理，后单独做工作；对于自卑、自暴自弃性格的员工，要多用暗示、表扬的方法，使其看到自己的优点和能力，增强勇气和信心，切不可过多苛责。

（3）性格类型的区分。人的性格千姿百态，但是许多性格又具有相同相近的特点，因此多年以来，许多心理学家力图将性格加以分类，找出性格的类型。一般来讲，性格的类型是指一类人身上所共有的性格特征的独特结合。

常见的性格分类方法主要有以下几种：

1）按理智、意志和情绪在性格结构中所占优势来划分性格类型。理智型的人用理智衡量一切和支配行动；意志型的人行动目标明确，积极主动；情绪型的人情绪体验深刻，举止受情绪左右。除上述三种类型外，还存在混合型，如理智意志型等。

2）按个体心理活动倾向于外部或倾向于内部来确定性格类型。这是一种最为普遍的分类。外倾型人注意和兴趣倾向于外部世界，开朗、活泼、善于交际；内倾型人注意和兴趣集中于内心世界，孤僻、富有想象。但多数人属于中间型。

3）按个体独立性的程度把性格分为顺从型和独立型。顺从型的人独立性差且易受暗示，会不加批判地接受别人的意见并照办，也不善于适应紧急情况；独立型的人独立性强并有坚定的个人信念，喜欢把自己的意志强加于人，在紧急情况下不惊慌失措，能独立发挥自己力量。

（4）易引发事故的性格类型。在企业里，可以看到一些对待工作马马虎虎、干活懒散等性格的人，他们在工作中往往是有章不循、野蛮操作。一些研究表明，事故的发生率和员工的性格有着非常密切的关系，无论技术多么好的员工，如果没有良好的性格特征也常常会发生事故。

具有以下性格特征者，一般容易发生事故：

1）攻击型性格。具有这类性格的人，常常是妄自尊大，骄傲自满，在工作中喜欢冒险，喜欢挑衅，喜欢与同事闹无原则的纠纷，争强好胜，不接纳别人的意见。这类人虽然一般技术都比较好，但也很容易出大事故。

2）孤僻型性格。这种人性情孤僻、固执、心胸狭窄、对人冷漠，其性格多属内向，与同事关系不好。

3）冲动型性格。这类人性情不稳定，易冲动，情绪起伏波动很大，情绪长时间不易平静，因而在工作中易忽视安全问题。

4）抑郁型性格。这类人心境抑郁、浮躁不安，由于长期心境不佳，闷闷不乐，精神不振，导致干什么事情都引不起兴趣，因此很容易出事故。

5）马虎型性格。这种人对待工作马虎、敷衍、粗心，常引发各种事故。

6）轻率型性格。这种人在紧急或困难条件下容易表现出惊慌失措、优柔寡断，或轻率决定、鲁莽行事。在发生异常事件时，该种性格的人常不知所措或鲁莽行事，使一些本来可以避免的事故成为现实。

7）迟钝型性格。这种性格的人感知、思维或运动迟钝，不爱活动、懒惰。由于在工作中反应迟钝、无所用心，亦常会导致事故发生。

8）胆怯型性格。这种性格的人懦弱、胆怯、没有主见。由于遇事爱退缩，不敢坚持原则，人云亦云，不辨是非，不负责任，因此在某些特定情况下，也很容易发生事故。

上述不良性格特征对员工的生产作业会产生消极的影响，对安全生产极为不利。但由于工种的不同以及作业条件的差异，所以具有这些不良性格特征的人，发生事故的可能性也有很大差异。不过，从安全管理的角度考虑，班组长应对具有上述性格特征的人，加强安全生产教育和安全生产的检查督促。同时，尽可能安排他们在发生事故可能性较小的工作岗位上。而对某些特种作业或较易发生事故的工种，在招收新员工时，必须考虑与职业相关的良好的性格特征。

2. 人的气质类型与特点

气质是指人的心理活动的动力特征，主要表现在心理过程的强度、速度、稳定性、灵活性及指向性上。人们情绪体验的强弱、意志努力的大小、知觉或思维的快慢、注意集中时间的长短、注意转移的难易，以及心理活动是倾向于外部事物还是倾向于自身内部等，都是气质的表现。一般人所说的"脾气"，就是气质的通俗说法。

气质是人格形成的基础，是人格发展的自然基础和内在原因。人格是构成一个人的思想、情感及行为的特有统一模式，这个独特模式包含了一个人区别于他人的稳定而统一的心理品质。

（1）气质的四种类型。气质类型的概念最早由古希腊医生希波克拉底（前460—前370年）提出，他认为人体内有四种体液，即血液、黏液、黄胆汁和黑胆汁，这四种体液在体内的不同比例就决定了人的气质类型。多血质类型（以血液占优势）、黏液质类型（以黏液占优势）、胆汁质类型（以黄胆汁占优势）、抑郁质类型（以黑胆汁占优势）。希波克拉底还认为多血质（类型的人）爽朗，黄胆汁质（类型的人）性急，黑胆汁质（类型的人）抑郁，黏液质（类型的人）迟缓。

罗马医生盖伦在希波克拉底类型划分的基础上，提出了人的气质类型这一概念，把人的气质归纳为四种类型，即多血质、胆汁质、抑郁质和黏液质。认为多血质（类型的人）

开朗活泼、灵活轻率；胆汁质（类型的人）性急冒险、冲动机敏；抑郁质（类型的人）抑郁悲观、沉思坚韧；黏液质（类型的人）安静平和、谨慎敏感。

希波克拉底提出的这四种气质类型，虽然没有经过严格的科学试验和证明，但对四种类型的心理特征和行为描述却比较切合实际，所以至今仍在使用，一般称为传统的气质类型（见表5—1）。在实际生活中，大多数人的气质是这四种类型某些特征的混合。

表5—1   传统气质类型的特征

神经类型	气质类型	特征
兴奋型	胆汁质	直率热情、精力旺盛、脾气暴躁、情绪兴奋性高、容易冲动、反应迅速、外向性
活泼型	多血质	活泼好动、敏感、反应迅速、好与人交际、注意力易转移、兴趣和情绪易变、外向性
安静型	黏液质	安静稳重、反应缓慢、沉默寡言、情绪不易外露、注意力稳定、善忍耐、内向性
抑制型	抑郁质	情绪体验深刻、孤僻、行动迟缓、很高的感受性、善于观察细节、内向性

在客观上，多数人属于各种类型之间的混合型。人的气质对人的行为有很大的影响，使每个人都有不同的特点以及各自工作的适宜性。因此，在人员选择上，要根据实际需要和个人特点来进行合理调配。

（2）气质在安全生产中的作用。气质与性格是有所区别的，气质没有好坏之分，并且是先天的，与生俱来的，不易改变。性格是后天形成的，较易改变。某种气质的人更容易形成某种性格，性格可以在一定程度上掩饰、改变气质。气质的可塑性小，性格的可塑性大。

人的气质特征越是在突发性和危急的情况下，越是能充分和清晰地表现出来，并本能地支配人的行动。因此，同其他心理特征相比，在处理事故这个环节上，人的气质起着相当重要的作用。事故出现后，为了能及时做出反应，迅速采取有效措施，有关人员应具有这样一些心理品质：能及时体察异常情况的出现；面对突发情况和危急情况能沉着冷静，控制力强；应变能力强，能独立做出决定并迅速采取行动等。这些心理品质大都属于人的气质特征。

交通心理学研究显示，人的心理状态对交通安全隐患的影响非常重要，不同气质类型的司机，交通事故发生率不同，胆汁质的人被认为是"马路第一杀手"。大庆某采油场一工程车司机做过性格测试，测定其为胆汁质性格的人，该司机一次开车去2h车程以外的作业山区，出车前因为孩子的问题而发脾气，便挂高挡开快车，途中与一辆农用四轮车相撞而发生事故。

在易发生交通事故的调查中，多血质的人排第二。多血质人的情绪比较容易受到压力的影响，不利于安全驾驶。此外，多血质的人比较粗心，时常疏忽对设备的定期检查，也给行车安全造成隐患。抑郁质的人思想比较狭窄，不易受外界刺激的影响，做事刻板、不灵活，积极性低。该类型的人在驾车中容易疲劳。北京曾有一名女性公交司机，在奖金发放上遇到些问题，在开车途中因反复考虑这件事，疏忽了交通安全而发生事故，死伤20多人。黏液质的人被认为是交通事故发生概率最少的群体。但是他们自信心不足，在遇到需要突然做出抉择时容易犹豫不决。某司机在一次出车时，遇到一个突然冲出路面的小孩，由于不能及时做出抉择，车子刮到了对方的身体，所幸车速缓慢，没有造成重伤，但是却令这位司机对驾车产生了恐惧感。

可见，为了妥善处理事故，各种气质类型的人都需扬长避短，善于发挥自己的长处，并注意对自己的短处采取一些弥补措施。例如，抑郁质倾向明显的人显然不适于处理事故。那么在发现异常情况后，如果自己没有把握处理好，应尽早求助于其他人员。

在预防事故发生方面，也应注意对气质特性的扬长避短。例如，具有较多胆汁质和多血质特征的人应注意克服自己工作时不耐心、情绪或兴趣容易变化等毛病；发扬自己热情高、精力旺盛、行动迅速、适应能力强等长处，对工作认真负责，避免操作失误，并及时察觉异常情况的发生。黏液质的人应在保持自己严谨细致、坚韧不拔特点的同时，注意避免瞻前顾后、应变力差的缺陷。抑郁型的人应在保持自己细致敏锐观察力的同时，防止神经过敏。

（3）特殊职业对气质的要求。某些特殊职业如飞机驾驶员、矿井救护员等，具有一定的冒险性和危险性，工作过程中不确定和不可控的干扰因素多，从业人员负有重大责任，要承受高度的身心紧张。这类特殊的职业要求从业人员冷静、理智、胆大心细、应变力强、自控力强、精力充沛，对人的气质提出了特定要求。从事这类职业，保证安全是贯彻始终的工作原则和目的。因为这类职业关系着从业人员及更多人员的生命安全。在这种情况下，气质特性影响着一个人是否适合从事该种职业。因此，在选择这类职业的工作人员时，必须测定他们的气质类型，把是否具有该种职业所要求的特定气质特征作为人员取舍的根据之一。

3. 人的能力特点与安全的关系

心理学上把顺利完成某种活动所必须具备的那些心理特征称为能力。能力反映着人的活动水平。在生产和生活中，能力总是和人的活动联系在一起，只有从活动中才能看出人所具有的各种能力。能力是保证活动取得成功的基本条件，但不是唯一的条件。活动的过程和结果往往还与人的其他个性特点以及知识、环境、物质条件等有关。但在其他条件相同的情况下，能力强的人比能力弱的人更易取得成功。

(1) 对能力的认识。人的能力总是和完成一定的活动联系在一起，离开了具体活动，既不能表现人的能力，也不能发展人的能力。一个人的能力不同，那么他的成就也就不同，人的能力越大，成就就会越大。

人的能力还与自身素质、所掌握的知识技能相关，同时，人的能力还体现在不同方面，形成一般能力与特殊能力的差别。

1) 能力与素质的关系。能力是在素质的基础上产生的，但能力并不是人生来就具有的。素质本身并不包含能力，也不能决定一个人的能力，它仅提供人某种能力发展的可能性。如果不去从事相应的活动，那么具有再好的素质，能力也很难发展起来。人的能力是在某种先天素质同客观世界的相互作用过程中形成和发展起来的，而素质会制约能力的发展。

2) 能力与知识、技能的关系。能力与知识、技能既有区别，又有联系。知识是人类社会实践经验的总结，是信息在人脑的储存；技能是人掌握的动作方式。能力与知识、技能的联系表现在：一方面，能力是在掌握知识、技能的过程中培养和发展起来的；另一方面，掌握知识、技能又是以一定的能力为前提的。能力制约着掌握知识、技能过程的难易、快慢、深浅和巩固程度。它们之间的区别在于，能力不表现在知识、技能本身，而表现在获得知识、技能的动态过程中。

3) 一般能力和特殊能力。人要顺利地进行某种活动，必须具有两种能力：一般能力和特殊能力。一般能力是在许多基本活动中都表现出来且各种活动都必须具备的能力。例如，观察力、记忆力、想象力、操作能力、思维能力等，都属于一般能力。这几种能力的综合也称为智力。特殊能力是在某种专业活动中表现出来的能力。例如，绘画能力、交际能力等。要顺利地进行某种活动，必须既具有一般能力，又具有与这项活动相关的特殊能力。特殊能力是建立在一般能力基础上的，是一般能力的特别发展；特殊能力发展的同时也能带动一般能力的发展。

(2) 人的能力与安全生产的关系。任何工作的顺利开展都要求人具有一定的能力。人在能力上的差异不但影响着工作效率，而且也是能否搞好安全生产的重要制约因素。

1) 特殊职业对能力的要求。特殊职业的从业人员要从事冒险和危险性及负有重大责任的活动，因此，这类职业不但要求从业人员有着较高的专业技能，而且要具有较强的特殊能力。选择这类职业的从业人员，必须考虑能力问题。选择特殊职业的从业人员应该进行能力测验，以确定是否具有该职业所要求的特殊能力及水平。实践证明，经过能力测验，辨别出能力强者和能力弱者，对弱者重新进行职业培训或淘汰，可以更有效地保证特殊职业的生产安全，减少事故发生。

2）普通职业对能力的要求。为保证安全生产，普通职业对于特殊能力也有一定的要求。实际生产中存在这样的现象：有的员工可以轻松地完成别人数个工作日才能完成的任务，而另有一些员工虽然工作勤恳努力，却费了好大劲才可以完成一个工作日的任务。类似这样的例子在每个企业都可以找到，这种工作成绩的差别是职业技能不同造成的。

关于人在能力上的差别，最容易理解的是，能力的不同导致人体力消耗的不同，工作效率高的人无用动作要少得多。他们善于保持体力，不易感到疲劳，而疲劳会导致生产效率下降。从操作行为上看，能力强的人工作起来从容不迫，注意均衡分配，动作规范；而能力差的人则易紧张，手忙脚乱，拿东忘西，顾头顾不了尾，易产生操作失误。此外，能力强的人在工作上有信心，精神焕发；能力差的人则会因不称职而感到苦恼，情绪低落。

（3）安全生产需要注意人的能力差异。人的能力有大有小、有差异，各不相同。一般而言，人的能力各有其长处与短处，各有其优势与劣势。通过学习实践，许多人能够提升自己的能力，改变自己的劣势与短处，或者通过学习实践，使长处更长，优势更优。在企业管理和班组管理中，需要重视能力的个体差异，特别是班组长，更要注意这一问题，努力做到人尽其才。

1）人的能力与岗位职责要求相匹配。管理者在员工工作安排上应该因人而异，使人尽其才，去发挥和调动每个人的优势能力，避开非优势能力，使员工的能力和体力与岗位要求相匹配。这样可以调动员工的劳动积极性，提高生产效率，保证生产中的安全。

2）发现和挖掘员工潜能。管理者不但要善于使用人才，还要善于发现人才和挖掘员工的潜能，这样可以充分调动人的积极性和创造性，使员工工作热情高，心情舒畅，心理上得到满足，这样不但可以避免人才浪费，而且有利于安全生产。

3）通过培训提高人的能力。培训和实践可以增强人的能力，因此，应对员工开展与岗位要求一致的培训和实践，通过培训和实践提高员工的能力。

4）团队合作时，在人员安排上应注意员工能力的互补。团队的能力系统应是全面的，这对作业效率和作业安全具有重要作用。

第三节　对人员违章行为的纠正

人员违章行为是指企业员工在生产过程中，违反国家有关安全生产的法律、法规、条例及企业安全生产规章制度，进行违章指挥、违章操作的不安全行为。统计资料表明，由于人员违章行为造成的事故占事故总数的 70％以上。因此，及时纠正人员违章，是避免事故、保证安全的重要措施，这也是企业安全员的重要工作之一。

一、人员违章行为的类型、表现与原因

1. 违章行为的类型

尤其应引起重视的是，重复性的违章已成为引发事故的顽症。因此，要预防和控制事故，除了改善劳动条件，消除物的不安全状态以外，还必须重视提高人的素质，消除和控制人的不安全行为。

因行业、专业、岗位、地域、季节等不同，违章行为的表现也千差万别，分析其始发心理和管理缺陷，大致可以将其分为以下几种类型：

（1）冒险性违章。冒险性违章就是认为对自身、设施、设备起安全防护作用的用具是多此一举，从而弃之不用。如登高作业不系安全带，或者进罐作业没有监护人，或者在矿井下操作不戴安全帽等。冒险性违章还有一种表现形式，就是滥用防护用品。如工人戴手套取机床上的工件，为运转中的机械上注油、检修或清扫等。冒险性违章的最大特点就是一般情况下不易引发事故，从而使安全意识较差的员工容易产生冒险的冲动。

（2）习惯性违章。习惯性违章就是对违章行为习以为常，把错误的组织、操作当成顺理成章。它大致产生于两种情形：一是不知道正确安全的组织、操作方法；二是知道正确的组织、操作方法，但是当新的安全装置投产或改变工艺或采用新工具设备时，因旧的工作习惯一时没有改变，或喜舒适、图方便，从而下意识地操作而造成的违章。

（3）侥幸性违章。侥幸性违章就是在进行生产组织具体作业的时候，组织者和操作者已经预见到潜在的危险，但这种危险的程度并不大，在侥幸心理的驱使下，违章指挥、违章作业。它的产生往往是由于在无意或有意进行了第一次违章，或者是知道他人有过同类违章行为，但没有酿成事故的情况下，产生了侥幸心理。如汽车司机利用斜坡下滑起动成功一次，再遇到有坡度的地方，他就会采取这种方法起动。

（4）被动性违章。被动性违章就是明知操作是违章行为并具有潜在的危险性，但受一定条件的制约必须违章，否则就完不成任务，或面临着人身胁迫等。

（5）异常性违章。异常性违章就是大脑出现短暂的"真空"状态，指挥系统失灵，引发操作失控。它的表现形式很多，例如特殊情况下大脑缺氧，短时间心绪紊乱，长时间连续作业引起疲劳过度，大脑、手、脚失控，身体机能有缺陷，不能完成正常的操作等。

（6）记忆和判断失误性违章。这是由于训练不足丧失"短期记忆"而对安全事项想不起来，或在作业时，突然因外来干扰使判断失误发生的违章。如一个埋头伏案设计的电气工程师，忽然想起要测一下变电站电机的相应尺寸，于是没有换工作服而穿着长袖衫到低矮的变电间屈身蹲下去实测，头上有高压线，正当测量之时，右长衣袖脱卷，他下意识地举手企图卷上衣袖，结果手扬起时指尖接触电线而触电死亡。这是典型的记忆性违章，假使身穿工作服，后面一连串的事就不至于发生。

（7）环境性违章。环境性违章是指个体受到外界的刺激促成心理异常而发生的违章，如环境引发兴奋过度、忧愁担心、发怒等心理反应，从而影响了对危险的预见，或根本不考虑危险，致使操作违章等。

2. 违章行为的表现

不同的企业有自身不同的情况，因而人员违章情况也各不相同，但是也有许多共同之处。某机械制造集团公司通过对近年来该公司所发生的各类工伤事故分析发现，现场人员违章操作是造成工伤事故的罪魁祸首。为了更好地加强对违章指挥的预防和监控，控制工伤事故的发生，特制定了违章记分登记办法。在这个办法中，把人员违章情况分为三类，并制定出不同的现场违章表现及记分标准。

（1）有下列违章情形之一的，记1分：

1）生产现场穿高跟鞋、拖鞋、前后开口凉鞋、背心、短裤、裙裤、裙子、宽松衫，戴头巾、围巾、领带，或敞开衣襟、赤膊、赤脚等。

2）超过颈根的披发或发辫，未戴工作帽或不将头发置于工作帽内进入生产现场的。

3）未随身携带操作证的。

（2）有下列违章情形之一的，记3分：

1）工作前未检查设备（设施），或设备（设施）有故障、安全装置不齐全便进行操作的。

2）操作旋转机床时，戴手套，未扣领口、袖口及下摆，衣襟敞开，围巾、领带、长发外露的。

3）工作时有颗粒物飞溅，未戴护目镜或面罩的。

4）在易燃、易爆、明火、高温等作业场所穿化纤服装操作的。

5）任意拆除设备（设施）的安全照明、信号、仪器、仪表、防火防爆装置和各种警示装置的。

6）设备（设施）超速、超温、超负荷运转的，供料或送料速度过快的。

7）设备运转时，跨越或接触运动部位的。

8）调整、检修、清扫设备时未切断电源或测量工件时未停车的。

9）冲压作业时，手进入危险区域的。

10) 未使用专用工具操作（用手排拉铁屑等）的。

11) 攀登吊运中的物件，或在吊物、吊臂下行走或逗留的。

12) 厂内机动车辆行驶违反规定载人、载物的。

13) 机动车辆行驶时，上车、下车或抛掷物品的。

14) 容器内部作业时，未按规定使用通风设备及照明的。

15) 电气作业未穿绝缘鞋的。

16) 安全电压灯具与使用电压要求不符的。

17) 检修电气设备（设施）时未停电、验电、接地及挂警告牌操作的。

18) 使用未经审批的临时电源线的。

19) 带负荷运行时，随意断开车间（或回路）配电闸刀或总开关的。

20) 违反起重作业"十不吊"之一的。

21) 随意倾倒、浇注热金属物品的。

22) 有毒有害作业未按规定佩戴防护用品的。

23) 在有毒、粉尘等作业场所进餐、饮水等，以及未按规定使用通风除尘设备的。

24) 新安装设备（设施）未经安全验收就使用的。

25) 未按规定放置、堆垛材料、制品及工具的。

26) 在消防器材、动力配电箱（板、柜）周围堆放物品且违反堆放间距规定的。

27) 发现隐患未排除，冒险作业的。

28) 危险作业未经审批的，或审批后未设置警戒区域、未挂警示牌等安全措施不落实的。

29) 高空作业或在易有坠落物体下方作业时未戴安全帽的，高空作业未穿防滑鞋，随意抛掷物件的。

30) 在非固定支撑面上或在牢固支撑面边沿以及在坡度大于 45°的斜支撑面上进行高空作业，不使用安全带或吊笼的。

31) 职业禁忌证者未及时调换工种的。

32) 非本岗位人员任意在危险要害部位、动力站房等区域内逗留的。

33) 私自启用查封或报废设备的。

34) 私自开动非本工种、本岗位设备的。

35) 在情况不明时，开启或关闭动力源（电、气、油等）的。

36) 领导见到违章指挥、违章作业不制止，不采取措施的。

（3）有下列违章情形之一的，实行违章否决，扣 5 分：

1) 违章指挥的。

2) 未经三级教育上岗的。

3）特种作业人员无证操作或持超期证件操作的。

4）非特种作业人员无证从事特种作业的。

5）在禁火区域吸烟或违章明火作业的。

6）使用Ⅰ类手持电动工具未配用漏电保护器及绝缘手套的，在潮湿密闭容器、构架内作业时，使用非Ⅲ类手持电动工具的。

7）带电拉高压保险开关或隔离刀闸时，未使用合格绝缘工具的。

8）电气作业（主要是高压电气）时，不执行或违反工作票、许可、监护及中断转移等制度的。

9）液化气站、轻油库、锅炉房、煤气站、制氧站、乙炔站等危险要害部位，操作人员、值班人员脱岗的。

10）其他违反防护用品使用规定或违反操作规程中相应条款，可能直接导致重伤以上事故或爆炸、火灾、倒塌、中毒事故及职业病的行为。

3. 违章行为的原因

行为科学指出，人的行为受个性心理、社会心理、生理和环境等因素的影响，产生个体违章行为的原因是复杂的。因而，在分析违章行为的原因时，不能停留在"人因"这个层面上，应该进行更为深入的分析，分清是生理还是心理的原因，抑或是客观还是主观的原因。现今我国不少企业，在分析事故原因时，只简单归咎于"违章作业""违章指挥"等浅层直接原因，或只在表面现象上做文章，而不去分析产生不安全行为的深层次原因，这对制定合理的预防控制措施，有效杜绝类似现象的发生是没有多大益处的。

通过对大量人为事故的分析得知，违章主要集中于以下原因：

（1）技术不熟，能力不强，盲目蛮干。操作者没有熟练掌握操作规程，没有工作经验，又不向他人请教，没有察觉到危险的存在，这是产生冒险性违章的主要原因。

（2）自以为是，习以为常。操作者自认为从事该项工作多年，很有经验，对不安全行为习以为常，满不在乎，甚至在工作条件和环境发生变化后也没有引起足够的重视，始终凭经验办事，这是产生习惯性违章的主要原因。

（3）心存侥幸，思想麻痹。在遇到难干、麻烦的工作时，只图省事、省力，尽快完成任务，虽然感到操作有一定的危险，但认为问题不大，对潜在的风险未有足够的警觉，这是产生侥幸性违章的主要原因。

（4）生产作业条件受限。生产现场设备相对简陋，作业环境恶劣，加之生产任务又紧，作业人员只能利用现有的条件来完成生产任务，很难有其他的选择，这是产生被动性违章的主要原因。

（5）力不从心，疲劳作业。操作人员过于疲劳，感觉机能减弱，注意力下降，动作准确性和灵敏性降低，人的思维和判断错误率提高，无法正常操作，从而产生异常性违章或记忆和判断失误性违章。

（6）受情绪的影响，意识不集中。受到外界各种因素的刺激，心情不好或情绪激动，大脑皮层极度兴奋，注意力难以集中到生产作业上去，这种情况很容易导致环境性违章。

4. 控制人员违章行为的方式

利用管理手段控制人员的不安全行为，使不安全行为受压于管而就范。管理控制的作用种类很多，如政策规范的控制作用、安全生产权力的控制作用、团体压力作用等，这些控制作用对人的行为都有很强的约束力。从管理角度将人不安全行为的控制方式分为预防性控制、更正性控制、过程控制和事后控制。

（1）预防性控制。预防性控制是为了避免产生错误，尽量减少今后的更正活动。例如，强调安全生产法规的宣传教育，就是预防性控制措施。通过宣传教育，使得人人知法规，人人懂法规，就可以最大限度地减少那些由于不知法规、不懂法规而导致的不安全行为。一般来说，像安全规章制度、工作程序、人员训练和培养计划都起着预防控制的作用。在设计预防性控制措施时，人们所遵循的原则都是为了更有效地达成安全生产目标。然而，要使这些预防性的规章制度等能够真正被遵从，必须有良好的监控机构作为保障。

（2）更正性控制。更正性控制的目的是当行为出现偏差时，使行为或实施进程返回到预先确定的或所希望的水平。例如，管理人员对作业者操作过程进行观察或检查，当发现某些作业人员违章现象严重，为了改变这种现象，对这些人员提出批评，并告诉他们正确的方法，要求他们改正。安全检查制度增加了安全管理部门迅速采取更正措施的能力，因为定期对生产过程进行安全检查，有助于及时发现问题、解决问题。

（3）过程控制。过程控制是对正在进行的活动给予指导与监督，以保证活动按规定的政策程序和方法进行。例如，生产制造活动的生产进度控制、动火作业过程中的监护、每日情况的统计报表、每日对住院病人进行临床检查等都属此种控制。过程控制一般都在现场进行，遥控不易取得良好的控制效果。因此，要求安全管理人员要经常深入生产现场，及时发现和纠正违规行为。在监督和指导过程中，应以安全生产方针、政策、规程、制度为依据，克服主观偏见。过程控制的效果与指导者或控制者的个人素质密切相关，例如，纠正违反交通规则者行为的效果和交通警察的个人态度关系较大。指导和控制的内容应该和被控制对象的工作特点相适应，对于简单重复的体力劳动，采取严厉的监督可以取得良好的效果；而对于创造性劳动，控制的内容应转向如何创造出良好的工作环境，并使之维持下去。

（4）事后控制。即人的不安全行为出现并导致事故后再采取控制措施，它可防止不安全行为的重复出现，但是事后控制的致命缺陷在于事故已经发生，行为偏差已造成损害，并且无法补偿。

二、纠正人员违章行为的方式与做法

1. 开展"三不伤害"活动纠正人员违章的做法

（1）开展"三不伤害"活动简述。"三不伤害"活动最初起源于马鞍山钢铁集团公司。马钢是我国的特大型钢铁企业之一，也是一个老企业，有10万多名职工，近50个二级厂矿，分布在长江两岸的一市三县，就安全生产工作而言，所面临的难度很大。自1989年5月开始，一个群众性的以"三不伤害"即"我不伤害自己，我不伤害他人，我不被他人伤害"为中心内容的安全自主管理活动，在马钢各厂矿的基础工段、生产班组蓬勃兴起。通过这项活动的开展，群体安全意识普遍增强，职工的个人防护能力明显提高。对治理整顿安全生产秩序和环境，控制与减少工伤事故发生，促进马钢生产经营顺利进行，都起到一定的积极作用。

（2）"三不伤害"活动的内容与原理。"三不伤害"活动以人员操作行为为对象，以"我"为主线，以岗位工程程序化、行为规范化、操作标准化为主要内容，以无事故为目标，在生产（施工）中处理好安全"我、你、他"的关系。"三不伤害"的核心是制定岗位"三不伤害"防护卡，对"我"所在岗位，所使用的机器、工具、物品、材料，他人的机器、设施、工具等都不能将自己伤害，同时也不因自己而伤害"你"和"他"。将我岗位和你、他岗位之间安全诸因素统筹考虑，综合于"三不伤害"防护卡之中，形成了互相联系、互相保证、环环相扣的网络，以确保"我、你、他"的安全生产。

开展"三不伤害"活动的动力，主要来源于安全生产工作实践。在企业的生产作业中，绝大多数人身伤害发生在生产一线的作业班组。人身伤害的原因，主要是由于人为失误造成。继续溯源，尽管深层次原因各不相同，但就其结果而言却不外乎如下三种情况：因自己失误而伤害自己；因自己失误而伤害别人；因别人失误伤害自己。进行综合归类，不难发现，凡发生人身伤害事故均与"自己"不无关系。血的教训告诉大家，预防人身伤害事故发生，必须有针对性地采取措施，人人立足于"我"，都从自己做起。基于以上认识，提出开展"三不伤害"活动，既是多年安全工作实践经验的科学总结，又是工伤事故人员生命与鲜血的结晶。

从理论上看，开展"三不伤害"活动也符合伤亡事故成因机理。事故致因的"轨迹交叉论"揭示，伤亡事故的发生，是人的不安全行为与物的不安全状态两大系列要素运动轨迹交叉、能量逆流于人体的结果。其轨迹交叉的"时空"就是发生事故的时间和地点。如果超前采取措施，对人的不安全行为或物的不安全状态予以控制或消除，使人、物在发展过程中中断，防止运动轨迹交叉，那么伤亡事故就可以避免。开展"三不伤害"活动的目的就在于控制人的不安全行为的产生。

心理学告诉我们，人的心理活动是客观现实的反映，是错综复杂的，人的性格有别，有刚强或懦弱、粗暴或温柔、性急或性慢、内向或外向、好静或好动、健谈或寡言之分。在情绪、倾向、爱好、愿望、修养和家庭环境等方面，也各不相同。人的劳动是受心理、欲望、思想和技能等许多因素影响的，不可能像控制物的不安全状态那样来控制人员的不安全行为，开展"三不伤害"活动，就比较圆满地解决了这个问题，该活动在企业安全管理中发挥着重要的作用。

（3）开展"三不伤害"活动的意义。开展"三不伤害"活动的主要意义在于以下几个方面：

1）激发了职工搞好安全生产的积极性。"三不伤害"活动以"我"为出发点，又以"我"为归宿，容易使职工进入角色，也更能诱发职工参与这项活动的自觉性和自主性。根据以往教训，过多采用行政命令，职工容易产生逆反心理，引起副作用。"三不伤害"活动，这种提法具有吸引力，易被职工接受这一特征，注重循循善诱、启发引导、竞赛评比，以此去激发职工的思想共鸣。这一活动突出了一个"我"字，它符合人们的普遍愿望。

2）提高了企业职工自我和群体防护意识和能力。现代化大生产技术装备复杂，劳动分工细密，并且以人为核心而构成的人—机—环系统中，人的行为是否安全，主要取决于生理、心理因素及技术能力，而技术能力尤为重要，技术能力包括知识的掌握和实践经验的积累。例如，钢铁企业青年工人比例较大，约占 65%，而生产一线青年工人的比例更大，青年工人技术素质差，自我防护能力低，严重影响安全生产。开展"三不伤害"活动，通过查"三害"原因、定"三防"对策，一是熟悉和掌握了本岗位的危害因素；二是激发了学习"三规三制"的主动性；三是能吸取以往的事故经验教训，增长了知识，提高了自我防护能力。由于人人参与，个个思考、联想，立足本岗位系统考虑，从实际出发，自问自答，自查自评，规范了思维方法，增强了群体安全意识和防护能力。

3）进一步推动了班组安全建设。据大量事故分析，90%以上的事故发生在班组，80%以上的事故是由于违章指挥、违章作业等人为因素造成的。因此，在现有的条件下，加强班组建设是企业加强安全生产的关键，也是减少伤亡事故和各类灾害事故最切实、最有效的办法。

（4）开展"三不伤害"活动的效果。从"三不伤害"活动的形式来看，其符合心理学特点，具有人情味，容易使职工产生思想共鸣；从活动内容看，其具有科学性和实用性。防护卡的内容包括了危险辨识、危险评价和危险控制，符合安全系统工程理论。而制定出的防护卡，不是束之高阁，而是作为职工岗位操作的指南，同时也是班组安全活动的主要内容和"镜子"，便于经常组织职工学习回忆，自我对照，并随着岗位条件的变化不断充实修订，是安全生产中长期使用的措施。

从许多企业开展"三不伤害"活动情况来看，"三不伤害"活动容易使员工在思想上产生共鸣，并在心灵深处扎根，能够调动广大员工自觉参与的积极性和自主管理的责任感。在活动形式上，不单靠行政指令，而是以激励的形式作为强化手段，通过自我教育使人人自觉进入角色，结合个人岗位实际对生产工艺、机械设备、作业环境、操作行为等开展系统分析，自定预防措施、落实自我保护、实行自我控制。这种人人以自主管安全的形式，有利于变每个群体成员既当操作者，又当安全管理者，从而促进安全管理与生产活动同步运行。

2. 开展反习惯性违章活动与做法

（1）习惯性违章的概念。习惯性违章是指固守旧有的不良作业传统和工作习惯，违反国家和上级制定的有关规章制度，违反本单位制定的现场规程、操作规程、操作方法等进行工作，不论是否造成后果，统称为习惯性违章；或者虽然在企业规章制度中没有明确的条文规定，但其行为明显威胁安全或不利于安全生产，也称之为违章作业。

一些企业开展反习惯性违章活动多年，但只是把它作为一种口号性的号召，对于企业职工来说，还是不清楚何为习惯性违章，原来怎样操作还是怎样操作，没有一丝改变。久而久之，习惯性违章就成了企业生产中最大的安全隐患。另外，习惯性违章行为有的容易界定，有的则不容易界定，直到发生了事故，才分析出这是习惯性违章。因此，要深入到每一个岗位，让职工真正懂得操作中哪些行为是属于习惯性违章。

（2）习惯性违章的分类。习惯性违章按其性质可以分为以下三类：

1）作业性违章。职工工作中的行为违反规章制度或其他有关规定，称为作业性违章。如进入生产场所不戴或未戴好安全帽、高处作业不系安全带；操作前不认真核对设备的名称、编号和应处的位置，操作后不仔细检查设备状态、仪表指示；未得到工作负责人许可工作的命令就擅自工作；热力设备检修时不泄压、转动设备检修时不按规定分别挂警告牌等。

2）装置性违章。设备、设施、工作现场作业条件不符合安全规程、规章制度和其他有关规定，称为装置性违章。如厂区道路、厂房通道无标示牌、警告牌，设备无标示牌，井、坑、孔、洞的盖板、围栏、遮栏没有或不齐全，电缆不封堵，照明不符合要求，转动机械没有防护罩等。

3）指挥性违章。指挥性违章是指各级领导、工作负责人违反领导安全卫生法规、安全操作规程、安全管理制度，以及为保证人身、设备安全而制定的安全组织措施和安全技术措施所进行的违章指挥行为。

统计表明，习惯性违章作业、违章指挥是造成人身伤亡事故和误操作事故的主要原因。企业安全生产的基点在班组，企业要实现安全生产，就必须夯实班组安全工作的基础，加大开展反习惯性违章工作的力度。

（3）开展反习惯性违章活动的做法。反习惯性违章活动的主要目的是杜绝人身死亡、重伤和误操作事故的发生，大幅度减少轻伤事故，要从挖掘不安全的苗头着手，抓异常、抓未遂。对生产班组而言，重点是根据本班组的具体情况，防止各类伤害事故的发生和误操作事故。

1）引导职工认识习惯性违章的危害。习惯性违章是表现形式，而支配它的思想根源是多种多样的。如麻痹思想，重视一般情况，而忽视特殊情况。如安全规程规定，停电作业时必须先验电、后作业。有的员工则认为是多此一举。一般情况下，停电作业的对象是不会带电的，但如果由于种种原因未拉闸，这种特殊情况一旦出现，后果将不堪设想。另一种思想根源是怕麻烦、图省事，把本应该履行的程序减掉了。如巡回检查，不按规定的检查线路和项目进行，走马观花。在反习惯性违章活动中，只有让职工从事故教训中深刻认识习惯性违章的危害和后果，根除习惯性违章的思想根源，才能使员工自觉地遵章守纪。

2）排查习惯性违章行为，制定反习惯性违章措施。首先，对本班组存在的习惯性违章行为进行认真细致的排查，要防止走过场、应付上级检查的情况。例如，有的班组虽然制定了反习惯性违章行为的规定，并且张贴起来，但是班组却没有认真结合自身的问题进行排查；有的班组甚至不知道哪些行为属于习惯性违章行为。其次，要吸取其他企业、其他班组的事故教训，排查本班组有无类似习惯性违章现象。在此基础上，制定出有效的反习惯性违章措施。

3）班组长起好模范带头作用。由于习惯性违章是根深蒂固的，某些职工甚至没有意识到其错误所在，因此纠正起来有一定的难度，这就要求班组长首先带头纠正自己的违章行为。很难设想自己不遵守安全规则，却去批评指正他人，怎能被别人接受。再者，随着机械化程度的提高，生产规模的扩大，一个不负责任的行为往往会造成整个生产线的瘫痪，其后果十分严重。因此，班组长在日常工作中要经常进行劳动安全卫生方面的宣传教育，发现习惯性违章或不按规章制度办事的行为，必须立即指出，责令其纠正，如果班组长不能照章办事，甚至参与违章，则迟早会导致事故的发生，并负有不可推卸的责任。

4）对习惯性违章严格考核。习惯性违章是屡教不改、屡禁不止的行为，它与偶尔发生的违章行为是不同的。对屡禁屡犯者，应该"小题大做"，从重处罚。处罚是保障安全规章制度实施，建立安全生产秩序的重要手段。如果人人都对习惯性违章望而生畏，那么何愁这种现象得不到制止。

一般来说，严重违章导致事故发生的，由厂级有关部门予以行政处理。班组一级主要是对一般违章违纪行为按厂纪厂规给予恰当的处理。作为班组长，主要应做到两个"百分之百"，即对违章违纪行为百分之百登记并上报，对违章违纪者百分之百按规定进行经济处罚。工作中，要做到公正公开、不偏不袒，即使是生产骨干，也应照章办事。对长期遵章守纪，督促别人纠正习惯性违章，积极消除事故隐患，避免事故发生的班组成员，应进行表彰奖励，做到奖罚分明。

3. "别学我"和"跟我学"安全生产教育活动与做法

（1）不安全行为威胁人身安全和设备安全。在企业生产过程中，员工的不安全行为威胁着人身安全和设备安全，由于人的不安全行为促成的事故不仅造成企业的财产损失，而且往往伴随着人员伤亡，大的事故还会影响到家庭幸福，给个人、企业和国家造成巨大的经济损失。

为了预防事故，就需要用安全规程制度约束员工的行为。由于劳动条件、社会环境的复杂性和每个人个性特征、心理状态的差异，在同一工作任务不同的心理活动状态下，可能会有不同的行为表现。在某种情况下，很难要求心理活动的一致性，但可以要求行为表现的一致性。比如，一个作业人员在开动机床时，脖子上还搭着毛巾，这个现象就构成了不安全行为，毛巾连同作业人员身体的某一部分就存在被机床旋转部分带进去的危险。在安全生产上，就是力求运用规章制度、安全操作规程约束员工的行为，做到安全行为表现的一致性，即任何转动机床的作业人员操作时，必须衣着完整，不准在脖子上搭毛巾。

在企业安全管理中，需要运用安全生产奖惩的办法，对安全生产实施从严管理，这也是极其重要的安全管理手段，对不安全行为会起到很大的抑制作用。如果通过安全心理学培训，使员工多懂得一些安全心理知识，掌握心理健康状态自测方法，及时调节不良心理反应，可以提高员工安全心理素质，增强员工自觉遵规守纪意识，抑制不安全行为，构筑起一道有规则约束力的安全心理防线，这样保证安全会有更大的意义和显著的效果。

（2）"别学我"和"跟我学"的做法。纠正员工的不安全行为，不同的企业和班组各有许多办法和措施，有的企业实施的"别学我"和"跟我学"的做法值得学习借鉴。

"别学我"就是一种自我主动教育。在安全生产教育中，力戒相对枯燥的死记硬背方式，采用教材和现场相结合的安全生产教育模式。请以往工作中曾经发生过安全事故的员工和班组违章当事人，旧事重提，现身说法，揭开疮疤"忆苦思甜"，针对亲身经历讲经过，谈教训、谈危害、谈认识。通过一个个、一件件的不堪回忆，叙述一个人违章给家庭带来的痛苦，给个人带来的损失，给班组带来的麻烦，给企业带来的损害。通过总结历次违章的原因，敦促员工从中吸取教训，别犯同样错误，当前车之鉴，正后车之辙，形成"一人安全，全家幸福；人人安全，大家无忧"的安全生产共识。

"跟我学"教育，就是请具有丰富现场安全生产经验的老员工传帮带，讲"安全经"，现场指认危险源点，讲解安全作业的操作要领和方法，传授防止安全事故的经验和诀窍，讲岗位安全隐患的检查防范要点，讲避免事故发生的处置办法和典型案例，讲述遵章守纪、规范操作的好处，讲"三不伤害"的切身体会，用防患于未然、安全生产的鲜活事实，证明遵守岗位安全操作规程是自身最好的安全保障。

这种安全生产教育方法推广实施后，员工对这种生动的教育方式有新鲜感，容易接受，印象深刻，受到员工的欢迎和好评，并且效果明显，提高了员工的安全意识、安全生产技能和自我保护能力。

4. 翟镇煤矿安全员张道军制定违章积分与安全档案的做法

张道军是新汶矿业集团公司翟镇煤矿安监处的一名安全管理人员，认识他的人没有不竖大拇指的，称赞他有"两下子"。他提出的一个个安全"点子"，令人刮目相看、拍手叫好。

2005年的一次矿安监处工作会议上，处长针对当前违章罚款数额大、职工负担重的状况，提出如何减少"三违"的一个问题，并将这个问题交给了时任安监处信息中心主任的张道军。接受任务以后，张道军井上、井下四处收集职工意见，获取了大量有价值的信息。一天，一个刚拿到驾照的朋友来访，在谈话中，朋友讲到现在的交通规则，在说到现在司机违章要积分时，张道军眼前一亮。对啊，煤矿"三违"也可以实行积分制啊！他找到交通规则相关资料，认真查阅了司机违章积分的内容；经过仔细研究，他在借鉴了司机违章积分办法的基础上，又加入了缴纳抵押金办法，从而形成了完善的《职工违章积分管理办法》。在接下来的时间里，张道军又查阅了大量有关书籍，做了大量笔记，并提出积分制的办法：管理人员出现违章指挥、停工反省的，应参加学习帮教，每次扣10分；职工出现严重"三违"，需办理"三双"程序教育并参加学习帮教，每次扣10分；一般"三违"每次扣2分，严重"三违"每次扣5分，月度、季度实行积分累计，并制定了相对应的考核办法。这套"职工违章积分管理办法"得到领导认可，并成功推开。积分制改变了传统的以罚代管的安全管理模式和单一的安全处罚方法，2005年"三违"率降低了20%。

在安全生产中，张道军发现一种现象，在区队生产任务紧时，基层管理人员往往急于赶产量、赶进度，将安全丢在一边，现场施工时，违章指挥现象有所增多。如何有效控制管理人员的上述行为？张道军在接触一些安全管理人员后，发现很多工区在管理上很爱"面子"，于是提出了一个负激励机制：在区队中开展月度评选"十大违章人物"和"十大隐患"，让违章者"丢面子""丢票子"。机制完善后，及时在区队进行了开展，每月评比后进行公布，评选出的人物和隐患责任人进行公示，并对其单位管理人员实行联责考核，这种负激励机制使违章者对违章望而却步，促进区队争先搞好安全生产工作。

2005年5月，张道军和同事在一次核对管理人员"三违"指标和职工罚款情况时，用了一整夜才将数据分类整理好，他觉得效率太低。怎样才能规范起来？怎样使查询时能一目了然？张道军冥思苦想，在多方求证、调查了解的情况下，他又和同事们一起研究办法，终于找到了点子，并制定了《翟镇煤矿安全档案管理办法》。这个办法是将全矿人员的档案输入电脑，并按照专业、区队和管理人员、职工的标准分类，针对每个类别的实际情况制定隐患标准，以各级人员下井填写的上岗卡为依据，将每一次安全责任制没有得到落实、现场隐患、"三违"等情况都输入计算机，月底进行次数统计，对累计次数高的人员，要他们停止工作、接受安全思想教育，并缴纳一定数额的抵押金，在一定期限内不再出现违章现象，方可返还。该法促使翟镇矿厂从专业副总到区队管理人员，到每一名职工，人人、时时、处处感受到安全压力，时刻提高安全警惕，杜绝了轻安全、重生产的现象。

5. 信阳钢铁公司炼钢厂冶炼车间安全员刘学明记好三本账的做法

信阳钢铁公司炼钢厂冶炼车间安全员刘学明身边有三本账，他经常说，这三本账就是他抓安全工作的"三件宝"。

刘学明的第一本账是隐患整改账。刘学明对事故隐患不仅查得细，更注重整改措施的落实。从楼梯、平台、栏杆到设备的护罩、盖板，他都要细细检查并将查出的问题逐一登记，上报整改计划，整改完毕要经他现场检验合格才罢休。在2004年"安全生产月"里，他共检查出隐患十几项，整改率100%，无一处返工。这是他经常用于查隐患、抓整改的第一本账。

刘学明的第二本账是车间违章违纪记录本。他对生产作业人员劳保用品的穿戴和违章操作抓得很严，每天在冶炼各岗位之间，都能见到他的身影。谁若违反规章制度被查出，账本里定会有谁的大名，并按规定受到处罚。在设备检修或抢修时，刘学明既要抓安全防范措施，又要督查人员的不安全行为。有一次，一位青工在检修中没戴安全帽，被刘学明当场逮住，那名青工立即认错，请求不要记录。可刘学明回答说："不记录并不说明你不违章，你脑子里缺少一根安全弦，留个依据让你接受教训。"这一严格的处罚，让那名青工将

"安全"铭记在心。

　　刘学明的第三本账是冶炼车间历年来发生伤亡事故的记载。在安全生产教育中，他常用血的教训唤起职工的安全意识。每当新工人上岗时，刘学明都要在介绍冶炼工艺流程和安全防范措施的同时，用事故的活教材对新工人进行一次安全生产教育。

第六章 职业病防治相关知识

目前我国职业病危害人群覆盖面广，接触职业危害的人数多，职业病患者累计病例居高不下，特别是中小企业职业病危害严重，职业病防治工作形势不容乐观。据有关卫生专家预测，如不采取有效防治措施，今后几十年将有大批职业病病人出现，因职业病危害导致劳动者死亡、致残、部分丧失劳动能力的人数将不断增加。对企业安全员来讲，要了解有关职业病知识，做到无病防病、有病治病，积极做好职业病危害预防工作。

第一节 职业病基本知识与相关规定

目前我国作业场所职业病危害预防形势十分严峻，主要有这样几个因素：一是职业病危害分布领域广、受害人数多，并且随着工业的进步，新的职业危害不断增加；二是部分企业主体责任不落实，工作基础薄弱，作业环境恶劣；三是一些企业领导和职工还未真正认识到职业病预防的重要性。对于安全员来讲，要高度重视预防职业病危害工作，切实负起责任。

一、职业病界定及职业病目录

1. 职业病的界定

根据《职业病防治法》第二条的规定，职业病是指企业、事业单位和个体经济组织等用人单位的劳动者在职业活动中，因接触粉尘、放射性物质和其他有毒、有害因素而引起的疾病。

构成《职业病防治法》所称的职业病，必须具备四个要件：

（1）患病主体必须是企业、事业单位或者个体经济组织的劳动者。

（2）必须是在从事职业活动的过程中产生的。

（3）必须是因接触粉尘、放射性物质和其他有毒、有害物质等职业病危害因素而引起的，其中放射性物质是指放射性同位素或射线装置发出的 α 射线、β 射线、γ 射线、X 射线、中子射线等电离辐射。

（4）必须是国家公布的职业病分类和目录所列的职业病。

在上述四个要件中，缺少任何一个要件，都不属于《职业病防治法》所称的职业病。

2. 职业病的特点

当职业病危害因素作用于人体的强度与时间超过一定的限度时，人体不能代偿其所造成的功能性或器质性病理的改变，从而出现相应的临床症状，影响劳动能力。这类疾病在医学上通称为职业病，即泛指职业危害因素所引起的特定疾病（与国家法定职业病有所区别）。

职业病的发生，一般与三个因素有关：该疾病应与工作场所的职业病危害因素密切相关；人体所接触的危害因素的剂量（浓度或强度）无论过去或现在，都足以导致疾病的发生；必须区别职业性与非职业性病因所起的作用，而前者的作用必须大于后者。

一些职业病防治医学专家认为，职业病还具有以下七个特点：

（1）病因明确，病因即职业病危害因素。在控制病因或作用条件后，可以消除或减少发病。

（2）所接触的病因大多是可以检测的，而且其浓度或强度需要达到一定的程度，才能使劳动者致病。一般接触职业病危害因素的浓度或强度与病因有直接关系。

（3）在接触同样有害因素的人群中，常有一定数量的发病人数，很少只出现个别病人现象。

（4）如能早期诊断，及时、妥善治疗与处理，职业病预后相对较好，康复相对较易。

（5）不少职业病，目前世界上尚无对因治疗手段，只能对症治疗，所以发现并确诊越晚，疗效越差。

（6）职业病是可以预防的。

（7）在同一生产环境从事同一种工作的人群中，个体发生职业病的机会和程度也有很大差别，这主要取决于以下因素：遗传因素、年龄和性别因素、营养因素、其他疾病和精神因素、生活方式或个人习惯因素。如长期摄取不合理膳食、吸烟、过量饮酒、缺乏锻炼和精神过度紧张等，都能增加职业病危害程度；而掌握职业病防治科学知识，并具有健康的生活方式、良好的生活习惯，就是较为自觉地采取预防危害因素的措施。

3. 职业病的分类和目录

《职业病防治法》将职业病范围限定于对劳动者身体健康危害大的几类职业病，并且授权国务院卫生行政部门会同国务院安全生产监督管理部门、劳动保障行政部门制定、调整并公布职业病的分类和目录。

2013 年 12 月 23 日，国家卫生计生委、人力资源社会保障部、安全监管总局、全国总工会联合下发《关于印发〈职业病分类和目录〉的通知》（国卫疾控发〔2013〕48 号）。该通知指出，根据《职业病防治法》有关规定，国家卫生计生委、安全监管总局、人力资源社会保障部和全国总工会联合组织对职业病的分类和目录进行了调整，从即日起施行。2002 年 4 月 18 日卫生部和劳动保障部联合印发的《职业病目录》同时废止。

职业病分类和目录如下：

（1）职业性尘肺病及其他呼吸系统疾病

尘肺病：①矽肺；②煤工尘肺；③石墨尘肺；④碳黑尘肺；⑤石棉肺；⑥滑石尘肺；⑦水泥尘肺；⑧云母尘肺；⑨陶工尘肺；⑩铝尘肺；⑪电焊工尘肺；⑫铸工尘肺；⑬根据《尘肺病诊断标准》和《尘肺病理诊断标准》可以诊断的其他尘肺病。

其他呼吸系统疾病：①过敏性肺炎；②棉尘病；③哮喘；④金属及其化合物粉尘肺沉着病（锡、铁、锑、钡及其化合物等）；⑤刺激性化学物所致慢性阻塞性肺疾病；⑥硬金属肺病。

（2）职业性皮肤病：①接触性皮炎；②光接触性皮炎；③电光性皮炎；④黑变病；⑤痤疮；⑥溃疡；⑦化学性皮肤灼伤；⑧白斑；⑨根据《职业性皮肤病的诊断 总则》可以诊断的其他职业性皮肤病。

（3）职业性眼病：①化学性眼部灼伤；②电光性眼炎；③白内障（含放射性白内障、三硝基甲苯白内障）。

（4）职业性耳鼻喉口腔疾病：①噪声聋；②铬鼻病；③牙酸蚀病；④爆震聋。

（5）职业性化学中毒：①铅及其化合物中毒（不包括四乙基铅）；②汞及其化合物中毒；③锰及其化合物中毒；④镉及其化合物中毒；⑤铍病；⑥铊及其化合物中毒；⑦钡及其化合物中毒；⑧钒及其化合物中毒；⑨磷及其化合物中毒；⑩砷及其化合物中毒；⑪铀及其化合物中毒；⑫砷化氢中毒；⑬氯气中毒；⑭二氧化硫中毒；⑮光气中毒；⑯氨中毒；⑰偏二甲基肼中毒；⑱氮氧化合物中毒；⑲一氧化碳中毒；⑳二硫化碳中毒；㉑硫化氢中毒；㉒磷化氢、磷化锌、磷化铝中毒；㉓氟及其无机化合物中毒；㉔氰及腈类化合物中毒；㉕四乙基铅中毒；㉖有机锡中毒；㉗羰基镍中毒；㉘苯中毒；㉙甲苯中毒；㉚二甲苯中毒；㉛正己烷中毒；㉜汽油中毒；㉝一甲胺中毒；㉞有机氟聚合物单体及其热裂解物中毒；㉟二氯乙烷中毒；㊱四氯化碳中毒；㊲氯乙烯中毒；㊳三氯乙烯中毒；㊴氯丙烯中毒；㊵氯丁二烯中毒；㊶苯的氨基及硝基化合物（不包括三硝基甲苯）中毒；㊷三硝基甲苯中毒；㊸甲醇中毒；㊹酚中毒；㊺五氯酚（钠）中毒；㊻甲醛中毒；㊼硫酸二甲酯中毒；㊽丙烯酰胺中毒；㊾二甲基甲酰胺中毒；㊿有机磷中毒；51氨基甲酸酯类中毒；52杀虫脒中毒；53溴甲烷中毒；54拟除虫菊酯类中毒；55铟及其化合物中毒；56溴丙烷中毒；57碘甲烷中毒；58氯乙酸中毒；59环氧乙烷中毒；60上述条目未提及的与职业有害因素接触之间存在直接因果联系的其他化学中毒。

（6）物理因素所致职业病：①中暑；②减压病；③高原病；④航空病；⑤手臂振动病；

⑥激光所致眼（角膜、晶状体、视网膜）损伤；⑦冻伤。

（7）职业性放射性疾病：①外照射急性放射病；②外照射亚急性放射病；③外照射慢性放射病；④内照射放射病；⑤放射性皮肤疾病；⑥放射性肿瘤（含矿工高氡暴露所致肺癌）；⑦放射性骨损伤；⑧放射性甲状腺疾病；⑨放射性性腺疾病；⑩放射复合伤；⑪根据《职业性放射性疾病诊断标准（总则）》可以诊断的其他放射性损伤。

（8）职业性传染病：①炭疽；②森林脑炎；③布鲁氏菌病；④艾滋病（限于医疗卫生人员及人民警察）；⑤莱姆病。

（9）职业性肿瘤：①石棉所致肺癌、间皮瘤；②联苯胺所致膀胱癌；③苯所致白血病；④氯甲醚、双氯甲醚所致肺癌；⑤砷及其化合物所致肺癌、皮肤癌；⑥氯乙烯所致肝血管肉瘤；⑦焦炉逸散物所致肺癌；⑧六价铬化合物所致肺癌；⑨毛沸石所致肺癌、胸膜间皮瘤；⑩煤焦油、煤焦油沥青、石油沥青所致皮肤癌；⑪β-萘胺所致膀胱癌。

（10）其他职业病：①金属烟热；②滑囊炎（限于井下工人）；③股静脉血栓综合征、股动脉闭塞症或淋巴管闭塞症（限于刮研作业人员）。

二、《工作场所职业卫生监督管理规定》相关要点

2012 年 4 月 27 日，国家安全生产监督管理总局公布《工作场所职业卫生监督管理规定》（国家安全生产监督管理总局令第 47 号），自 2012 年 6 月 1 日起施行。国家安全生产监督管理总局 2009 年 7 月 1 日公布的《作业场所职业健康监督管理暂行规定》同时废止。

《工作场所职业卫生监督管理规定》分为五章六十一条，各章内容为：第一章总则，第二章用人单位的职责，第三章监督管理，第四章法律责任，第五章附则。制定本规定的目的是根据《职业病防治法》等法律、行政法规，为了加强职业卫生监督管理工作，强化用人单位职业病防治的主体责任，预防、控制职业病危害，保障劳动者健康和相关权益。

1. 总则中的有关规定

第一章总则，对相关事项做了规定。

◆用人单位的职业病防治和安全生产监督管理部门对其实施监督管理，适用本规定。

◆用人单位应当加强职业病防治工作，为劳动者提供符合法律、法规、规章、国家职业卫生标准和卫生要求的工作环境和条件，并采取有效措施保障劳动者的职业健康。

◆用人单位是职业病防治的责任主体，并对本单位产生的职业病危害承担责任。

用人单位的主要负责人对本单位的职业病防治工作全面负责。

◆国家安全生产监督管理总局依照《职业病防治法》和国务院规定的职责，负责全国

用人单位职业卫生的监督管理工作。

县级以上地方人民政府安全生产监督管理部门依照《职业病防治法》和本级人民政府规定的职责，负责本行政区域内用人单位职业卫生的监督管理工作。

◆任何单位和个人均有权向安全生产监督管理部门举报用人单位违反本规定的行为和职业病危害事故。

2.用人单位职责的有关规定

第二章用人单位的职责，对相关事项做了规定。

◆职业病危害严重的用人单位，应当设置或者指定职业卫生管理机构或者组织，配备专职职业卫生管理人员。

其他存在职业病危害的用人单位，劳动者超过 100 人的，应当设置或者指定职业卫生管理机构或者组织，配备专职职业卫生管理人员；劳动者在 100 人以下的，应当配备专职或者兼职的职业卫生管理人员，负责本单位的职业病防治工作。

◆用人单位的主要负责人和职业卫生管理人员应当具备与本单位所从事的生产经营活动相适应的职业卫生知识和管理能力，并接受职业卫生培训。

用人单位主要负责人、职业卫生管理人员的职业卫生培训，应当包括下列主要内容：

(1) 职业卫生相关法律、法规、规章和国家职业卫生标准。

(2) 职业病危害预防和控制的基本知识。

(3) 职业卫生管理相关知识。

(4) 国家安全生产监督管理总局规定的其他内容。

◆用人单位应当对劳动者进行上岗前的职业卫生培训和在岗期间的定期职业卫生培训，普及职业卫生知识，督促劳动者遵守职业病防治的法律、法规、规章、国家职业卫生标准和操作规程。

用人单位应当对职业病危害严重的岗位的劳动者，进行专门的职业卫生培训，经培训合格后方可上岗作业。

因变更工艺、技术、设备、材料，或者岗位调整导致劳动者接触的职业病危害因素发生变化的，用人单位应当重新对劳动者进行上岗前的职业卫生培训。

◆存在职业病危害的用人单位应当制定职业病危害防治计划和实施方案，建立、健全下列职业卫生管理制度和操作规程：

(1) 职业病危害防治责任制度。

(2) 职业病危害警示与告知制度。

(3) 职业病危害项目申报制度。

(4) 职业病防治宣传教育培训制度。

　（5）职业病防护设施维护检修制度。

　（6）职业病防护用品管理制度。

　（7）职业病危害监测及评价管理制度。

　（8）建设项目职业卫生"三同时"管理制度。

　（9）劳动者职业健康监护及其档案管理制度。

　（10）职业病危害事故处置与报告制度。

　（11）职业病危害应急救援与管理制度。

　（12）岗位职业卫生操作规程。

　（13）法律、法规、规章规定的其他职业病防治制度。

◆产生职业病危害的用人单位的工作场所应当符合下列基本要求：

　（1）生产布局合理，有害作业与无害作业分开。

　（2）工作场所与生活场所分开，工作场所不得住人。

　（3）有与职业病防治工作相适应的有效防护设施。

　（4）职业病危害因素的强度或者浓度符合国家职业卫生标准。

　（5）有配套的更衣间、洗浴间、孕妇休息间等卫生设施。

　（6）设备、工具、用具等设施符合保护劳动者生理、心理健康的要求。

　（7）法律、法规、规章和国家职业卫生标准的其他规定。

◆用人单位工作场所存在职业病目录所列职业病的危害因素的，应当按照《职业病危害项目申报办法》的规定，及时、如实向所在地安全生产监督管理部门申报职业病危害项目，并接受安全生产监督管理部门的监督检查。

◆新建、改建、扩建的工程建设项目和技术改造、技术引进项目（以下统称建设项目）可能产生职业病危害的，建设单位应当按照《建设项目职业卫生"三同时"监督管理暂行办法》的规定，向安全生产监督管理部门申请备案、审核、审查和竣工验收。

◆产生职业病危害的用人单位，应当在醒目位置设置公告栏，公布有关职业病防治的规章制度、操作规程、职业病危害事故应急救援措施和工作场所职业病危害因素检测结果。

存在或者产生职业病危害的工作场所、作业岗位、设备、设施，应当按照《工作场所职业病危害警示标识》（GBZ 158）的规定，在醒目位置设置图形、警示线、警示语句等警示标识和中文警示说明。警示说明应当载明产生职业病危害的种类、后果、预防和应急处置措施等内容。

存在或产生高毒物品的作业岗位，应当按照《高毒物品作业岗位职业病危害告知规范》（GBZ/T 203）的规定，在醒目位置设置高毒物品告知卡，告知卡应当载明高毒物品的名称、理化特性、健康危害、防护措施及应急处理等告知内容与警示标识。

◆用人单位应当为劳动者提供符合国家职业卫生标准的职业病防护用品，并督促、指导劳动者按照使用规则正确佩戴、使用，不得发放钱物替代发放职业病防护用品。

用人单位应当对职业病防护用品进行经常性的维护、保养，确保防护用品有效，不得使用不符合国家职业卫生标准或者已经失效的职业病防护用品。

◆在可能发生急性职业损伤的有毒、有害工作场所，用人单位应当设置报警装置，配置现场急救用品、冲洗设备、应急撤离通道和必要的泄险区。

现场急救用品、冲洗设备等应当设在可能发生急性职业损伤的工作场所或者临近地点，并在醒目位置设置清晰的标识。

在可能突然泄漏或者逸出大量有害物质的密闭或者半密闭工作场所，除遵守本条第一款、第二款规定外，用人单位还应当安装事故通风装置以及与事故排风系统相连锁的泄漏报警装置。

生产、销售、使用、储存放射性同位素和射线装置的场所，应当按照国家有关规定设置明显的放射性标志，其入口处应当按照国家有关安全和防护标准的要求，设置安全和防护设施以及必要的防护安全联锁、报警装置或者工作信号。放射性装置的生产调试和使用场所，应当具有防止误操作、防止工作人员受到意外照射的安全措施。用人单位必须配备与辐射类型和辐射水平相适应的防护用品和监测仪器，包括个人剂量测量报警、固定式和便携式辐射监测、表面污染监测、流出物监测等设备，并保证可能接触放射线的工作人员佩戴个人剂量计。

◆用人单位应当对职业病防护设备、应急救援设施进行经常性的维护、检修和保养，定期检测其性能和效果，确保其处于正常状态，不得擅自拆除或者停止使用。

◆存在职业病危害的用人单位，应当实施由专人负责的工作场所职业病危害因素日常监测，确保监测系统处于正常工作状态。

◆存在职业病危害的用人单位，应当委托具有相应资质的职业卫生技术服务机构，每年至少进行一次职业病危害因素检测。

职业病危害严重的用人单位，除遵守前款规定外，应当委托具有相应资质的职业卫生技术服务机构，每三年至少进行一次职业病危害现状评价。

检测、评价结果应当存入本单位职业卫生档案，并向安全生产监督管理部门报告和向劳动者公布。

◆存在职业病危害的用人单位，有下述情形之一的，应当及时委托具有相应资质的职业卫生技术服务机构进行职业病危害现状评价：

（1）初次申请职业卫生安全许可证，或者职业卫生安全许可证有效期届满申请换证的。

（2）发生职业病危害事故的。

（3）国家安全生产监督管理总局规定的其他情形。

用人单位应当落实职业病危害现状评价报告中提出的建议和措施，并将职业病危害现状评价结果及整改情况存入本单位职业卫生档案。

◆用人单位在日常的职业病危害监测或者定期检测、现状评价过程中，发现工作场所职业病危害因素不符合国家职业卫生标准和卫生要求时，应当立即采取相应治理措施，确保其符合职业卫生环境和条件的要求；仍然达不到国家职业卫生标准和卫生要求的，必须停止存在职业病危害因素的作业；职业病危害因素经治理后，符合国家职业卫生标准和卫生要求的，方可重新作业。

◆向用人单位提供可能产生职业病危害的设备的，应当提供中文说明书，并在设备的醒目位置设置警示标识和中文警示说明。警示说明应当载明设备性能、可能产生的职业病危害、安全操作和维护注意事项、职业病防护措施等内容。

用人单位应当检查前款规定的事项，不得使用不符合要求的设备。

◆向用人单位提供可能产生职业病危害的化学品、放射性同位素和含有放射性物质的材料的，应当提供中文说明书。说明书应当载明产品特性、主要成分、存在的有害因素、可能产生的危害后果、安全使用注意事项、职业病防护和应急救治措施等内容。产品包装应当有醒目的警示标识和中文警示说明。储存上述材料的场所应当在规定的部位设置危险物品标识或者放射性警示标识。

用人单位应当检查前款规定的事项，不得使用不符合要求的材料。

◆任何用人单位不得使用国家明令禁止使用的可能产生职业病危害的设备或者材料。

◆任何单位和个人不得将产生职业病危害的作业转移给不具备职业病防护条件的单位和个人。不具备职业病防护条件的单位和个人不得接受产生职业病危害的作业。

◆用人单位应当优先采用有利于防治职业病危害和保护劳动者健康的新技术、新工艺、新材料、新设备，逐步替代产生职业病危害的技术、工艺、材料、设备。

◆用人单位对采用的技术、工艺、材料、设备，应当知悉其可能产生的职业病危害，并采取相应的防护措施。对有职业病危害的技术、工艺、设备、材料，故意隐瞒其危害而采用的，用人单位对其所造成的职业病危害后果承担责任。

◆用人单位与劳动者订立劳动合同（含聘用合同，下同）时，应当将工作过程中可能产生的职业病危害及其后果、职业病防护措施和待遇等如实告知劳动者，并在劳动合同中写明，不得隐瞒或者欺骗。

劳动者在履行劳动合同期间因工作岗位或者工作内容变更，从事与所订立劳动合同中未告知的存在职业病危害的作业时，用人单位应当依照前款规定，向劳动者履行如实告知的义务，并协商变更原劳动合同相关条款。

用人单位违反本条规定的，劳动者有权拒绝从事存在职业病危害的作业，用人单位不得因此解除与劳动者所订立的劳动合同。

◆对从事接触职业病危害因素作业的劳动者，用人单位应当按照《用人单位职业健康监护监督管理办法》、《放射工作人员职业健康管理办法》、《职业健康监护技术规范》（GBZ 188）、《放射工作人员职业健康监护技术规范》（GBZ 235）等有关规定组织上岗前、在岗期间、离岗时的职业健康检查，并将检查结果书面如实告知劳动者。

职业健康检查费用由用人单位承担。

◆用人单位应当按照《用人单位职业健康监护监督管理办法》的规定，为劳动者建立职业健康监护档案，并按照规定的期限妥善保存。

职业健康监护档案应当包括劳动者的职业史、职业病危害接触史、职业健康检查结果、处理结果和职业病诊疗等有关个人健康资料。

劳动者离开用人单位时，有权索取本人职业健康监护档案复印件，用人单位应当如实、无偿提供，并在所提供的复印件上签章。

◆劳动者健康出现损害需要进行职业病诊断、鉴定的，用人单位应当如实提供职业病诊断、鉴定所需的劳动者职业史和职业病危害接触史、工作场所职业病危害因素检测结果和放射工作人员个人剂量监测结果等资料。

◆用人单位不得安排未成年工从事接触职业病危害的作业，不得安排有职业禁忌的劳动者从事其所禁忌的作业，不得安排孕期、哺乳期女职工从事对本人和胎儿、婴儿有危害的作业。

◆用人单位应当建立、健全下列职业卫生档案资料：

（1）职业病防治责任制文件。

（2）职业卫生管理规章制度、操作规程。

（3）工作场所职业病危害因素种类清单、岗位分布以及作业人员接触情况等资料。

（4）职业病防护设施、应急救援设施基本信息，以及其配置、使用、维护、检修与更换等记录。

（5）工作场所职业病危害因素检测、评价报告与记录。

（6）职业病防护用品配备、发放、维护与更换等记录。

（7）主要负责人、职业卫生管理人员和职业病危害严重工作岗位的劳动者等相关人员职业卫生培训资料。

（8）职业病危害事故报告与应急处置记录。

（9）劳动者职业健康检查结果汇总资料，存在职业禁忌证、职业健康损害或者职业病的劳动者处理和安置情况记录。

（10）建设项目职业卫生"三同时"有关技术资料，以及其备案、审核、审查或者验收等有关回执或者批复文件。

（11）职业卫生安全许可证申领、职业病危害项目申报等有关回执或者批复文件。

（12）其他有关职业卫生管理的资料或者文件。

◆用人单位发生职业病危害事故，应当及时向所在地安全生产监督管理部门和有关部门报告，并采取有效措施，减少或者消除职业病危害因素，防止事故扩大。对遭受或者可能遭受急性职业病危害的劳动者，用人单位应当及时组织救治、进行健康检查和医学观察，并承担所需费用。

用人单位不得故意破坏事故现场、毁灭有关证据，不得迟报、漏报、谎报或者瞒报职业病危害事故。

◆用人单位发现职业病病人或者疑似职业病病人时，应当按照国家规定及时向所在地安全生产监督管理部门和有关部门报告。

◆工作场所使用有毒物品的用人单位，应当按照有关规定向安全生产监督管理部门申请办理职业卫生安全许可证。

◆用人单位在安全生产监督管理部门行政执法人员依法履行监督检查职责时，应当予以配合，不得拒绝、阻挠。

3. 监督管理的有关规定

第三章监督管理，对相关事项做了规定。

◆安全生产监督管理部门应当依法对用人单位执行有关职业病防治的法律、法规、规章和国家职业卫生标准的情况进行监督检查，重点监督检查下列内容：

(1) 设置或者指定职业卫生管理机构或者组织，配备专职或者兼职的职业卫生管理人员情况。

(2) 职业卫生管理制度和操作规程的建立、落实及公布情况。

(3) 主要负责人、职业卫生管理人员和职业病危害严重的工作岗位的劳动者职业卫生培训情况。

(4) 建设项目职业卫生"三同时"制度落实情况。

(5) 工作场所职业病危害项目申报情况。

(6) 工作场所职业病危害因素监测、检测、评价及结果报告和公布情况。

(7) 职业病防护设施、应急救援设施的配置、维护、保养情况，以及职业病防护用品的发放、管理及劳动者佩戴使用情况。

(8) 职业病危害因素及危害后果警示、告知情况。

(9) 劳动者职业健康监护、放射工作人员个人剂量监测情况。

(10) 职业病危害事故报告情况。

(11) 提供劳动者健康损害与职业史、职业病危害接触关系等相关资料的情况。

(12) 依法应当监督检查的其他情况。

◆安全生产监督管理部门应当加强建设项目职业卫生"三同时"的监督管理，建立、健全相关资料的档案管理制度。

◆安全生产监督管理部门履行监督检查职责时，有权采取下列措施：

（1）进入被检查单位及工作场所，进行职业病危害检测，了解情况，调查取证。

（2）查阅、复制被检查单位有关职业病危害防治的文件、资料，采集有关样品。

（3）责令违反职业病防治法律、法规的单位和个人停止违法行为。

（4）责令暂停导致职业病危害事故的作业，封存造成职业病危害事故或者可能导致职业病危害事故发生的材料和设备。

（5）组织控制职业病危害事故现场。

在职业病危害事故或者危害状态得到有效控制后，安全生产监督管理部门应当及时解除前款第四项、第五项规定的控制措施。

◆发生职业病危害事故，安全生产监督管理部门应当依照国家有关规定报告事故和组织事故的调查处理。

4. 法律责任的有关规定

第四章法律责任，对相关事项做了规定。

◆用人单位有下列情形之一的，给予警告，责令限期改正，可以并处 5 000 元以上 2 万元以下的罚款：

（1）未按照规定实行有害作业与无害作业分开、工作场所与生活场所分开的。

（2）用人单位的主要负责人、职业卫生管理人员未接受职业卫生培训的。

◆用人单位有下列情形之一的，给予警告，责令限期改正；逾期未改正的，处 10 万元以下的罚款：

（1）未按照规定制定职业病防治计划和实施方案的。

（2）未按照规定设置或者指定职业卫生管理机构或者组织，或者未配备专职或者兼职的职业卫生管理人员的。

（3）未按照规定建立、健全职业卫生管理制度和操作规程的。

（4）未按照规定建立、健全职业卫生档案和劳动者健康监护档案的。

（5）未建立、健全工作场所职业病危害因素监测及评价制度的。

（6）未按照规定公布有关职业病防治的规章制度、操作规程、职业病危害事故应急救援措施的。

（7）未按照规定组织劳动者进行职业卫生培训，或者未对劳动者个体防护采取有效的指导、督促措施的。

（8）工作场所职业病危害因素检测、评价结果未按照规定存档、上报和公布的。

◆用人单位有下列情形之一的，责令限期改正，给予警告，可以并处 5 万元以上 10 万元以下的罚款：

（1）未按照规定及时、如实申报产生职业病危害的项目的。

（2）未实施由专人负责职业病危害因素日常监测，或者监测系统不能正常监测的。

（3）订立或者变更劳动合同时，未告知劳动者职业病危害真实情况的。

（4）未按照规定组织劳动者进行职业健康检查、建立职业健康监护档案或者未将检查结果书面告知劳动者的。

（5）未按照规定在劳动者离开用人单位时提供职业健康监护档案复印件的。

◆用人单位有下列情形之一的，给予警告，责令限期改正；逾期未改正的，处5万元以上20万元以下的罚款；情节严重的，责令停止产生职业病危害的作业，或者提请有关人民政府按照国务院规定的权限责令关闭：

（1）工作场所职业病危害因素的强度或者浓度超过国家职业卫生标准的。

（2）未提供职业病防护设施和劳动者使用的职业病防护用品，或者提供的职业病防护设施和劳动者使用的职业病防护用品不符合国家职业卫生标准和卫生要求的。

（3）未按照规定对职业病防护设备、应急救援设施和劳动者职业病防护用品进行维护、检修、检测，或者不能保持正常运行、使用状态的。

（4）未按照规定对工作场所职业病危害因素进行检测、现状评价的。

（5）工作场所职业病危害因素经治理仍然达不到国家职业卫生标准和卫生要求时，未停止存在职业病危害因素的作业的。

（6）发生或者可能发生急性职业病危害事故，未立即采取应急救援和控制措施或者未按照规定及时报告的。

（7）未按照规定在产生严重职业病危害的作业岗位醒目位置设置警示标识和中文警示说明的。

（8）拒绝安全生产监督管理部门监督检查的。

（9）隐瞒、伪造、篡改、毁损职业健康监护档案、工作场所职业病危害因素检测评价结果等相关资料，或者不提供职业病诊断、鉴定所需要资料的。

（10）未按照规定承担职业病诊断、鉴定费用和职业病病人的医疗、生活保障费用的。

◆用人单位有下列情形之一的，责令限期改正，并处5万元以上30万元以下的罚款；情节严重的，责令停止产生职业病危害的作业，或者提请有关人民政府按照国务院规定的权限责令关闭：

（1）隐瞒技术、工艺、设备、材料所产生的职业病危害而采用的。

（2）隐瞒本单位职业卫生真实情况的。

（3）可能发生急性职业损伤的有毒、有害工作场所或者放射工作场所不符合本规定相关规定的。

（4）使用国家明令禁止使用的可能产生职业病危害的设备或者材料的。

（5）将产生职业病危害的作业转移给没有职业病防护条件的单位和个人，或者没有职业病防护条件的单位和个人接受产生职业病危害的作业的。

（6）擅自拆除、停止使用职业病防护设备或者应急救援设施的。

（7）安排未经职业健康检查的劳动者、有职业禁忌的劳动者、未成年工或者孕期、哺乳期女职工从事接触产生职业病危害的作业或者禁忌作业的。

（8）违章指挥和强令劳动者进行没有职业病防护措施的作业的。

◆用人单位违反《职业病防治法》的规定，已经对劳动者生命健康造成严重损害的，责令停止产生职业病危害的作业，或者提请有关人民政府按照国务院规定的权限责令关闭，并处10万元以上50万元以下的罚款。

造成重大职业病危害事故或者其他严重后果，构成犯罪的，对直接负责的主管人员和其他直接责任人员，依法追究刑事责任。

◆用人单位未按照规定报告职业病、疑似职业病的，责令限期改正，给予警告，可以并处1万元以下的罚款；弄虚作假的，并处2万元以上5万元以下的罚款。

三、《用人单位职业健康监护监督管理办法》相关要点

2012年4月27日，国家安全生产监督管理总局公布《用人单位职业健康监护监督管理办法》（国家安全生产监督管理总局令第49号），自2012年6月1日起施行。

《用人单位职业健康监护监督管理办法》分为五章三十二条，各章内容为：第一章总则，第二章用人单位的职责，第三章监督管理，第四章法律责任，第五章附则。制定本办法的目的是根据《职业病防治法》，为了规范用人单位职业健康监护工作，加强职业健康监护的监督管理，保护劳动者健康及其相关权益。

1. 总则中的有关规定

第一章总则，对相关事项做了规定。

◆用人单位从事接触职业病危害作业的劳动者（以下简称劳动者）的职业健康监护和安全生产监督管理部门对其实施监督管理，适用本办法。

◆本办法所称职业健康监护，是指劳动者上岗前、在岗期间、离岗时、应急的职业健康检查和职业健康监护档案管理。

◆用人单位应当建立、健全劳动者职业健康监护制度，依法落实职业健康监护工作。

◆用人单位应当接受安全生产监督管理部门依法对其职业健康监护工作的监督检查，并提供有关文件和资料。

◆对用人单位违反本办法的行为，任何单位和个人均有权向安全生产监督管理部门举报或者报告。

2. 用人单位职责的有关规定

第二章用人单位的职责，对相关事项做了规定。

◆用人单位是职业健康监护工作的责任主体，其主要负责人对本单位职业健康监护工作全面负责。

用人单位应当依照本办法以及《职业健康监护技术规范》（GBZ 188）、《放射工作人员职业健康监护技术规范》（GBZ 235）等国家职业卫生标准的要求，制定、落实本单位职业健康检查年度计划，并保证所需要的专项经费。

◆用人单位应当组织劳动者进行职业健康检查，并承担职业健康检查费用。

劳动者接受职业健康检查应当视同正常出勤。

◆用人单位应当选择由省级以上人民政府卫生行政部门批准的医疗卫生机构承担职业健康检查工作，并确保参加职业健康检查的劳动者身份的真实性。

◆用人单位在委托职业健康检查机构对从事接触职业病危害作业的劳动者进行职业健康检查时，应当如实提供下列文件、资料：

（1）用人单位的基本情况。

（2）工作场所职业病危害因素种类及其接触人员名册。

（3）职业病危害因素定期检测、评价结果。

◆用人单位应当对下列劳动者进行上岗前的职业健康检查：

（1）拟从事接触职业病危害作业的新录用劳动者，包括转岗到该作业岗位的劳动者。

（2）拟从事有特殊健康要求作业的劳动者。

◆用人单位不得安排未经上岗前职业健康检查的劳动者从事接触职业病危害的作业，不得安排有职业禁忌的劳动者从事其所禁忌的作业。

用人单位不得安排未成年工从事接触职业病危害的作业，不得安排孕期、哺乳期的女职工从事对本人和胎儿、婴儿有危害的作业。

◆用人单位应当根据劳动者所接触的职业病危害因素，定期安排劳动者进行在岗期间的职业健康检查。

对在岗期间的职业健康检查，用人单位应当按照《职业健康监护技术规范》（GBZ 188）等国家职业卫生标准的规定和要求，确定接触职业病危害的劳动者的检查项目和检查周期。需要复查的，应当根据复查要求增加相应的检查项目。

◆出现下列情况之一的，用人单位应当立即组织有关劳动者进行应急职业健康检查：

（1）接触职业病危害因素的劳动者在作业过程中出现与所接触职业病危害因素相关的

不适症状的。

（2）劳动者受到急性职业中毒危害或者出现职业中毒症状的。

◆对准备脱离所从事的职业病危害作业或者岗位的劳动者，用人单位应当在劳动者离岗前 30 日内组织劳动者进行离岗时的职业健康检查。劳动者离岗前 90 日内的在岗期间的职业健康检查可以视为离岗时的职业健康检查。

用人单位对未进行离岗时职业健康检查的劳动者，不得解除或者终止与其订立的劳动合同。

◆用人单位应当及时将职业健康检查结果及职业健康检查机构的建议以书面形式如实告知劳动者。

◆用人单位应当根据职业健康检查报告，采取下列措施：

（1）对有职业禁忌的劳动者，调离或者暂时脱离原工作岗位。

（2）对健康损害可能与所从事的职业相关的劳动者，进行妥善安置。

（3）对需要复查的劳动者，按照职业健康检查机构要求的时间安排复查和医学观察。

（4）对疑似职业病病人，按照职业健康检查机构的建议安排其进行医学观察或者职业病诊断。

（5）对存在职业病危害的岗位，立即改善劳动条件，完善职业病防护设施，为劳动者配备符合国家标准的职业病危害防护用品。

◆职业健康监护中出现新发生职业病（职业中毒）或者两例以上疑似职业病（职业中毒）的，用人单位应当及时向所在地安全生产监督管理部门报告。

◆用人单位应当为劳动者个人建立职业健康监护档案，并按照有关规定妥善保存。职业健康监护档案包括下列内容：

（1）劳动者姓名、性别、年龄、籍贯、婚姻、文化程度、嗜好等情况。

（2）劳动者职业史、既往病史和职业病危害接触史。

（3）历次职业健康检查结果及处理情况。

（4）职业病诊疗资料。

（5）需要存入职业健康监护档案的其他有关资料。

◆安全生产行政执法人员、劳动者或者其近亲属、劳动者委托的代理人有权查阅、复印劳动者的职业健康监护档案。

劳动者离开用人单位时，有权索取本人职业健康监护档案复印件，用人单位应当如实、无偿提供，并在所提供的复印件上签章。

◆用人单位发生分立、合并、解散、破产等情形时，应当对劳动者进行职业健康检查，并依照国家有关规定妥善安置职业病病人；其职业健康监护档案应当依照国家有关规定实施移交保管。

3. 监督管理的有关规定

第三章监督管理，对相关事项做了规定。

◆安全生产监督管理部门应当依法对用人单位落实有关职业健康监护的法律、法规、规章和标准的情况进行监督检查，重点监督检查下列内容：

(1) 职业健康监护制度建立情况。

(2) 职业健康监护计划制订和专项经费落实情况。

(3) 如实提供职业健康检查所需资料情况。

(4) 劳动者上岗前、在岗期间、离岗时、应急职业健康检查情况。

(5) 对职业健康检查结果及建议，向劳动者履行告知义务情况。

(6) 针对职业健康检查报告采取措施情况。

(7) 报告职业病、疑似职业病情况。

(8) 劳动者职业健康监护档案建立及管理情况。

(9) 为离开用人单位的劳动者如实、无偿提供本人职业健康监护档案复印件情况。

(10) 依法应当监督检查的其他情况。

◆安全生产监督管理部门履行监督检查职责时，有权进入被检查单位，查阅、复制被检查单位有关职业健康监护的文件、资料。

4. 法律责任的有关规定

第四章法律责任，对相关事项做了规定。

◆用人单位有下列行为之一的，给予警告，责令限期改正，可以并处 3 万元以下的罚款：

(1) 未建立或者落实职业健康监护制度的。

(2) 未按照规定制订职业健康监护计划和落实专项经费的。

(3) 弄虚作假，指使他人冒名顶替参加职业健康检查的。

(4) 未如实提供职业健康检查所需要的文件、资料的。

(5) 未根据职业健康检查情况采取相应措施的。

(6) 不承担职业健康检查费用的。

◆用人单位有下列行为之一的，责令限期改正，给予警告，可以并处 5 万元以上 10 万元以下的罚款：

(1) 未按照规定组织职业健康检查、建立职业健康监护档案或者未将检查结果如实告知劳动者的。

(2) 未按照规定在劳动者离开用人单位时提供职业健康监护档案复印件的。

◆用人单位有下列情形之一的，给予警告，责令限期改正，逾期不改正的，处5万元以上20万元以下的罚款；情节严重的，责令停止产生职业病危害的作业，或者提请有关人民政府按照国务院规定的权限责令关闭：

（1）未按照规定安排职业病病人、疑似职业病病人进行诊治的。

（2）隐瞒、伪造、篡改、损毁职业健康监护档案等相关资料，或者拒不提供职业病诊断、鉴定所需资料的。

◆用人单位有下列情形之一的，责令限期治理，并处5万元以上30万元以下的罚款；情节严重的，责令停止产生职业病危害的作业，或者提请有关人民政府按照国务院规定的权限责令关闭：

（1）安排未经职业健康检查的劳动者从事接触职业病危害的作业的。

（2）安排未成年工从事接触职业病危害的作业的。

（3）安排孕期、哺乳期女职工从事对本人和胎儿、婴儿有危害的作业的。

（4）安排有职业禁忌的劳动者从事所禁忌的作业的。

◆用人单位违反本办法规定，未报告职业病、疑似职业病的，由安全生产监督管理部门责令限期改正，给予警告，可以并处1万元以下的罚款；弄虚作假的，并处2万元以上5万元以下的罚款。

四、《用人单位职业病危害告知与警示标识管理规范》相关要点

2014年11月13日，国家安全监管总局办公厅下发《关于印发用人单位职业病危害告知与警示标识管理规范的通知》（安监总厅安健〔2014〕111号）。该通知指出，为指导和规范用人单位做好职业病危害告知与警示标识管理工作，依照《职业病防治法》、《工作场所职业卫生监督管理规定》（国家安全监管总局令第47号）等法律规章，国家安全监管总局制定了《用人单位职业病危害告知与警示标识管理规范》，请认真贯彻落实。

《用人单位职业病危害告知与警示标识管理规范》分为六章三十六条，各章内容为：第一章总则，第二章职业病危害告知，第三章职业病危害警示标识，第四章公告栏与警示标识的设置，第五章公告栏与警示标识的维护更换，第六章附则。

1. 总则中的有关规定

第一章总则，对相关事项做了规定。

◆为规范用人单位职业病危害告知与警示标识管理工作，预防和控制职业病危害，保障劳动者职业健康，根据《职业病防治法》、《工作场所职业卫生监督管理规定》（国家安全

监管总局令第 47 号）以及《工作场所职业病危害警示标识》（GBZ 158）、《高毒物品作业岗位职业病危害告知规范》（GBZ/T 203）等法律、规章和标准，制定本规范。

◆职业病危害告知是指用人单位通过与劳动者签订劳动合同、公告、培训等方式，使劳动者知晓工作场所产生或存在的职业病危害因素、防护措施、对健康的影响以及健康检查结果等的行为。职业病危害警示标识是指在工作场所中设置的可以提醒劳动者对职业病危害产生警觉并采取相应防护措施的图形标识、警示线、警示语句和文字说明以及组合使用的标识等。

本规范所指的劳动者包括用人单位的合同制、聘用制、劳务派遣等性质的劳动者。

◆用人单位应当依法开展工作场所职业病危害因素检测评价，识别分析工作过程中可能产生或存在的职业病危害因素。

◆用人单位应将工作场所可能产生的职业病危害如实告知劳动者，在醒目位置设置职业病防治公告栏，并在可能产生严重职业病危害的作业岗位以及产生职业病危害的设备、材料、储存场所等设置警示标识。

◆用人单位应当依法开展职业卫生培训，使劳动者了解警示标识的含义，并针对警示的职业病危害因素采取有效的防护措施。

2. 职业病危害告知的有关规定

第二章职业病危害告知，对相关事项做了规定。

◆产生职业病危害的用人单位应将工作过程中可能接触的职业病危害因素的种类、危害程度、危害后果、提供的职业病防护设施、个人使用的职业病防护用品、职业健康检查和相关待遇等如实告知劳动者，不得隐瞒或者欺骗。

◆用人单位与劳动者订立劳动合同（含聘用合同，下同）时，应当在劳动合同中写明工作过程可能产生的职业病危害及其后果、职业病危害防护措施和待遇（岗位津贴、工伤保险等）等内容。同时，以书面形式告知劳务派遣人员。

格式合同文本内容不完善的，应以合同附件形式签署职业病危害告知书。

◆劳动者在履行劳动合同期间因工作岗位或者工作内容变更，从事与所订立劳动合同中未告知的存在职业病危害的作业时，用人单位应当依照本规范第七条的规定，向劳动者履行如实告知的义务，并协商变更原劳动合同相关条款。

◆用人单位应对劳动者进行上岗前的职业卫生培训和在岗期间的定期职业卫生培训，使劳动者知悉工作场所存在的职业病危害，掌握有关职业病防治的规章制度、操作规程、应急救援措施、职业病防护设施和个人防护用品的正确使用维护方法及相关警示标识的含义，并经书面和实际操作考试合格后方可上岗作业。

◆产生职业病危害的用人单位应当设置公告栏，公布本单位职业病防治的规章制度等内容。

设置在办公区域的公告栏，主要公布本单位的职业卫生管理制度和操作规程等；设置在工作场所的公告栏，主要公布存在的职业病危害因素及岗位、健康危害、接触限值、应急救援措施，以及工作场所职业病危害因素检测结果、检测日期、检测机构名称等。

◆用人单位要按照规定组织从事接触职业病危害作业的劳动者进行上岗前、在岗期间和离岗时的职业健康检查，并将检查结果书面告知劳动者本人。用人单位书面告知文件要留档备查。

3. 职业病危害警示标识的有关规定

第三章职业病危害警示标识，对相关事项做了规定。

◆用人单位应在产生或存在职业病危害因素的工作场所、作业岗位、设备、材料（产品）包装、储存场所设置相应的警示标识。

◆产生职业病危害的工作场所，应当在工作场所入口处及产生职业病危害的作业岗位或设备附近的醒目位置设置警示标识：

（1）产生粉尘的工作场所设置"注意防尘""戴防尘口罩""注意通风"等警示标识，对皮肤有刺激性或经皮肤吸收的粉尘工作场所还应设置"穿防护服""戴防护手套""戴防护眼镜"，产生含有有毒物质的混合性粉（烟）尘的工作场所应设置"戴防尘毒口罩"。

（2）放射工作场所设置"当心电离辐射"等警示标识，在开放性同位素工作场所设置"当心裂变物质"。

（3）有毒物品工作场所设置"禁止入内""当心中毒""当心有毒气体""必须洗手""穿防护服""戴防毒面具""戴防护手套""戴防护眼镜""注意通风"等警示标识，并标明"紧急出口""救援电话"等警示标识。

（4）能引起职业性灼伤或腐蚀的化学品工作场所，设置"当心腐蚀""腐蚀性""遇湿具有腐蚀性""当心灼伤""穿防护服""戴防护手套""穿防护鞋""戴防护眼镜""戴防毒口罩"等警示标识。

（5）产生噪声的工作场所设置"噪声有害""戴护耳器"等警示标识。

（6）高温工作场所设置"当心中暑""注意高温""注意通风"等警示标识。

（7）能引起电光性眼炎的工作场所设置"当心弧光""戴防护镜"等警示标识。

（8）生物因素所致职业病的工作场所设置"当心感染"等警示标识。

（9）存在低温作业的工作场所设置"注意低温""当心冻伤"等警示标识。

（10）密闭空间作业场所出入口设置"密闭空间作业危险""进入需许可"等警示标识。

(11) 产生手传振动的工作场所设置"振动有害""使用设备时必须戴防振手套"等警示标识。

(12) 能引起其他职业病危害的工作场所设置"注意××危害"等警示标识。

◆生产、使用有毒物品工作场所应当设置黄色区域警示线。生产、使用高毒、剧毒物品工作场所应当设置红色区域警示线。警示线设在生产、使用有毒物品的车间周围外缘不少于 30 cm 处，警示线宽度不少于 10 cm。

◆开放性放射工作场所监督区设置黄色区域警示线，控制区设置红色区域警示线；室外、野外放射工作场所及室外、野外放射性同位素及其储存场所应设置相应警示线。

◆对产生严重职业病危害的作业岗位，除按本规范相关规定的要求设置警示标识外，还应当在其醒目位置设置职业病危害告知卡（以下简称告知卡）。

告知卡应当标明职业病危害因素名称、理化特性、健康危害、接触限值、防护措施、应急处理及急救电话、职业病危害因素检测结果及检测时间等。

符合以下条件之一，即为产生严重职业病危害的作业岗位：

(1) 存在矽尘或石棉粉尘的作业岗位。

(2) 存在"致癌""致畸"等有害物质或者可能导致急性职业性中毒的作业岗位。

(3) 放射性危害作业岗位。

◆使用可能产生职业病危害的化学品、放射性同位素和含有放射性物质的材料的，必须在使用岗位设置醒目的警示标识和中文警示说明，警示说明应当载明产品特性、主要成分、存在的有害因素、可能产生的危害后果、安全使用注意事项、职业病防护以及应急救治措施等内容。

◆储存可能产生职业病危害的化学品、放射性同位素和含有放射性物质材料的场所，应当在入口处和存放处设置"当心中毒""当心电离辐射""非工作人员禁止入内"等警示标识。

◆使用可能产生职业病危害的设备的，除按本规范相关规定的要求设置警示标识外，还应当在设备醒目位置设置中文警示说明。警示说明应当载明设备性能、可能产生的职业病危害、安全操作和维护注意事项、职业病防护以及应急救治措施等内容。

◆为用人单位提供可能产生职业病危害的设备或可能产生职业病危害的化学品、放射性同位素和含有放射性物质的材料的，应当依法在设备或者材料的包装上设置警示标识和中文警示说明。

◆高毒、剧毒物品工作场所应急撤离通道设置"紧急出口"，泄险区启用时应设置"禁止入内""禁止停留"等警示标识。

◆维护和检修装置时产生或可能产生职业病危害的，应在工作区域设置相应的职业病危害警示标识。

4. 公告栏与警示标识设置的有关规定

第四章公告栏与警示标识的设置，对相关事项做了规定。

◆公告栏应设置在用人单位办公区域、工作场所入口处等方便劳动者观看的醒目位置。告知卡应设置在产生或存在严重职业病危害的作业岗位附近的醒目位置。

◆公告栏和告知卡应使用坚固材料制成，尺寸大小应满足内容需要，高度应适合劳动者阅读，内容应字迹清楚、颜色醒目。

◆用人单位多处场所都涉及同一职业病危害因素的，应在各工作场所入口处均设置相应的警示标识。

◆工作场所内存在多个产生相同职业病危害因素的作业岗位的，临近的作业岗位可以共用警示标识、中文警示说明和告知卡。

◆警示标识（不包括警示线）采用坚固耐用、不易变形变质、阻燃的材料制作。有触电危险的工作场所使用绝缘材料。可能产生职业病危害的设备及化学品、放射性同位素和含放射性物质的材料（产品）包装上，可直接粘贴、印刷或者喷涂警示标识。

◆警示标识设置的位置应具有良好的照明条件。井下警示标识应用反光材料制作。

◆公告栏、告知卡和警示标识不应设在门窗或可移动的物体上，其前面不得放置妨碍认读的障碍物。

◆多个警示标识在一起设置时，应按禁止、警告、指令、提示类型的顺序，先左后右、先上后下排列。

◆警示标识的规格要求等按照《工作场所职业病危害警示标识》（GBZ 158）执行。

5. 公告栏与警示标识维护更换的有关规定

第五章公告栏与警示标识的维护更换，对相关事项做了规定。

◆公告栏中公告内容发生变动后应及时更新，职业病危害因素检测结果应在收到检测报告之日起7日内更新。

生产工艺发生变更时，应在工艺变更完成后7日内补充完善相应的公告内容与警示标识。

◆告知卡和警示标识应至少每半年检查一次，发现有破损、变形、变色、图形符号脱落、亮度老化等影响使用的问题时应及时修整或更换。

◆用人单位应按照《国家安全监管总局办公厅关于印发职业卫生档案管理规范的通知》（安监总厅安健〔2013〕171号）的要求，完善职业病危害告知与警示标识档案材料，并将其存放于本单位的职业卫生档案。

6. 附则中的有关规定

第六章附则，对相关事项做了规定。

◆用人单位违反本规范的行为，应当依据《职业病防治法》《工作场所职业卫生监督管理规定》等法律法规及规章的规定予以处罚。

◆本规范未规定的其他有关事项，依照《职业病防治法》和其他有关法律法规规章及职业卫生标准的规定执行。

第二节 粉尘类职业危害与防治知识

粉尘类职业危害主要是导致尘肺病的发生。尘肺病又称肺尘病或黑肺症（俗称矽肺病），又称尘肺、砂肺，是一种肺部纤维化疾病。患者通常长期处于充满尘埃的场所，因吸入大量灰尘，导致末梢支气管下的肺泡积存灰尘，一段时间后肺内发生变化，形成纤维化灶。在职业病目录中，职业性尘肺病有矽肺、煤工尘肺、石墨尘肺、碳黑尘肺、石棉肺、滑石尘肺、水泥尘肺、云母尘肺、陶工尘肺、铝尘肺、电焊工尘肺、铸工尘肺等。由这些名称即可知道，凡是在充满尘埃的场所中生产作业，都需要认真采取措施，预防尘肺病的发生。

一、生产性粉尘的来源与危害

1. 生产性粉尘的来源与分类

一些工矿企业，如煤矿、非煤矿山等企业，在进行煤矿或矿石的开采过程中，或者是对原料进行破碎、过筛、搅拌装置的过程中，常常会散发出大量微小颗粒。这些颗粒在空气中悬浮很久而不落下来，被作业人员吸入肺中。这就是生产性粉尘。生产性粉尘是指在生产过程中形成并能够长时间飘浮于空气中的大量微小颗粒。

生产性粉尘来源十分广泛，如固体物质的机械加工、粉碎；金属的研磨、切削；矿石的粉碎、筛分、配料或岩石的钻孔、爆破和破碎等；耐火材料、玻璃、水泥和陶瓷等工业中原料加工；皮毛、纺织物等原料处理；化学工业中固体原料加工处理，物质加热时产生的蒸汽、有机物质燃烧不完全所产生的烟等。此外，还有粉末状物质在混合、过筛、包装和搬运等操作时产生的粉尘，以及沉积的粉尘二次扬尘等。

生产性粉尘是污染环境、损害劳动者健康的严重职业性有害因素，可引起包括尘肺病在内的多种职业性肺部疾病。

根据性质，生产性粉尘可分为三类。

（1）无机性粉尘：包括矿物性粉尘，如石英、石棉、煤等；金属性粉尘，如铁、锡、铝等及其化合物；人工无机粉尘，如水泥、金刚砂等。

（2）有机性粉尘：包括植物性粉尘，如棉、麻、面粉、木材；动物性粉尘，如皮毛、丝尘等；人工合成的有机染料、农药、合成树脂、炸药和人造纤维等。

（3）混合性粉尘：指上述各种粉尘的混合存在形式，一般是两种以上粉尘的混合。生产环境中最常见的就是混合性粉尘。

2. 生产性粉尘对人体的危害

粉尘主要通过呼吸道进入人体，并可以沉积在呼吸道。粉尘颗粒越小，飘浮在空气中的时间越长，越容易进入呼吸道深部。颗粒较小的粉尘易沉积在肺泡组织内，最具致病性。颗粒较大的粉尘，通常阻留在上呼吸道，易随痰咳出。

粉尘对人体健康的影响包括以下几个方面：

（1）破坏人体正常的防御功能。长期大量吸入生产性粉尘，可使呼吸道黏膜、气管、支气管的纤毛上皮细胞受到损伤，破坏呼吸道的防御功能，肺内尘源积累会随之增加。因此，接尘工人脱离粉尘作业后还可能会患尘肺病，而且病程会随着时间的推移而加深。

（2）可引起肺部疾病。长期大量吸入粉尘，使肺组织发生弥漫性、进行性纤维组织增生，引起尘肺病，导致呼吸功能严重受损而使劳动能力下降或丧失。矽肺是纤维化病变最严重、进展最快、危害最大的尘肺。

（3）致癌。有些粉尘具有致癌性，如石棉是世界公认的人类致癌物质，石棉尘可引起间皮细胞瘤，可使肺癌的发病率明显增高。

（4）毒性作用。铅、砷、锰等有毒粉尘，能在支气管和肺泡壁上被溶解吸收，引起铅、砷、锰等中毒。

（5）局部作用。粉尘堵塞皮脂腺使皮肤干燥，可引起痤疮、毛囊炎、脓皮病等；粉尘对角膜的刺激及损伤可导致角膜的感觉丧失，角膜浑浊等改变；粉尘刺激呼吸道黏膜，可引起鼻咽、咽炎、喉炎。

3. 尘肺病的特点

尘肺病是由于在生产活动中长期吸入生产性粉尘引起的以肺组织弥漫性纤维化为主的全身性疾病。肺纤维化就是肺间质的纤维组织过度增长，进而破坏正常肺组织，使肺的弹性降低，影响肺的正常呼吸功能。

引起尘肺病的生产性粉尘主要有两类：一类是无机矿物性粉尘，包括石英粉尘、煤尘、石棉、水泥、电焊烟尘、滑石、云母、铸造粉尘等；另一类是有机粉尘。

尘肺病具有以下特点：

（1）病因明确。作业环境中存在较高浓度的生产性粉尘，是引起尘肺病的主要原因。控制生产性粉尘浓度或采取有效的个人呼吸防护措施，可避免或减少尘肺病的发生。

（2）发病缓慢。职工在生产环境中长期吸入超过国家规定标准浓度的粉尘，经过数月、数年或更长时间发生尘肺病。

（3）脱离粉尘作业仍有可能患尘肺病或加重病情进展。

（4）通常在相同作业场所从事作业的职工中具有一定的发病率，很少只出现个别病例。

（5）可防不可治。远离尘肺病的关键在于预防，一旦患上尘肺病，将很难根治，而且发现越晚，疗效越差。

4. 容易患尘肺病的行业、工种与场所

目前粉尘是我国主要的职业病危害因素，因此尘肺病也是我国最主要的职业病。可以说工业生产过程中粉尘是随时随处都存在的，容易患尘肺病的主要行业及工种是：

（1）矿山开采业。各种金属矿山及非金属矿山的开采是产生粉尘最多的行业，因此也是尘肺病危害最严重的行业。在金属或非金属矿山接触粉尘最多的工种是凿岩工、放炮工、支柱工、运输工等，在煤矿主要是掘进工、采煤工、搬运工等。矿山开采业使用风动工具凿眼、爆破，特别是干式作业（干打眼）可产生大量的粉尘。

（2）机械制造业。机械制造业首先是制造金属铸件，即铸造业，铸造模具所使用的原料主要是天然砂，其次是黏土。由于对铸件的要求不同，铸造模具所用的原料的成分也不同，有些二氧化硅可达 70%～90%；黏土主要是高岭土和膨润土，为硅酸盐。铸造业曾经是发生矽肺的主要行业之一。机械制造业主要接触粉尘的工作包括配砂、混砂、成型以及铸件的打箱、清砂等。

（3）金属冶炼业。金属冶炼过程中矿石的粉碎、烧结、选矿等，可产生大量的粉尘，冶炼工人广泛分布在钢铁冶炼和其他金属冶炼业中。

（4）建筑材料业。耐火材料、玻璃、水泥制造业，石料的开采、加工、粉碎、过筛以及陶瓷中原料的混配、成型、烧炉、出炉和搪瓷工业。主要接触二氧化硅粉尘和硅酸盐粉尘。

（5）筑路业。包括铁路、公路修建中的隧道开凿及铺路。

（6）水电业。水利电力行业中的隧道开凿、地下电站建设。

（7）其他，如石碑、石磨加工、制作等。

一般来讲，接触粉尘作业场所更容易引起尘肺病，这些场所包括：作业场所产尘量大，

粉尘浓度高于国家标准；生产性粉尘的石英纯度高；生产过程采取干式作业，而且没有通风除尘设施；作业时间长，劳动强度大；没有配备个人呼吸防护用品等。

5. 影响尘肺发病的因素

尘肺病人从接尘到发病一般有 10 年左右的时间，时间长的 15～20 年才发病，短的 1～2 年甚至半年就能发病。尘肺的发病时间（发病工龄）主要取决于粉尘中游离二氧化硅（或硅酸盐）的含量、粉尘的粒径大小和吸入量。劳动强度、个人身体状况和个人防护措施对尘肺的发病也有不同程度的影响。

（1）游离二氧化硅含量。大量的实验研究和卫生调查都表明，粉尘中游离二氧化硅含量越高，尘肺病发病的时间越短，病变发展速度越快，危害性越大。如吸入含游离二氧化硅 70% 以上的粉尘时，往往形成以结节为主的弥漫性纤维化，而且发展较快，又易于融合。当粉尘中游离二氧化硅含量低于 10% 时，则肺内病变以间质性为主，发展较慢且不易融合。

（2）粉尘的粒径。人体的呼吸器官对粉尘的进入有防御能力，随吸气进入呼吸道的粉尘并不全部吸入肺泡（肺泡的直径只有几微米至十几微米），大部分被阻留在鼻腔中或黏附在各级支气管的黏膜上，随着呼气和痰液排出体外，仅有很少一部分粒径较小的尘粒有可能进入肺泡而沉积在肺部。粒径越小，在空气中停留的时间越长，通过上呼吸道而被吸入肺部的机会越多。此外，粒径越小，粉尘的表面积越大，在人体内的化学性质越活泼，导致肺组织纤维化的作用也越明显。所以粉尘粒径越小，对人体的危害性越大。从死于矽肺的人的肺组织中发现的尘粒，95%～99% 的粒径都小于 5 μm。所以，现在一般认为 5 μm 以下的呼吸性粉尘对人体的危害性最大。

（3）粉尘的吸入量。粉尘的吸入量与工人作业点空气中的粉尘浓度和接触粉尘的时间成正比。粉尘浓度越高，从事粉尘作业的时间越长，则吸入量越多，就越容易患尘肺。对从事粉尘作业的工人来说，控制住作业点的粉尘浓度，就可以控制粉尘的吸入量，也就在一定程度上控制了尘肺的发生。

（4）劳动强度。人的呼吸量是随着劳动强度的增加而增加的。这是因为劳动过程中人体内新陈代谢需要氧气参加，劳动强度越大，所需的氧气就越多。据推算，在含尘浓度相同的作业环境中，从事中度和重度劳动强度的工人吸入的粉尘量相应增加 1.5～3 倍。由此可见，劳动强度的大小是影响尘肺发病的重要因素之一。

（5）个人身体状况。因为粉尘是通过对人体起作用而引起尘肺的，所以人体本身的一些因素也影响着尘肺的发生和发展。一般来说，体质差、患有各种慢性病（如支气管炎、肺部疾病、心脏病等）的工人比较容易发病。此外，不注意个人防护（如不戴防尘口罩等）的工人也容易发病。

应该特别指出的是，虽然每个人的体质不同，抵抗力不同，但如果吸入肺部的粉尘量过多，体质差异也就不明显了。因此，在影响尘肺发病的各种因素中，起决定作用的还是粉尘的性质和吸入量。

二、尘肺病的主要症状与常见并发症

1. 尘肺病的主要症状

我国目前的尘肺病诊断标准，将尘肺分为一期尘肺（Ⅰ）、二期尘肺（Ⅱ）、三期尘肺（Ⅲ）。分期的主要依据是病人 X 射线片中肺内小阴影密集度及其分布范围和大阴影的有无。需要注意的是，尘肺病患者早期通常没有特异的临床症状，出现临床症状多与并发症有关。

尘肺病的主要症状有：

（1）气短。这是最早出现的症状。起初病人只在重体力劳动或爬坡时感到气短，以后在一般劳动或走上坡路、上楼梯等时候出现气短，病情较重或有并发症时，即使不活动也会感到气短，甚至不能平卧。

（2）胸闷、胸痛。该症状出现也比较早。有的患者开始可能感到胸部发闷，呼吸不畅或有压迫感，有的则出现间断性胸部隐痛或针刺样疼痛，并且在气候变化时或阴雨天气里加重。晚期病人表现为胸部紧迫感或沉重感。

（3）咳嗽、咯痰。早期患者一般仅有干咳，合并肺部感染或较晚期病人咳嗽加重，并有咯痰，少数病人痰中带血。

从事粉尘作业的职工出现以上症状要特别警惕，要尽快到专业机构进行职业健康体检。

2. 尘肺病常见的并发症

尘肺病患者比较常见的并发症有肺结核、支气管炎、肺炎、肺气肿、肺源性心脏病、自发性气胸等，比较少见的有支气管扩张、肺脓肿等。并发症是加快尘肺病病程的主要原因，且常常也是引起尘肺病死亡的主要原因。因此，防治尘肺病人的并发症有很重要的意义。

（1）肺结核。肺结核可以使尘肺病的症状加重。除气急、胸痛外，可能有全身无力、疲劳、盗汗、潮热及咳嗽、吐痰、咯血等症状。血沉可以加快。痰化验可能找到结核杆菌。肺部可以听到局限性的湿性啰音等。胸部 X 射线片上除看到尘肺病变外，还可看到结核病变。

（2）支气管炎与肺炎。支气管炎与肺炎这两种病也是尘肺病人比较常见的并发症，其中以支气管炎更常见。当尘肺病人并发支气管炎时，其表现有咳嗽、吐痰、发热等症状。如并发支气管肺炎时，则咳嗽更加厉害，发热、气急较明显。当并发了大叶性肺炎时，则发病比较突然，高热、吐铁锈色痰、胸痛与气急更显著，还可能有口唇及口角发生疱疹等。

化验检查时，可发现白细胞增高，特别是大叶性肺炎，增加比较显著。X射线检查时，这三种病各有不同的疾病特点。

（3）肺气肿。肺气肿是较常见的并发症。往往随着病情的发展，肺气肿也越严重。肺气肿的主要表现是慢性进行性的呼吸困难和缺氧。检查时，典型肺气肿病人可以看到有呼吸短促、两肩高耸，颈部因而变得较短，胸部外形像桶状等。肺功能检查可有不同程度的损害。X射线片和透视检查都可以看出肺气肿的变化特点。

（4）肺源性心脏病。肺源性心脏病是由于肺部疾病的原因而引起的心脏病。尘肺病人发生肺源性心脏病的主要表现有：除尘肺的症状外，还可能有气急加重，以至于感到呼吸很困难，口唇及指甲发绀也比较明显。当发生心力衰竭时，可能出现昏迷或者昏睡。

（5）自发性气胸。自发性气胸也是尘肺病比较常见的并发症。尘肺并发气胸是急症，诊断不及时或误诊，可造成严重后果。尘肺病人发生自发性气胸时有什么表现呢？当发生局限性气胸时，可以没有什么症状或仅感到胸部发闷发紧。当发生比较广泛的气胸时，可能突然感到胸痛和呼吸困难，胸痛可放射至发生气胸的这一侧的肩部、手臂和腹部；同时还可能有脸色苍白、发绀、出汗等。当检查病人时，可发现脉搏比较细微，血压下降，肋间隙增宽，心脏及气管移向；叩诊时，声音比平时响亮，呈鼓音，呼吸音减弱或者消失等；X射线检查时，可以很清楚地看到自发性气胸的情形。

3. 尘肺病没有传染性

尘肺病不会传染给他人，有些人可能认为身边有几个劳动者都得了尘肺病，因此怀疑尘肺病能相互传染。这其实是由于大家的工作环境相同，工作场所中有害物质的浓度、性质等都近似，并不是由于疾病会传染。但由于尘肺病人容易发生某些具有传染性的并发症，如活动性肺结核等，这就有可能将肺结核传染给他人。

三、粉尘危害治理与尘肺病预防措施

1. 我国防尘降尘的八字方针

目前，尘肺病尚无有效的根治方法，但完全可以预防。预防尘肺病的关键，在于最大限度防止有害粉尘的吸入。只要措施得当，尘肺病是完全可以预防的。

我国针对防尘降尘制定了"革、湿、密、风、护、管、教、查"八字方针，大致内容可分为两个方面：

（1）技术措施方面。主要是采用工程技术措施消除或降低粉尘危害，这是预防尘肺病最根本的措施。①革，即革新生产工艺技术。这是消除尘肺的根本措施，包括改干式作业为湿式作业，尽量使用不含游离二氧化硅或游离二氧化硅含量较低的生产原料。②湿，即湿式作业。如湿式碾磨石英和耐火材料、矿山湿式凿岩、井下运输喷雾洒水等。③密，即通过生产过程的机械化、密闭化、自动化，将粉尘发生源密闭起来。④风，即通风除尘。加强工作场所通风或在粉尘发生源局部采取强力抽风措施排出粉尘。

（2）卫生保健措施方面。主要是加强作业人员的宣传教育、检查监护和个人防护。①护，即加强个人防护和个人卫生。佩戴防尘护具，如防尘安全帽、防尘口罩、送风头盔、送风口罩等，讲究个人卫生，勤换工作服，勤洗澡。②管，即建立并严格执行防尘工作管理制度。③教，做好宣传教育，使防尘工作成为职工的自觉行动。④查，依法对工作场所的粉尘浓度进行定期检测，对接尘职工进行定期职业健康检查，包括上岗前体检、岗中定期健康检查和离岗时体检，对于接尘工龄较长的工人还要按规定做离岗后的随访检查。

2. 从事粉尘作业职工应遵循的基本卫生防护要求

从事粉尘作业职工应遵循的基本卫生防护要求是：

（1）从事粉尘作业职工应学习、掌握和遵守岗位操作规程，了解作业场所存在的粉尘危害因素和可能造成的健康损害。

（2）定期对通风除尘设备、设施进行检查，保证其处于良好状态，如果设备、设施发生异常，要及时报告，进行维护。

（3）按要求佩戴个人防护用品。

（4）参加用人单位安排的职业健康检查。

3. 粉尘作业的个人卫生保健措施

粉尘作业的个人卫生保健措施主要有：

（1）加强个人卫生。一是要注意个人防护用品使用中的卫生。如使用防毒口罩，在使用前应了解其性能、用法和如何判断失效等知识，经常更换滤料，以免误用或使用无效口罩。保持清洁卫生，做到专人专用，防止交叉感染。二是要注意个人卫生，不要在车间抽烟、进食、饮水及存放食品、水杯，更不能在生产炉上热饭、烤食品，以免毒物污染食品进入消化道。要勤洗手，凡是脱离操作后，做其他事前要洗手，如抽烟、吃饭、喝水、去卫生间等。尘毒作业工人下班后要洗澡，换干净衣服回家，工作服勤换洗，不要穿工作服回家等。

（2）科学加强营养。应在保证平衡膳食的基础上，根据接触毒物的性质和作用特点，适当选择某些特殊需要的营养成分加以补充，以增强全身抵抗力，并发挥某些成分的解毒作用，例如高蛋白、高维生素的食品。此外，需要补充适量的糖，糖可提供葡萄糖醛酸，它可与毒物结合，将毒物排出体外，如苯等。夏季的高温作业工人，补充含盐清凉饮料，可促进毒物的排泄；而且提倡喝茶水，茶含有鞣酸，能促进唾液分泌，有解渴作用，又含咖啡因，能兴奋中枢神经，解除疲劳。

（3）加强锻炼，促进代谢。同时禁烟、酒，白酒（乙醇）可将储存在骨骼内的铅动员到血流中，产生铅中毒症状。

4. 正确选择防尘口罩

防尘口罩是一种通过净化过滤阻止粉尘吸入人体的呼吸防护器。需要注意的是，防尘口罩是利用防尘技术设备将粉尘浓度降到可容许浓度以下之后的个人辅助防护用具，不能把单纯使用防尘口罩作为预防尘肺病的主要措施。

防尘口罩被国家列为特种劳动防护用品，实行工业产品生产许可证制度和安全标志认证制度。企业提供的防尘口罩必须是符合标准的国家认可产品，要能有效地阻止粉尘，尤其是 5 μm 以下的粉尘进入呼吸道。防尘口罩要符合重量轻，佩戴舒适、卫生，保养方便，既能有效阻止粉尘，又能保证工作时呼吸顺畅的要求。纱布口罩不能阻挡对人体危害最大的细微粉尘，国家明文规定纱布口罩不能作为防尘口罩使用。

职工在接尘作业中必须坚持佩戴防尘口罩，注意选取与脸型相适应的型号，最大限度防止空气不经过滤从缝隙进入呼吸道。要按照使用说明正确佩戴防尘口罩，否则起不到防尘作用。要经常对防尘口罩进行检查，发现失效及时更换。更换防尘口罩的时间，则取决于接尘环境的粉尘浓度、每个人的使用时间、各种防尘口罩的容尘量以及使用不同的维护方法等。目前还没有办法统一规定具体的更换时间，当防尘口罩的任何部件出现破损、断裂和丢失（如鼻夹、鼻夹垫）以及明显感觉呼吸阻力增加时，应及时更换。

5. 不适合从事粉尘作业的人员

具有下列情况者不能从事粉尘作业：

（1）不满 18 周岁。

（2）患活动性肺结核。

（3）患严重的慢性呼吸道疾病，如萎缩性鼻炎、鼻腔肿瘤、支气管哮喘、支气管扩张、慢性支气管炎等。

（4）严重影响肺功能的胸部疾病，如弥漫性肺纤维化、肺气肿、严重胸膜肥厚与粘连、胸廓畸形等。

（5）严重的心血管系统疾病。

第三节 工业毒物职业危害与防治相关知识

职业性接触毒物是指在企业生产过程中，从业人员在生产中接触以原料、成品、半成品、中间体、反应副产物和杂质等形式存在，并在操作时可经呼吸道、皮肤或经口进入人体而对健康产生危害的物质。人员中毒，分为急性中毒与慢性中毒两种方式。当然，不论哪种方式都需要加以预防和避免。

一、生产性毒物相关知识

1. 生产性毒物的分类

在现代工业生产以及农业生产过程中，人体不可避免地接触到各种化学物质，如果处置不当或者保护不当，就有可能因为过量吸收生产性毒物而引起中毒，这被称为职业中毒。生产性毒物在生产中应用广泛，品种繁多，我国新的《职业病目录》中公布了 60 种职业中毒，涉及的毒物包括铅、汞、氯气、硫化氢、苯、甲苯、汽油、有机磷农药以及放射性物质铀等。在生产过程中，开采、提炼、使用、储存、运输等环节都可能接触到毒物，如果防护措施不当，毒物就有可能通过呼吸道、皮肤进入人体引起中毒。

生产过程中形成或应用的各种对人体有害的化学物，称为生产性毒物。生产性毒物的分类方法很多，按其生物作用可分为神经毒、血液毒、窒息性毒及刺激性毒等；按其化学性质可分为金属毒、有机毒、无机毒等；按其用途可分为农药、食品添加剂、有机溶剂、战争毒剂等。

此外，生产性毒物还可以按其化学成分分为金属、类金属、非金属、高分子化合物毒物等；按物理状态可分为固态、液态、气态毒物；按毒理作用可分为刺激性、腐蚀性、窒息性、神经性、溶血性和致畸、致癌、致突变性毒物等。

一般将生产性毒物按其综合性分为以下几类：

（1）金属及类金属毒物，如铅、汞、锰、镉、铬、砷、磷等。

（2）刺激性和窒息性毒物，如氯、氨、氮氧化物、一氧化碳、氰化氢、硫化氢等。

（3）有机溶剂，如苯、甲苯、汽油、四氯化碳等。

（4）苯的氨基和硝基化合物，如苯胺、三硝基甲苯等。

（5）高分子化合物，如塑料、合成橡胶、合成纤维、胶黏剂、离子交换树脂等；农药，如杀虫剂、除草剂、植物生长调节剂等。

2. 生产性毒物的来源和存在状态

在生产过程中的以下物质容易出现毒物:

(1) 原料,如制造氯乙烯所用的乙烯和氯。

(2) 中间体或半成品,如制造苯胺的中间体、硝基苯。

(3) 辅助材料,如橡胶行业中作为溶剂的苯和汽油。

(4) 成品,如农药对硫磷、乐果等。

(5) 副产品或废弃物,如炼焦时产生的煤焦油、沥青。

(6) 夹杂物,如某些金属、酸中夹杂的砷。

(7) 其他,以分解产物或反应物形式出现的物质,如聚氯乙烯塑料制品加热至 160～170℃时分解产生的氯化氢,磷化铝遇湿自然分解产生的磷化氢。

3. 毒物在生产环境中的形态

毒物在生产环境中有以下几种形态:

(1) 固体。如氰化钠、对硝基氯苯。

(2) 液体。如苯、汽油等有机溶剂。

(3) 气体。即常温、常压下呈气态的物质,如二氧化硫、氯气等。

(4) 蒸气。固体升华、液体蒸发或挥发时形成的蒸气,如喷漆作业中的苯、汽油、醋酸酯类等的蒸气。

(5) 粉尘。能较长时间悬浮在空气中的固体微粒,其粒子大小多为 $0.1～10~\mu m$。机械粉碎、碾磨固体物质,粉状原料、半成品或成品的混合、筛分、运送、包装过程等,都能产生大量粉尘,如炸药厂的三硝基甲苯粉尘。

(6) 烟(尘)。微悬浮在空气中直径小于 $0.1~\mu m$ 的固体微粒。某些金属熔融时产生的蒸气在空气中迅速冷凝或氧化而形成烟,如熔炼铅所产生的铅烟,熔钢铸铜时产生的氧化锌烟。

(7) 雾。为悬浮于空气中的液体微滴,多由于蒸气冷凝或液体喷洒形成,如喷洒农药时的药雾,喷漆时的漆雾。

(8) 气溶胶。悬浮于空气中的粉尘、烟及雾,统称为气溶胶。

4. 人员作业中与生产性毒物的接触机会

人员在作业过程中,主要有以下一些生产操作环节能接触到毒物:

(1) 原料的开采和提炼。在开采过程中可形成粉尘或逸散出蒸气,如锰矿中的锰粉,汞矿中的汞蒸气;冶炼过程中产生大量的蒸气和烟,如炼铅。

（2）材料的搬运和储藏。固态材料产生的粉尘，如有机磷农药；液态有毒物质包装泄漏，如苯的氨基、硝基化合物；储存气态毒物的钢瓶泄漏，如氯气等。

（3）材料加工。原材料的粉碎、筛选、配料，手工加料时导致的粉尘飞扬及蒸气的逸出，不仅污染操作者的身体和地面，还能成为二次毒源。

（4）化学反应。某些化学反应如果控制不当，可发生意外事故，如放热产气反应过快，可发生满锅，使物料喷出反应釜，易燃、易爆物质反应控制不当可发生爆炸，反应过程中释放出有毒气体等。

（5）出料、成品处理及设备检修。成品、中间体或残余物料出料时，物料输送管道或出料口发生堵塞，工人进行处理时，还有成品的烘干、包装以及检修设备时，都可能有粉尘和有毒蒸气逸散。

（6）生产中的应用。在农业生产中喷洒杀虫剂，喷漆中使用苯作为稀释剂，矿山掘进作业时使用炸药等，如果用法不当就会造成污染。

（7）其他。有些作业虽未使用有毒物质，但在特定情况下亦可接触到毒物以至于发生中毒，如进入地窖、废弃巷道或地下污水井时发生硫化氢、一氧化碳中毒等。

二、生产性毒物进入人体的途径与危害

生产性毒物对人体的危害是造成职业中毒，常见的职业中毒分为急性中毒、慢性中毒和亚急性中毒。急性中毒是由于生产过程中有毒物质短时间内或一次性大量进入人体而引起的中毒，大多数是由于生产事故造成的。慢性中毒是由于在生产过程中长期过量接触有毒物质引起的中毒，这是生产中最常见的职业中毒，主要由于相应的防护措施缺乏或不当造成。亚急性中毒是介于急性和慢性之间的中毒，往往接触毒物数周或数月可突然发病。

1. 生产性毒物进入人体的途径

生产性毒物进入人体的途径主要有三种：

（1）呼吸道。这是最常见和主要的途径。凡是呈气体、蒸气、粉尘、烟、雾形态存在的生产性毒物，在防护不当的情况下，均可经呼吸道侵入人体，整个呼吸道都能吸收毒物。

（2）皮肤。皮肤是某些毒物吸收进入人体的途径之一。毒物可通过无损伤皮肤的毛孔、皮脂腺、汗腺被吸收进入血液循环。

（3）消化道。在生产环境中，单纯从消化道吸收而引起中毒的机会比较少见。往往是由于手被毒物污染后，直接用污染的手拿食物吃，而造成毒物随食物进入消化道。如手工包装敌百虫等农药时，也可能引起毒物经消化道或皮肤吸收。

2. 毒物对人体的不良影响

（1）局部刺激和腐蚀作用。强酸（硫酸、硝酸等）和强碱（氢氧化钠、氢氧化钾等）可直接腐蚀皮肤和黏膜。

（2）阻止氧的吸收、运输和利用。一氧化碳吸入后很快与人体的血红蛋白结合，而影响血红蛋白运送氧气；刺激性气体和氯气吸入可形成肺水肿，妨碍肺泡的气体交换，使其不能吸收氧气；惰性气体或毒性较小的气体如氮气、甲烷、二氧化碳，可由于在空气中降低氧分压而造成窒息。

（3）改变机体的免疫功能。毒物干扰机体免疫功能，致使机体免疫功能低下，易患相关疾病。

（4）机体酶系统的活性受到抑制。

（5）"三致"，即致癌、致畸、致突变作用。

3. 生产性毒物对人体毒作用的影响因素

毒物在排除的过程中，可对某些器官或组织造成损害，如经肾脏排泄的某些金属毒物（镉、汞等），可引起近曲小管损害；随唾液排泄的汞可引起口腔炎；砷经肠道排出可引起结肠炎，经汗腺排出则可引起皮炎。

生产性毒物对人体的毒作用主要受以下因素影响：

（1）毒物的化学结构。

（2）毒物的理化特性。

（3）毒物的剂量、浓度和作用时间。

（4）毒物的联合作用。

（5）个体状态。

（6）其他环境因素和劳动强度等。

4. 进入人体的毒物的排出途径

生产性毒物侵入人体后，在体内可经过代谢转化或直接排出体外。排出毒物的途径有：

（1）呼吸道。经呼吸道进入人体的毒物，直接由呼吸道排出一部分，如一氧化碳、苯、汽油蒸气等。

（2）消化道。有些金属毒物，如铅、锰经胆汁由肠道随粪便排出一部分。粪便排出的金属毒物，也包括由消化道侵入而未被吸收的部分。

（3）肾脏。是毒物从体内排出的主要器官，如铅、汞、苯的代谢产物，大多数皆随尿液排出。

（4）其他。汗腺、乳腺、唾液腺均可排出一定量的毒物，如铅、汞、砷。另外，指甲、头发虽不是排泄器官，但有些毒物如砷、铅、锰、汞等，也可聚集于此后排出体外。

三、职业中毒的预防与急救措施

1. 接触生产性毒物作业人员的个人防护

个体防护在防毒综合措施中起辅助作用，但在特殊场合下却具有重要作用，例如进入高浓度毒物污染的密闭容器操作时，佩戴正压式空气呼吸器就能保护操作人员的安全健康，避免发生急性中毒。应根据工作场所存在毒物的种类、浓度（剂量）情况选择适合的呼吸防护器材。每个接触毒物的作业人员都应学会使用，掌握注意事项。常用的呼吸防护器材有隔离式防毒面具、过滤式防毒面具、防毒口罩和正压式空气呼吸器等。为防止毒物沾染皮肤，接触强酸强碱等腐蚀性液体及易经皮肤吸收的毒物时，应穿耐腐蚀的工作服，戴橡胶手套、工作帽，穿胶鞋。为了防止眼损伤，可戴防护眼镜。

2. 职业中毒的急救和治疗原则

职业中毒的治疗可分为病因治疗、对症治疗和支持治疗三类。病因治疗的目的是尽可能消除或减少致病的物质基础，并针对毒物致病的发病机理进行处理。对症治疗是缓解毒物引起的主要症状，促使人体功能恢复。支持治疗可改善患者的全身状况，使患者早日恢复健康。

（1）急性职业中毒

1）现场急救。立即将患者搬离中毒环境，尽快将其移至上风向或空气新鲜的场所，保持呼吸道通畅。若患者衣服、皮肤已被毒物污染，为防止毒物经皮肤吸收，需脱去污染的衣物，用清水彻底冲洗受污染的皮肤（冬天宜用温水）。如污染物为遇水能发生化学反应的物质，应先用干布抹去污染物后，再用水冲洗。在救治中，应做好对中毒者保护心、肺、脑、眼等的现场救治。对重症患者，应严密观察其意识状态、瞳孔、呼吸、脉搏、血压。若发现呼吸、循环有障碍时，应及时进行复苏急救，具体措施与内科急救原则相同。对严重中毒需转送医院者，应根据症状采取相应的转院前救治措施。

2）阻止毒物继续吸收。患者到达医院后，如发现现场紧急清洗不够彻底，则应进一步清洗。对气体或蒸气吸入中毒者，可给予吸氧。经口中毒者，应立即采用引吐、洗胃、导泄等措施。

3）解毒和排毒。对中毒患者应尽早使用有关的解毒、排毒药物，若毒物已造成组织严重的器质性损害时，其疗效有时会明显降低。必要时，可用透析疗法和换血疗法清除体内的毒物。

4）对症治疗。由于针对病因的特效解毒剂的种类有限，因而对症疗法在职业中毒的治疗中极为重要。其主要目的在于保护体内重要器官的功能，解除病痛，促使患者早日康复，有时甚至可以挽救患者的生命。其治疗原则与内科处理类同。

（2）慢性职业中毒。职业中毒早期常为轻度可逆性功能性病变，而继续接触生产性毒物则可演变成严重的器质性病变，因此应及早诊断和处理。中毒患者应脱离毒物接触，使用有关的特效解毒剂，如常用的金属络合剂。应针对慢性中毒的常见症状，如类神经症、精神症状、周围神经病变、白细胞降低、接触性皮炎以及慢性肝、肾病变等，进行相应的对症治疗。此外，适当的营养补充和休息也有助于患者的康复。

慢性中毒经治疗后，对患者应进行劳动能力鉴定，并做合理的工作安排。

3. 急性中毒的现场处理措施

急性中毒病情发展很快，现场处理是对急性中毒者的第一步处理。

（1）切断毒源，包括关闭阀门、加隔板、停车、停止送气、堵塞漏气设备，使毒物不再继续侵入人体。扩散、逸散的毒气应尽快采取抽毒或排毒，引风吹散或中和等办法处理。如氯泄漏可用废氨水喷雾中和，使之生成氯化钠。

（2）搞清毒物种类、性质，采取相应的保护措施。既要抢救别人，又要保护自己，莽撞的闯入中毒现场只能造成更大损伤。

（3）尽快使患者脱离中毒现场，松开领扣、腰带，使其呼吸新鲜空气。迅速脱掉被污染的衣物，清水冲洗皮肤 15 min 以上，或用温水、肥皂水清洗，注意保暖。有条件的厂矿卫生所，应立即针对毒物性质给予解毒和驱毒剂，使进入体内的毒物尽快排出。

（4）发现病人呼吸困难或停止时，进行人工呼吸（氰化物类剧毒中毒时，禁止采用口对口人工呼吸法）。有条件的立即给予吸氧或加压给氧，针刺人中、百会、十宣等穴位，注射呼吸兴奋剂。

（5）心脏骤停者，立即进行胸外心脏按压，心脏注射"三联针"。

（6）发生 3 人以上多人中毒事故，要注意分类，先重者后轻者，注意现场的抢救指挥，防止乱作一团。对危重者尽快转送医疗单位急救，在转运途中注意观察呼吸、心跳、脉搏等变化，并重点而全面地向医生介绍中毒现场的情况，以利准确无误地制定急救方案。

在急救过程中，对急性中毒者应密切观察病情，有效对症治疗，力争最佳的治疗效果，防止产生各种后遗症。

第七章　事故应急救援与应急处置知识

《安全生产法》第十八条规定，生产经营单位的主要负责人对本单位安全生产工作负有七项职责，其中包括组织制定并实施本单位的生产安全事故应急救援预案。按照这一规定，企业要加强应急救援管理，建立健全应急管理体系，编制应急救援预案，开展应急救援演练，随时应对可能发生的意外事件。这不仅是企业应对自然灾害、事故灾害的重要措施，也是减轻灾害损失的有效办法。

第一节　企业应急预案的编制与要求

在现代化工业生产过程中，由于大量机械设备、电力设备、起重机械以及其他设备的使用，不可避免地存在各种危险性，存在发生人身伤害事故的可能。为应对这些突发事故的发生，建立相应的应急反应系统十分必要。建立应急反应系统的重要工作之一，就是编制事故应急救援预案。事故应急救援预案是企业为减少事故后果而预先制定的抢险救灾方案，是进行事故救援活动的行动指南。编制事故应急救援预案的目的，主要是减少事故造成的人员伤亡和财产损失以及对环境产生的不利影响。如果在事故发生前，能够准备好各种应急预案，那么当事故突然发生时，企业领导和员工就能临危不乱、有章可循、沉着应对，最大限度地减少人员伤亡和财产损失。

一、企业应急预案编制要求

企业事故应急救援预案制定主要包括三个阶段，即重大危险源的辨识和分析、预案编制、预案演习。

1. 重大危险源的辨识和分析

企业首先应对企业所属的重大危险源进行辨识，然后确定和评估重大危险源可能发生的事故和可能导致的紧急事件，根据分析结果为编制事故应急救援预案提供依据。

企业对重大危险源的辨识应根据《危险化学品重大危险源监督管理暂行规定》（国家安全生产监督管理总局令第 40 号）进行。企业应将重大危险源辨识结果作为编制事故应急救援预案的依据。

企业应对重大危险源进行潜在事故分析，不但要分析那些容易发生的事故，还应分析虽不易发生却会造成严重后果的事故。

企业所做的潜在事故分析应包括以下内容：

（1）可能发生的重大事故。

（2）导致发生重大事故的过程。

（3）非重大事故可能导致发生重大事故需经历的时间。

（4）如果非重大事故被消除，它的破坏程度如何。

（5）事故之间的联系。

（6）每一起可能发生的事故后果。

要分析重大危险源所存在的危险物质的危险性，以便在安全储存、化学品的管理和处置方面完善事故应急处理预案。可从生产厂家索取危险物质说明书以获得危险物质的特性。

2. 编制应急预案的三个层次

编制应急预案一般可以分为三个层次，即综合预案、专项预案和现场预案。

（1）综合预案是一个企业的整体预案，从总体上阐述企业的应急方针、政策，应急组织结构及相应职责，应急行动的总体思路等。

（2）专项预案是针对某种具体的、特定类型的紧急情况而制定的，它是在综合预案的基础上充分考虑了某种特定危险的特点，对应急的形势、组织结构、应急活动等进行更具体的描述，具有较强的针对性。

（3）现场预案是在专项预案基础上，根据具体情况需要而编写。它是针对特定的具体场所，即以现场（通常是事故风险较大的场所或重要防护区域）为目标所制定的，特点是针对某一具体现场的特殊危险及周边环境情况，在详细分析的基础上，对应急救援中的各个方面做出具体、周密而细致的安排，因而现场预案具有更强的针对性和对现场具体救援活动的指导性。

编制好现场应急救援预案对于预防重大事故发生，减少人员伤亡和事故损失具有重要意义。

3. 现场应急预案的编制要点

（1）对重大风险（危险源）的现状要进行应急形势分析。对本单位存在的重大风险进行应急形势分析，确定出可能导致的事故严重后果，可能发生事故的重点部位、伤害的后果等，是编制好现场应急预案的前提和关键。因此，要求相关技术人员对所要编制应急预案的重大风险进行认真分析、科学研究，准确得出事故可能发生的形势和后果，为编制应急预案做好准备。

（2）制定切实可行的预防措施。在现场应急预案中，很重要的一点是要树立"预防为主"的意识，尽可能地避免事故发生，因此，在现场应急预案中必须明确事故应急处理各类人员的具体职责以避免事故的恶化。具体包括以下内容：①确定事故发生重点部位，避免外来人员接触，必要时设立警示标志；②要明确责任人，检测的方法、方式、频次以及设备设施停止运行的标准和相关的记录要求；③明确发现异常情况的汇报途径；④对相关人员的安全生产教育、安全提示等。

4. 统筹安排，认真做好事故的应急准备工作

根据预测事故后果，充分做好应急人员、物资、设备的准备，随时应战，具体内容包括：

（1）应急机构的设置、职责的落实。

（2）应急人员的具体分工（重点在车间）。

（3）应急物资设备的准备和日常检查维护。

（4）应急人员的训练等。

5. 现场应急预案的响应

充分明确事故发生时各类人员、各个部门应急行动的具体要求，内容包括：

（1）明确报警方式、电话、事故通报要求。

（2）人员疏散的路径、方法。

（3）伤员现场急救方法。

（4）事故状态下岗位人员采取的具体措施（操作方法、步骤）和做法等。

（5）警戒区域的设立等。

6. 做好应急恢复工作，及时总结经验

具体内容包括：

（1）明确发生各种事故后的应急结束和恢复正常状态的程序、标准和要求。

（2）对事故损失进行评估。

（3）对事故原因调查分析。

（4）清理事故现场。

（5）总结事故教训及应急救援的经验教训，以进一步完善应急预案。

7. 现场应急预案的其他要求

（1）现场应急预案经过修改完善后，要形成正式的书面文件，下发到相应部门、人员。

（2）各相关部门要组织相关人员进行学习和定期演练，以确保事故状态下，应急预案执行无误，减少事故损失。

二、企业应急预案编制与实施要点

1. 应急预案的编制准备

（1）成立预案编制小组。为了做好预案的编制工作，应成立预案编制小组。预案编制小组的负责人应由企业领导担任，这样可以增强预案的权威性，促进工作的实施。小组成员应是在预案制定和实施过程中起重要作用或是可能在紧急事件中受影响的人员，包括企业管理、安全、生产操作、保卫、设备、卫生、环境、维修、人事、财务等应急救援相关部门，还应包括来自地方政府机构应急救援机构的代表，这样可消除企业应急预案与地方应急预案的不一致性；也可明确当事故影响到厂外时涉及的单位和职责，有利于救援时的协调配合。预案编制小组应对整个预案的编制过程制订详细周密的计划，使得预案编制工作有条不紊地进行。

（2）相关资料收集、整理。在编制预案前，需进行全面、详细的资料收集、整理。企业需要收集、调查的资料主要包括：适用的法律、法规和标准；企业安全记录、事故情况；国内外同类企业事故资料；地理、环境、气象资料；相关企业的应急预案等。

（3）危险源辨识与风险评价。危险源辨识与风险评价是应急预案编制过程的基础和关键，因此企业在编制预案前，首先应对本单位的重大危险源进行辨识，然后对重大危险源的潜在事故和事故后果进行风险评价，根据风险评价结果来编制事故应急救援预案。

（4）应急资源与能力评估。依据危险辨识与风险评价的结果，对已有的应急资源和应急能力进行评估，明确应急资源的需求和不足。应急资源与能力评估应包括如下内容：一是企业内部应急力量的组成、各自的应急能力及分布情况；二是各种重要应急设备设施、物资的准备、布置情况；三是当地政府救援机构或相邻企业可用的应急资源，如地方应急管理办公室、消防部门、危险物质响应机构、应急医疗服务机构、医院、公安部门、社区服务组织、公用设施管理部门、相关合同方、应急设备供应单位、保险机构等。

2. 应急预案的编制过程

应急预案编制过程是一项细致的工作，不能马马虎虎、粗枝大叶，更不能敷衍了事。应急预案编制过程主要包括：

（1）明确应急救援组织机构、人员及职责。从事故报警到如何实施应急行动或疏散程序，这些行动由企业的哪些部门或人员来完成，即要预先明确各有关部门或人员的应急职责与任务，这是确保应急过程中有关人员迅速各就各位、各司其职，使应急救援工作能迅速有序进行的重要前提。在职责分配时应全面分析并确定需要采取的各种应急行动。例如，紧急疏散、现场警戒、灭火和抢险、通知受影响的相邻单位、指引和接洽外部消防队伍等。应当注意的是，在确定部门职责时，不能仅限于应急行动过程，还应包括事前应急预防、应急准备及事后应急恢复等各阶段的职责。

（2）确定预案文件体系结构。不同类型、不同规模、不同风险的企业，可以针对企业实际应急需要和自身的管理模式，采取不同的应急预案文件体系结构。

（3）撰写应急预案。根据已确定的组织机构、人员与职责及预案文件体系结构，制定预案编写任务清单，把预案编写工作落实到具体的部门和人员并确定完成各项工作的时间进度表。

编制预案时应注意的几个问题：一是充分收集和参阅已有的应急救援预案，以最大可能减少工作量和避免应急救援预案的重复和交叉，并确保与其他相关应急救援预案（地方政府预案、上级主管单位以及相关部门的预案）协调一致；二是合理组织预案的章节，以便每个不同的使用者能快速地找到各自所需要的信息，避免从一堆不相关的信息中去查找所需要的信息；三是保证应急预案每个章节及其组成部分，在内容相互衔接方面避免出现明显的位置不当；四是保证应急预案的每个部分都采用相似的逻辑结构来组织内容；五是应急预案的格式应尽量采取范例的格式，以便各级应急预案能更好地协调和对应。

3. 应急预案的评审与发布

为保证应急预案科学性、合理性和有效性，预案编制完成后，应组织各级、各类管理人员，应急响应人员、预案编制人员及有关机构和专家对预案进行评审。

应急预案评审通过后，应由企业最高管理者签署发布，并报送上级主管部门和当地政府负责安全监督管理综合工作的部门备案。

4. 应急预案的实施

应急预案的实施包括：开展预案的宣传贯彻，进行预案的培训，落实和检查各个有关部门的职责、程序和资源准备，提高参与应急行动所有相关人员应急救援技能等，为预案的演练做好充分的准备。

为做好预案的实施工作，企业应制订预案实施计划，确保预案的宣传、贯彻、培训按计划进行，确保应急资源按需配备并可用。

针对预案，应制订培训计划。根据各级各类人员在预案并组织实施过程中所承担的职责与任务的不同（应包括事故发生后受影响的场外人员）确定相应的培训内容及培训方式，使培训工作具有针对性和实效性。

5. 应急预案的演练

预案的演练是指按一定程式所开展的模拟救援演练。其主要目的在于验证应急预案的整体或关键性局部是否可能有效地付诸实施；验证预案在应对可能出现的各种意外情况所具备的适应性；找出预案可能需要进一步完善和修正的地方；确保建立和保持可靠的通信联络渠道；检查所有相关组织机构、人员是否已经熟悉并履行了他们的职责；检查并提高应急救援的启动能力。

演练结束后应组织预案演练的控制人员和评价人员对演练的效果做出评价，并提交演练报告，详细说明演练过程中发现的问题。按照对应急救援工作及时有效性的影响程度，对应急预案加以改进和完善。

6. 应急预案的修订与更新

预案的修订与更新是实现企业事故应急救援预案持续改进的重要步骤。应急救援预案是企业事故应急救援工作的指导文件，同时又具有法规权威性，通过定期或不定期的应急演练、应急救援后应对预案进行评审，针对企业实际情况的变化以及预案中暴露出的缺陷，不断地更新、完善和改进应急预案文件体系。

当发生以下情况时，应对预案进行适时的修订与更新，以保持预案的科学性和适用性。这些变化包括：企业的布局和设施发生变化；预案演练或紧急情况过程中发现问题；政策和程序发生变化；组织机构或人员发生变化；救援技术的改进；采用新技术、新材料、新工艺；自然条件变化等。

三、事故应急预案编制相关规范与要求

2013 年 7 月 19 日，国家安全生产监督管理总局发布《生产经营单位生产安全事故应急预案编制导则》（GB/T 29639—2013），自 2013 年 10 月 1 日起实施。

本标准按照 GB/T 1.1—2009 给出的规则起草。本标准由国家安全生产监督管理总局提出。本标准由全国安全生产标准化技术委员会（SAC/TC 288）归口。

1. 适用范围

本标准规定了生产经营单位编制生产安全事故应急预案（以下简称应急预案）的编制程序、体系构成和综合应急预案、专项应急预案、现场处置方案以及附件。

本标准适用于生产经营单位的应急预案编制工作，其他社会组织和单位的应急预案编制可参照本标准执行。

2. 应急预案编制程序

（1）概述。生产经营单位应急预案编制程序包括成立应急预案编制工作组、资料收集、风险评估、应急能力评估、编制应急预案和应急预案评审六个步骤。

（2）成立应急预案编制工作组。生产经营单位应结合本单位部门职能和分工，成立以单位主要负责人（或分管负责人）为组长，单位相关部门人员参加的应急预案编制工作组，明确工作职责和任务分工，制订工作计划，组织开展应急预案编制工作。

（3）资料收集。应急预案编制工作组应收集与预案编制工作相关的法律法规、技术标准、应急预案、国内外同行业企业事故资料，同时收集本单位安全生产相关技术资料、周边环境影响、应急资源等有关资料。

（4）风险评估主要内容包括：

1）分析生产经营单位存在的危险因素，确定事故危险源。

2）分析可能发生的事故类型及后果，并指出可能产生的次生、衍生事故。

3）评估事故的危害程度和影响范围，提出风险防控措施。

（5）应急能力评估。在全面调查和客观分析生产经营单位应急队伍、装备、物资等应急资源状况基础上开展应急能力评估，并依据评估结果，完善应急保障措施。

（6）编制应急预案。依据生产经营单位风险评估以及应急能力评估结果，组织编制应急预案。应急预案编制应注重系统性和可操作性，做到与相关部门和单位应急预案相衔接。应急预案编制格式参见附录 A（略）。

（7）应急预案评审。应急预案编制完成后，生产经营单位应组织评审。评审分为内部评审和外部评审，内部评审由生产经营单位主要负责人组织有关部门和人员进行。外部评审由生产经营单位组织外部有关专家和人员进行评审。应急预案评审合格后，由生产经营单位主要负责人（或分管负责人）签发实施，并进行备案管理。

3. 应急预案体系

（1）概述。生产经营单位的应急预案体系主要由综合应急预案、专项应急预案和现场处置方案构成。生产经营单位应根据本单位组织管理体系、生产规模、危险源的性质以及可能发生的事故类型确定应急预案体系，并可根据本单位的实际情况，确定是否编制专项应急预案。风险因素单一的小微型生产经营单位可只编写现场处置方案。

（2）综合应急预案。综合应急预案是生产经营单位应急预案体系的总纲，主要从总体上阐述事故的应急工作原则，包括生产经营单位的应急组织机构及职责、应急预案体系、事故风险描述、预警及信息报告、应急响应、保障措施、应急预案管理等内容。

（3）专项应急预案。专项应急预案是生产经营单位为应对某一类型或某几种类型事故，或者针对重要生产设施、重大危险源、重大活动等内容而制定的应急预案。专项应急预案主要包括事故风险分析、应急指挥机构及职责、处置程序和措施等内容。

（4）现场处置方案。现场处置方案是生产经营单位根据不同事故类型，针对具体的场所、装置或设施所制定的应急处置措施，主要包括事故风险分析、应急工作职责、应急处置和注意事项等内容。生产经营单位应根据风险评估、岗位操作规程以及危险性控制措施，组织本单位现场作业人员及安全管理等专业人员共同编制现场处置方案。

4. 专项应急预案主要内容

（1）事故风险分析。针对可能发生的事故风险，分析事故发生的可能性以及严重程度、影响范围等。

（2）应急指挥机构及职责。根据事故类型，明确应急指挥机构总指挥、副总指挥以及各成员单位或人员的具体职责。应急指挥机构可以设置相应的应急救援工作小组，明确各小组的工作任务及主要负责人职责。

（3）处置程序。明确事故及事故险情信息报告程序和内容、报告方式和责任等内容。根据事故响应级别，具体描述事故接警报告和记录、应急指挥机构启动、应急指挥、资源调配、应急救援、扩大应急等应急响应程序。

（4）处置措施。针对可能发生的事故风险、事故危害程度和影响范围，制定相应的应急处置措施，明确处置原则和具体要求。

5. 现场处置方案主要内容

（1）事故风险分析主要包括：

1）事故类型。

2）事故发生的区域、地点或装置的名称。

3）事故发生的可能时间、事故的危害严重程度及其影响范围。

4）事故前可能出现的征兆。

5）事故可能引发的次生、衍生事故。

（2）应急工作职责。根据现场工作岗位、组织形式及人员构成，明确各岗位人员的应急工作分工和职责。

（3）应急处置主要包括以下内容：

1）事故应急处置程序。根据可能发生的事故及现场情况，明确事故报警、各项应急措施启动、应急救护人员的引导、事故扩大及同企业应急预案的衔接的程序。

2）现场应急处置措施。针对可能发生的火灾、爆炸、危险化学品泄漏、坍塌、水患、机动车辆伤害等，从人员救护、工艺操作、事故控制、消防、现场恢复等方面制定明确的应急处置措施。

3）明确报警负责人、报警电话及上级管理部门、相关应急救援单位联络方式和联系人员、事故报告基本要求和内容。

（4）注意事项主要包括：

1）佩戴个人防护器具方面的注意事项。

2）使用抢险救援器材方面的注意事项。

3）采取救援对策或措施方面的注意事项。

4）现场自救和互救注意事项。

5）现场应急处置能力确认和人员安全防护等注意事项。

6）应急救援结束后的注意事项。

7）其他需要特别警示的注意事项。

6. 附件

（1）有关应急部门、机构或人员的联系方式。列出应急工作中需要联系的部门、机构或人员的多种联系方式，当发生变化时及时进行更新。

（2）应急物资装备的名录或清单。列出应急预案涉及的主要物资和装备名称、型号、性能、数量、存放地点、运输和使用条件、管理责任人和联系电话等。

（3）规范化格式文本。应急信息接报、处理、上报等规范化格式文本。

（4）关键的路线、标识和图纸主要包括：

1）警报系统分布及覆盖范围。

2）重要防护目标、危险源一览表、分布图。

3）应急指挥部位置及救援队伍行动路线。

4）疏散路线、警戒范围、重要地点等的标识。

5）相关平面布置图纸、救援力量的分布图纸等。

（5）有关协议或备忘录。列出与相关应急救援部门签订的应急救援协议或备忘录。

四、事故应急演练相关要求

2011 年 4 月 19 日，国家安全生产监督管理总局批准安全生产行业标准《生产安全事故应急演练指南》（AQ/T 9007—2011），自 2011 年 9 月 1 日起施行。

《生产安全事故应急演练指南》分为范围、规范性引用文件、术语和定义、应急演练目的、应急演练原则、应急演练类型、应急演练内容、综合演练组织与实施、应急演练评估与总结、演练资料归档、持续改进等部分。主要内容如下：

1. 适用范围

《生产安全事故应急演练指南》规定了生产安全事故应急演练（以下简称应急演练）的目的、原则、类型、内容和综合应急演练的组织与实施。其他类型演练的组织与实施，可根据演练规模和复杂程度参照本标准进行。本标准适用于针对生产安全事故所开展的应急演练活动。

2. 应急演练目的

应急演练目的主要包括：

（1）检验预案。发现应急预案中存在的问题，提高应急预案的科学性、实用性和可操作性。

（2）锻炼队伍。熟悉应急预案，提高应急人员在紧急情况下妥善处置事故的能力。

（3）磨合机制。完善应急管理相关部门、单位和人员的工作职责，提高协调配合能力。

（4）宣传教育。普及应急管理知识，提高参演和观摩人员风险防范意识和自救互救能力。

（5）完善准备。完善应急管理和应急处置技术，补充应急装备和物资，提高其适用性和可靠性。

3. 应急演练原则

应急演练应符合以下原则：

（1）符合相关规定。按照国家相关法律、法规、标准及有关规定组织开展演练。

（2）切合企业实际。结合企业生产安全事故特点和可能发生的事故类型组织开展演练。

（3）注重能力提高。以提高指挥协调能力、应急处置能力为主要出发点组织开展演练。

（4）确保安全有序。在保证参演人员及设备设施安全的条件下组织开展演练。

4. 应急演练类型

应急演练按照演练内容分为综合演练和单项演练，按照演练形式分为现场演练和桌面演练，不同类型的演练可相互组合。

5. 应急演练内容

（1）预警与报告。根据事故情景，向相关部门或人员发出预警信息，并向有关部门和人员报告事故信息。

（2）指挥协调。根据事故情景，成立应急指挥部，调集应急救援队伍等相关资源，开展应急救援行动。

（3）应急通信。根据事故情景，在应急救援相关部门或人员之间进行音频、视频信号或数据信息互通。

（4）事故监测。根据事故情景，对事故现场进行观察、分析或测定，确定事故严重程度、影响范围和变化趋势等。

（5）警戒管制。根据事故情景，建立应急处置现场警戒区域，实行交通管制，维护现场秩序。

（6）疏散安置。根据事故情景，对事故可能波及范围内的相关人员进行疏散、转移和安置。

（7）医疗卫生。根据事故情景，调集医疗卫生专家和卫生应急队伍开展紧急医学救援，并开展卫生监测和防疫工作。

（8）现场处置。根据事故情景，按照相关应急预案和现场指挥部要求对事故现场进行控制和处理。

（9）社会沟通。根据事故情景，召开新闻发布会或事故情况通报会，通报事故有关情况。

（10）后期处置。后期根据事故情景，应急处置结束后，开展事故损失评估、事故原因调查、事故现场清理和相关善后工作。

（11）其他。根据相关行业（领域）安全生产特点所包含的其他应急功能。

6. 综合演练组织与实施

（1）演练计划应包括演练目的、演练类型（形式）、演练时间、演练地点、演练主要内容、参加单位和经费预算等。

（2）综合演练通常成立演练领导小组，下设策划组、执行组、保障组、评估组等专业工作组。根据演练规模大小，其组织机构可进行调整。

（3）演练工作方案内容主要包括：应急演练目的及要求、应急演练事故情景设计、应急演练规模及时间、参演单位和人员主要任务及职责、应急演练筹备工作内容、应急演练主要步骤、应急演练技术支撑及保障条件、应急演练评估与总结。

（4）根据需要，可编制演练脚本。演练脚本是应急演练工作方案具体操作实施的文件，帮助参演人员全面掌握演练进程和内容。演练脚本一般采用表格形式，主要内容包括：演练模拟事故情景，处置行动与执行人员，指令与对白、步骤及时间安排，视频背景与字幕，演练解说词等。

（5）评估方案。演练评估方案通常包括：

1）演练信息：应急演练目的和目标、情景描述，应急行动与应对措施简介等。

2）评估内容：应急演练准备、应急演练组织与实施、应急演练效果等。

3）评估标准：应急演练各环节应达到的目标评判标准。

4）评估程序：演练评估工作主要步骤及任务分工。

5）附件：演练评估所需要用到的相关表格等。

（6）保障。针对应急演练活动可能发生的意外情况制定演练保障方案或应急预案，并进行演练，做到相关人员应知应会，熟练掌握。演练保障方案应包括应急演练可能发生的意外情况、应急处置措施及责任部门、应急演练意外情况中止条件与程序等。

（7）观摩手册。根据演练规模和观摩需要，可编制演练观摩手册。演练观摩手册通常包括应急演练时间、地点、情景描述、主要环节及演练内容、安全注意事项等。

7. 应急演练评估与总结

（1）现场应急演练结束后，评估人员或评估组负责人在演练现场对演练中发现的问题、不足及取得的成效进行口头点评。

（2）书面评估人员针对演练中观察、记录以及收集的各种信息资料，依据评估标准对应急演练活动全过程进行科学分析和客观评价，并撰写书面评估报告。评估报告重点对演练活动的组织和实施、演练目标的实现、参演人员的表现以及演练中暴露的问题进行评估。

（3）应急演练结束后，演练组织单位应根据演练记录、演练评估报告、应急预案、现场总结等材料，对演练进行全面总结，并形成演练书面总结报告。报告可对应急演练准备、策划等工作进行简要总结分析。参与单位也可对本单位的演练情况进行总结。演练总结报告的内容主要包括：演练基本概要；演练发现的问题、取得的经验和教训；应急管理工作建议。

8. 演练资料归档

（1）应急演练活动结束后，演练组织单位应将应急演练工作方案、应急演练书面评估报告、应急演练总结报告等文字资料，以及记录演练实施过程的相关图片、视频、音频等资料归档保存。

（2）对主管部门要求备案的应急演练资料，演练组织单位应及时将相关资料报主管部门备案。

9. 持续改进

（1）预案修订完善。根据演练评估报告中对应急预案的改进建议，由应急预案编制部门按程序对预案进行修订完善。

（2）应急管理工作改进。应急演练结束后，演练组织单位应根据应急演练评估报告、总结报告提出的问题和建议，对应急管理工作（包括应急演练工作）进行持续改进。演练组织单位应督促相关部门和人员，编制整改计划，明确整改目标，制定整改措施，落实整改资金，并跟踪督查整改情况。

五、对生产一线从业人员应急培训的要求

2014 年 4 月 22 日，国家安全监管总局办公厅下发《关于进一步加强生产经营单位一线从业人员应急培训的通知》（安监总厅应急〔2014〕46 号）。该通知指出，为深入贯彻落实《国务院安委会关于进一步加强安全培训工作的决定》（安委〔2012〕10 号）和《国务院安委会关于进一步加强生产安全事故应急处置工作的通知》（安委〔2013〕8 号）精神，进一步加强生产经营单位（以下统称企业）一线从业人员应急培训工作，提高企业应急处置能力。

1. 充分认识加强企业一线从业人员应急培训的重要性

企业一线从业人员是安全生产的第一道防线，是生产安全事故应急处置的第一梯队。进一步加强企业一线从业人员的应急培训，既是全面提高企业应急处置能力，也是有效防止因应急知识缺乏导致事故扩大的迫切要求。各类企业和各级安全生产监管监察部门一定要提高认识，认真履行职责，以全面提高一线从业人员应急能力为目标，制订培训计划、设置培训内容、严格培训考核，切实抓好培训责任的落实，牢牢坚守"发展决不能以牺牲人的生命为代价"这条红线，牢固树立培训不到位是重大安全隐患的理念，扭转从业人员特别是基层厂矿企业中存在的"培训不培训一个样"的错误观念。

2. 全面落实企业应急培训主体责任

企业必须按照国家有关规定对本单位所有一线从业人员进行应急培训，确保其具备本岗位安全操作、自救互救以及应急处置所需的知识和技能。要将应急培训作为安全培训的应有内容，纳入安全培训年度工作计划，与安全培训同时谋划、同时开展、同时考核。要切实突出厂（矿）、车间（工段、区、队）、班组三级安全培训，不断提升一线从业人员应急能力。

（1）健全培训制度。企业要建立健全适应自身发展的应急培训制度，保障所需经费，严格培训程序、培训时间、培训记录、培训考核等环节。对于无法进行自主培训的企业，要与具有相应条件的培训机构签订服务协议，确保一线从业人员全部接受科学规范的应急培训。

（2）明确培训内容。企业要根据生产实际和工艺流程，全面准确地梳理各岗位危险源，

明确各岗位所需共性的和特有的应急知识和操作技能。一线从业人员应急培训基本内容应包括：工作环境危险因素分析；危险源和隐患辨识；本企业、本行业典型事故案例；事故报告流程；事故先期处置基本应急操作；个人防灾避险、自救方法；紧急逃生疏散路线；初级卫生救护知识；劳动防护用品的使用和应急预案演练等。特种作业人员的培训内容和培训时间必须符合国家相关法律法规和标准的要求。

（3）丰富培训形式。企业要充分分析本单位一线从业人员的群体特性，编写科学实用、简单易懂的应急培训读本，采取集中培训、半工半训、网络自学、现场"手指口述"、师傅带徒弟、知识竞赛、技能比武和应急演练等多种方式方法，充分调动一线从业人员参加培训积极性。同时，要不断学习借鉴应急培训工作成效突出的地区和企业的经验，使应急培训能够始终紧密贴合企业生产发展的趋势。

（4）加大考核力度。企业要将应急技能作为一线从业人员必需的岗位技能进行考核，并与员工绩效挂钩，要建立健全一线从业人员应急培训档案，详细、准确记录培训及考核情况，实行企业与员工双向盖章、签字管理，严禁形式主义和弄虚作假。企业要定期开展内部应急培训工作的检查，及时发现和解决各种实际问题，切实做到安全生产现状需要什么就培训什么，企业每发展一步培训就跟进一步，始终保持培训的规范化、制度化。

第二节　生产作业常见意外伤害与应急处置

不同的行业和企业具有不同的生产特点，由此所发生的意外伤害也就有所不同。例如，建筑施工企业比较常见的意外伤害主要有高处坠落、人员触电、物体打击、机械伤害、坍塌事故，这五类事故占事故总数的 86％左右，被人们称为建筑施工五大类伤亡事故。机械制造企业比较常见的意外伤害主要有人员触电、机械伤害、高处坠落等。在此介绍企业生产作业中较为常见的意外伤害与救治方法，以供安全员在意外伤害发生后及时应对处置。

一、高处坠落的意外伤害与应急处置

1. 高处坠落的意外伤害

高处坠落的意外伤害在建筑施工企业发生较多。由于建筑施工常需要在高处作业，稍有不慎，容易引发高处坠落事故的发生，所以，高处坠落伤害是建筑业最常见的事故之一。为此，防范坠落伤害，除高空作业施工现场必须设置应有的防坠落设施外，还应该加强个人防坠落意识。

常见建筑施工高处坠落伤害事故，主要有以下一些情况：

（1）临边、洞口处坠落。一是无防护设施或防护不规范。如防护栏杆的高度低于1.2 m，横杆不足两道，仅有一道等；在无外脚手架及尚未砌筑围护墙的楼面的边缘，防护栏杆柱无预埋件固定或固定不牢固。二是洞口防护不牢靠，洞口虽有盖板，但无防止盖板位移的措施。

（2）在脚手架上坠落。主要是搭设不规范，如相邻的立杆（或大横杆）的接头在同一平面上，剪刀撑、连墙点任意设置等；架体外侧无防护网、架体内侧与建筑物之间的空隙无防护或防护不严；脚手板未满铺或铺设不严、不稳等。

（3）悬空高处作业时坠落。主要是在安装或拆除脚手架、井架（龙门架）、塔吊和在吊装屋架、梁板等高处作业时的作业人员，没有系安全带，也无其他防护设施或作业时用力过猛，身体失稳而坠落。

（4）在轻型屋面板和顶棚上铺设管道、电线或检修作业时坠落。主要是作业时没有使用轻便脚手架，行走时误踩轻型屋面板、顶棚而坠落。

（5）拆除作业时坠落。主要是作业时站在已不稳固的部位或作业时用力过猛，身体失稳，脚踩活动构件或绊跌而坠落。

（6）登高过程中坠落。主要是无登高梯道，随意攀爬脚手架、井架登高；登高斜道面板、梯档破损、踩断；登高斜道无防滑措施。

（7）在梯子上作业时坠落。主要是梯子未放稳，人字梯两片未系好安全绳带；梯子在光滑的楼面上放置时，梯脚无防滑措施，作业人员站在人字梯上移动位置而坠落。

2. 高处坠落事故的应急处置

高空坠落事故在建筑施工中属于常见多发事故。由于从高处坠落，受到高速坠地的冲击力，使人体组织和器官遭到一定程度破坏而引起的损伤，通常有多个系统或多个器官的损伤，严重者当场死亡。高空坠落伤除有直接或间接受伤器官表现外，还有昏迷、呼吸窘迫、面色苍白和表情淡漠等症状，可导致胸、腹腔内脏组织器官发生广泛的损伤。高空坠落时如果是背部先着地，外力沿脊柱传导到颅脑而致伤；如果由高处仰面跌下时，背或腰部受冲击，可引起腰椎前纵韧带撕裂，椎体裂开或椎弓根骨折，易引起脊髓损伤。脑干损伤时常有较重的意识障碍、光反射消失等症状，也可有严重并发症的出现。

当发生高处坠落事故后，抢救的重点应放在对休克、骨折和出血的处理上。

（1）颌面部伤者。首先应保持呼吸道畅通，摘除义齿，清除移位的组织碎片、血凝块、口腔分泌物等，同时松解伤员的颈、胸部纽扣。若舌已后坠或口腔内有异物无法清除时，可用12号粗针头穿刺环甲膜，维持呼吸，尽可能早做气管切开。

（2）脊椎受伤者。创伤处用消毒的纱布或清洁布等覆盖伤口，用绷带或布条包扎。搬运时，将伤者平卧放在帆布担架或硬板上，以免受伤的脊椎移位、断裂造成截瘫，甚至死亡。抢救脊椎受伤者，搬运过程严禁只抬伤者的两肩与两腿或单肩背运。

（3）手足骨折者。不要盲目搬动伤者。应在骨折部位用夹板把受伤位置临时固定，使断端不再移位或刺伤肌肉、神经或血管。固定方法：以固定骨折处上下关节为原则，可就地取材，用木板、竹片等。

（4）复合伤者。要求平仰卧位，保持呼吸道畅通，解开衣领扣。

（5）周围血管伤。压迫伤部以上动脉干至骨骼。直接在伤口上放置厚敷料，绷带加压包扎以不出血和不影响肢体血循环为宜。

此外，需要注意的是，在搬运和转送过程中，颈部和躯干不能前屈或扭转，而应使脊柱伸直，绝对禁止一人抬肩、一人抬腿的搬法，以免发生或加重截瘫。

二、物体打击的意外伤害与应急处置

1. 物体打击的意外伤害

物体打击是指失控物体的惯性力对人身造成的伤害，其中包括高处落物、飞崩物、滚落物及掉物、倒物等造成伤害。在建筑业施工中物体打击伤害事故范围较广，在高位的物体处置不当，容易出现物落伤人的情况。这类事故，往往问题发生在上边，受害的人则在下面，多数都属于作业中引发伤害他人造成的事故。

在建筑施工中发生物体打击的情况主要有：

（1）高处落物伤害。在高处堆放材料超高、堆放不稳，造成散落，作业人员在作业时将断砖、废料等随手往地面扔掷；拆脚手架、井架时，拆下的构件、扣件不通过垂直运输设备往地面运，而是随拆随往下扔；在同一垂直面内立体交叉作业时，上、下层间没有设置安全隔离层；起重吊装时材料散落（如砖吊运时未用砖笼，吊运钢筋、钢管时，吊点不正确、捆绑松弛等），造成落物伤害事故。

（2）飞崩物伤害。爆破作业时安全覆盖、防护等措施不周；工地调直钢筋时没有可靠防护措施。比如，使用卷扬机拉直钢筋时，夹具脱落或钢筋拉断，钢筋反弹击伤人；使用带柄工具时没有认真检查，作业时手柄断裂，工具头飞出击伤人等。

（3）滚落物伤害。主要是在基坑边堆物不符合要求，如砖、石、钢管等滚落到基坑、桩洞内，造成基坑、桩洞内作业人员受到伤害。

（4）从物料堆上取物料时，物料散落、倒塌造成伤害。物料堆放不符合安全要求，取料者也图方便不注意安全。比如，自卸汽车运砖时，不码砖堆，取砖工人顺手抽取，往往使上面的砖落下造成伤害；长杆件材料竖直堆放，受震动不稳倒下砸伤人；抬放物品时抬杆断裂等造成物击、砸伤事故。

2. 物体打击事故的应急处置

物体打击事故属于常见事故，因此应制定应急预案，主要内容包括：

（1）日常备有应急物资，如简易担架、跌打损伤药品、纱布等。

（2）建立健全应急预案组织机构，做好人员分工，在事故发生的时候做好应急抢救，如现场包扎、止血等措施，防止伤者流血过多造成死亡。

（3）一旦有事故发生，首先要高声呼喊，通知现场安全员，马上拨打急救电话，并向上级领导及有关部门汇报。

（4）事故发生后，马上组织抢救伤者，首先观察伤者受伤情况、部位，工地卫生员做临时治疗。

（5）重伤人员应马上送往医院救治，一般伤员在等待救护车的过程中，门卫要在大门口迎接救护车，有秩序地处理事故，最大限度地减少人员和财产损失。

需要提醒注意的是，当发生物体打击事故后，尽可能不要移动患者，尽量当场施救。抢救的重点放在颅脑损伤、胸部骨折和出血方面进行处理。救治措施主要有：

（1）发生物体打击事故后，应马上组织抢救伤者，首先观察伤者的受伤情况、部位、伤害性质，如伤员发生休克，应先处理休克。遇呼吸、心跳停止者，应立即进行人工呼吸、胸外心脏按压。处于休克状态的伤员要让其安静、保暖、平卧、少动，并将下肢抬高 20°左右，尽快送医院进行抢救治疗。

（2）出现颅脑损伤，必须维持呼吸道通畅，昏迷者应平卧，面部转向一侧，以防舌根下坠或分泌物、呕吐物吸入而发生喉阻塞。有骨折者，应初步固定后再搬运。遇有凹陷骨折、严重的颅底骨折及严重的脑损伤症状出现，创伤处用消毒的纱布或清洁布等覆盖伤口，用绷带或布条包扎后，及时就近送有条件的医院治疗。

如果处在不宜施工的场所时必须将患者搬运到能够安全施救的地方，搬运时应尽量多找一些人来搬运，观察患者呼吸和脸色的变化，如果是脊柱骨折，不要弯曲、扭动患者的颈部和身体，不要接触患者的伤口，要使患者身体放松，尽量将患者放到担架或平板上进行搬运。

三、人员触电的意外伤害与应急处置

1. 人员触电的意外伤害

在生产作业过程中处处都离不开电源，如果使用不当或者存在隐患，缺乏防触电知识和安全用电意识，极易引发人身触电伤亡和电气设备事故。

发生人员触电意外伤害事故的情况主要有：

（1）外电线路措施不当导致的人员触电。主要是指施工中碰触施工现场周边的架空线路而发生的触电事故。主要包括：①脚手架的外侧边缘与外电架空线之间没有达到规定的最小安全距离，也没有按规范要求增设屏障、遮栏、围栏或保护网，在外电线路难以停电的情况下，进行违章冒险施工。特别是从事搭、拆钢管脚手架，或在高处绑扎钢筋、支搭模板等作业时发生此类事故较多。②起重机械在架空高压线下方作业时，吊塔大臂的最远端与架空高压电线间的距离小于规定的安全距离，作业时触碰裸线或集聚静电荷而造成触电事故。

（2）机械漏电导致的人员触电。原因主要是机械保养不好造成的漏电、临时用电线路损坏、没有安装漏电保护器等。

（3）手持电动工具漏电导致的人员触电。主要是没有按照《施工现场临时用电规范》要求进行有效的漏电保护，使用者（特别是带水作业）没有戴绝缘手套、穿绝缘鞋。

（4）电线电缆的绝缘皮老化、破损及接线混乱导致的人员触电。有些施工现场的电线、电缆"随地拖、一把抓、到处挂"，乱拉、乱接线路，接线头不用绝缘胶布包扎；露天作业电气开关放在木板上不用电箱，特别是移动电箱无门，任意随地放置；电箱的进、出线任意走向，接线处"带电体裸露"，不用接线端子板，"一闸多机"，多根导线接头任意绞、挂在漏电开关或保险丝上；移动机具在插座接线时不用插头，使用小木条将电线头插入插座等。这些现象造成的触电事故是较普遍的。

（5）照明及违章用电导致的人员触电。移动照明特别是在潮湿环境中作业，其照明不使用安全电压，使用灯泡烘衣袜等违章用电时造成的事故。

2. 人员触电事故的应急处置

触电是由于电流或电能（静电）通过人体，造成机体损伤或功能障碍，甚至死亡。大多数是由于人体直接接触电源所致，也有被数千伏以上的高压放电所致。触电伤害事故多发生在潮湿场所、高温场所、导电粉尘场所等导电危险性较大的场所。触电伤害事故多发生在配电设备、架空线路、电缆、闸刀开关、配电盘、熔断器、照明设备、手持照明灯、手持式电动工具和移动式电气设备等设备和设施上。另外，施工现场临时用电，由于临时拉线不符合规定，不装漏电保护器，私接电气设备，一闸控制两机等现象都易引起触电伤害事故。

（1）低压触电者脱离电源的方法。对于低压触电者，可采用下列方法使其脱离电源：

1）立即拉掉开关或拔出插销，切断电源。

2）如果找不到电源开关，可用有绝缘把的钳子或木柄斧子断开电源线；或用木板等绝缘物插入触电者身下，以隔断流经人体的电流。

3）当电线搭在触电者身上或被压在身下时，可用干燥的衣服、手套、绳索、木板等绝缘物作为工具，拉开触电者或挑开电线。

4）如果触电者的衣服是干燥的，又没有紧缠在身上，可以用一只手抓住他的衣服脱离电源，但不得接触带电者的皮肤和鞋。

（2）高压触电者脱离电源的方法。对于高压触电者，可采用下列方法使其脱离电源：

1）立即通知有关部门停电。

2）戴上绝缘手套，穿上绝缘鞋用相应电压等级的绝缘工具断开开关。

3）抛掷裸金属线使线路接地，迫使保护装置动作，断开电源。注意抛掷金属线时先将金属线的一端可靠接地，然后抛掷另一端，注意抛掷的一端不可触及触电者和其他人。

在抢救过程中，要注意下列事项：①救护人必须使用适当的绝缘工具；②救护人要用一只手操作，以防自己触电；③触电者位于高处的情况下，应防止触电者脱离电源后可能的摔伤。

（3）触电后的症状。触电后一般会有以下症状：接触 1 000 V 以上的高压电时多出现呼吸停止，220 V 以下的低压电易引起心肌纤颤及心脏停搏，220～1 000 V 的电压可致心脏和呼吸中枢同时麻痹。

轻者症状表现为心慌，头晕，面苍白，恶心，神志清楚，呼吸、心跳规律，四肢无力。如脱离电源，安静休息，注意观察，不需特殊处理。重者呼吸急促，心跳加快，血压下降，昏迷，心室颤动，呼吸中枢麻痹以至于呼吸停止。

触电局部可有深度烧伤，呈焦黄色，与周围正常组织分界清楚，有两处以上的创口，一个入口，一个或几个出口，重者创面深及皮下组织、肌腱、肌肉、神经，甚至深达骨骼，呈炭化状态。

（4）触电急救措施。触电急救措施主要有：

1）未切断电源之前，抢救者切忌用自己的手直接去拉触电者，这样自己也会立即触电受伤，因为人体是良导体，极易导电。急救者最好穿胶鞋，踏在木板上保护自身。

2）确认心跳停止时，在进行人工呼吸和胸外心脏按压后，才可使用强心剂。心跳、呼吸停止还可心内或静脉注射肾上腺素、异丙肾上腺素。血压仍低时，可注射间羟胺（阿拉明）、多巴胺，呼吸不规则注射尼可刹米、洛贝林（山梗菜碱）。

3）触电灼伤应合理包扎。

（5）救治过程注意事项

1）救护人员应在确认触电者已与电源隔离，且救护人员本身所涉环境安全距离内无危险电源时，方能接触伤员进行抢救。

2）在抢救过程中，不要为图方便而随意移动伤员，如确需移动，应使伤员平躺在担架上并在其背部垫以平硬阔木板，不可让伤员身体蜷曲着进行搬运。移动过程中应继续抢救。

3）任何药物都不能代替人工呼吸和胸外心脏按压，对触电者用药或注射针剂，应由有经验的医生诊断确定，慎重使用。

4）抢救过程中，做人工呼吸要有耐心，不能轻易放弃。

5）如需送医院抢救，在途中也不能中断急救措施。

6）在医务人员未接替抢救前，现场救护人员不得放弃现场抢救，只有医生有权做出伤员死亡的诊断。

四、坍塌事故的意外伤害与应急处置

1. 坍塌事故的意外伤害

坍塌是指建筑物、构筑物、堆置物倒塌以及土石塌方引起的事故。由于坍塌的过程产生于一瞬间，来势凶猛，现场人员往往难以及时迅速撤离，不能撤离的人员，会随着坍塌物体的变动而引发坠落、物体打击、挤压、掩埋、窒息等严重后果。如果现场有危险物品存在时，还可能引发着火、爆炸、中毒、环境污染等灾害。还有因抢救过程中，缺乏应有的防护措施，因而出现再次、多次坍塌，扩大了人员伤亡，容易发生群死群伤事故。近年来，随着高层、超高层建筑物的增多，基坑的深度越来越深，坍塌事故也呈现出上升趋势。

2. 施工坍塌事故发生后的应急处置

建筑施工中发生坍塌事故后，人们一时难以从倒塌的惊吓中恢复过来，被埋压的人众多、现场混乱失去控制、火灾和二次倒塌危险处处存在，容易给现场的抢险救援工作带来极大的困难。同时，由于事故的发生，可能造成建筑内部燃气、供电等设施毁坏，导致火灾的发生，尤其是化工装置等构筑物倒塌事故，极易形成连锁反应，引起有毒气（液）体泄漏和爆炸燃烧事故的发生。并且建筑物整体坍塌的现场，废墟堆内建筑构件纵横交错，将遇难人员深深地埋压在废墟里面，给人员救助和现场清理带来极大的困难；建筑物局部坍塌的现场，虽然遇难人员数量较少，但由于楼内通道的破损和建筑结构的松垮，对灭火救援工作的顺利进行也造成一定的困难。

建筑施工发生坍塌事故之后，在应急救援上需要注意：

（1）迅速建立现场临时指挥机构，建立统一指挥管理系统。倒塌发生后，应及时了解和掌握现场的整体情况，并向上级领导报告，同时，根据现场实际情况，拟定倒塌救援实施方案，实施现场的统一指挥和管理。

（2）设立警戒，疏散人员。倒塌发生后，应及时划定警戒区域，设置警戒线，封锁事故路段的交通，隔离围观群众，严禁无关车辆及人员进入事故现场。

（3）派遣搜救小组进行搜救。现场指挥在派遣搜救小组进入倒塌区域实施被埋压人员搜救之前，必须对如下几个重要问题进行询问和侦查：倒塌部位和范围，可能涉及的受害人数；可能受害人或现场失踪人在倒塌前被人最后看到时所处的位置；受害人存活的可能性等。

（4）切断气、电和自来水源，并控制火灾或爆炸。建筑物倒塌现场到处可能缠绕着带电的拉断的电线电缆，随时威胁着被埋压人员和即将施救的人员；断裂的燃气管道泄漏的气体既能形成爆炸性气体混合物，又能增强现场火灾的火势；从断裂的供水管道流出的水能很快将地下室或现场低洼的坍塌空间淹没。此外，这些电、气、水的现场控制开关也都可能被埋压在倒塌的废墟堆里，一时难以实施关断。因此，要及时责令当地的供电、供气、供水部分的检修人员立即赶赴现场，通过关断现场附近的总阀或开关来消除这些危险。

（5）现场清障，开辟进出通道。迅速清理进入现场的通道，在现场附近开辟救援人员和车辆集聚空地，确保现场拥有一个急救场所和一条供救援车辆进出的通道。

（6）搜寻倒塌废墟内部存活者。在倒塌废墟表面受害人被救后，就应该立即实施倒塌废墟内部受害人的搜寻，因为有火灾的倒塌现场，烟火同样会很快蔓延到各个生存空间。搜寻人员最好要携带一支水枪，以便及时驱烟和灭火。

（7）清除局部倒塌物，实施局部挖掘救人。现场废墟上的倒塌物清除可能触动那些承重的不稳构件引起现场的二次倒塌，使被压埋人再次受伤，因此清理局部倒塌物之前，要制定初步的方案，行动要极其细致谨慎，要尽可能地选派有经验或受过专门训练的人员承担此项工作。

（8）倒塌废墟的全面清理。在确定倒塌现场再无被埋压的生存者后，才允许进行倒塌废墟的全面清理工作。

（9）抢救行动中需要注意的事项。抢救行动中不要慌张，特别需要注意以下事项：

1）救援人员要加强行动安全，不应进入建筑结构已经明显松动的建筑内部；不得登上已受力不均匀的阳台、楼板、房屋等部位；不准冒险钻入非稳固支撑的建筑废墟下面。实施倒塌现场的监护，严防倒塌事故的再次发生。

2）为尽可能抢救遇险人员的生命，抢救行动应本着先易后难、先救人后救物、先伤员后尸体、先重伤员后轻伤员的原则进行。救援初期，不得直接使用大型铲车、吊车、推土机等施工机械车辆清除现场。对身处险境、精神几乎崩溃、情绪显露恐惧者，要鼓励、劝导和抚慰，增强其生存的信心。在切割被救者上面的构件时，防止火花飞溅伤人，减轻震动伤痛。对于一时难以施救出来的人员，视情喂水、供氧、清洗、撑顶等，以减轻被救者的痛苦，改善险恶环境，提高其生存条件。

3）对于可能存在毒气泄漏的现场，救援人员必须佩戴空气呼吸器、穿防化服；使用切割装备破拆时，必须确认现场无易燃、易爆物品。

五、机械伤害事故的应急处置

1. 机械伤害事故的特点

机械制造企业常见事故类型主要有机械伤害、起重伤害、车辆伤害、触电伤害、锅炉压力容器爆炸等。

常见机械伤害事故主要有：

（1）挤压。如压力机的冲头下落时，对手部造成挤压伤害；人手也可能在螺旋输送机、塑料注射成型机中受到挤压伤害。

（2）咬入（咬合）。典型的咬入点是啮合的齿轮、传送带与带轮、链与链轮、两个相反方向转动的轧辊。

（3）碰撞和撞击。典型例子是人受到运动着的刨床部件的碰撞，飞来物撞击造成伤害。

（4）剪切。这种事故常发生在剪板机、切纸机上。

（5）卡住或缠住。运动部件上的凸出物、皮带接头、车床的转轴、加工件等都能将手套、衣袖、头发、辫子，甚至工作服口袋中擦拭机械用的棉纱缠住而对人造成严重伤害。

需要注意的是，一种机械可能同时存在几种危险，即可同时造成几种形式的伤害。

2. 机械伤害事故的应急处置

发生机械伤害事故后，要做好以下应急处置与救治：

（1）伤害事故发生后，要立即停止现场活动，将伤员放置于平坦的地方，现场有救护经验的人员应立即对伤员的伤势进行检查，然后有针对性地进行紧急救护。

（2）在进行上述现场处理后，应根据伤员的伤情和现场条件迅速转送伤员。转送伤员非常重要，搬运不当，可能使伤情加重，严重时还能造成神经、血管损伤，甚至瘫痪，以后将难以治疗，并给受伤者带来终身的痛苦，所以转送伤员时要十分注意。

如果受伤人伤势不重，可采用背、抱、扶的方法将伤员运走。如果受伤人伤势较重，有大腿或脊柱骨折、大出血或休克等情况时，就不能用以上方法转送伤员，一定要把伤员小心地放在担架或木板上抬送。把伤员放置在担架上转送时动作要平稳。上、下坡或楼梯时，担架要保持平衡，不能一头高、一头低。伤员应头在后，这样便于观察伤员情况。在事故现场没有担架时，可将椅子、长凳、衣服、竹子、绳子、被单、门板等制成简易担架使用。对于脊柱骨折的伤员，一定要用硬木板做的担架抬送。将伤员放在担架上以后，要让他平卧，腰部垫一个靠垫，然后用东西把伤员固定在木板上，以免在转送的过程中滚动或跌落，否则极易造成脊柱移位或扭转，刺激血管和神经，使其下肢瘫痪。

（3）现场应急总指挥立即联系救护中心，要求紧急救护并向上级汇报，保护事故现场。

六、人员中暑的原因与应急处置

1. 人员中暑的原因

在室外作业，在夏季高温的情况下，特别容易发生中暑现象。中暑是高温影响下的体温调节功能紊乱，常因烈日暴晒或在高温环境下重体力劳动所致。

正常人体温恒定在 37℃左右，是通过下丘脑体温调节中枢的作用，使产热与散热取得平衡，当周围环境温度超过皮肤温度时，散热主要靠出汗，以及皮肤和肺泡表面的蒸发。人体的散热还可通过循环血流，将深部组织的热量带至上下组织，通过扩张的皮肤血管散热，因此经过皮肤血管的血流越多，散热就越多。如果产热大于散热或散热受阻，体内有过量热蓄积，即产生高热中暑。

2. 中暑的分类

（1）先兆中暑。先兆中暑为中暑中最轻的一种。表现为在高温条件下劳动或停留一定时间后，出现头昏、头痛、大量出汗、口渴、乏力、注意力不集中等症状，此时的体温可正常或稍高。这类病人经积极处理后，病情很快会好转，一般不会造成严重后果。处理方法也比较简单，通常是将病人立即带离高热环境，来到阴凉、通风条件良好的地方，解开衣服，口服清凉饮料及 0.3%的冰盐水或十滴水、人丹等防暑药，经短时间休息和处理后，症状即可消失。

（2）轻度中暑。轻度中暑往往因先兆中暑未得到及时救治发展而来，除有先兆中暑的症状外，还可同时出现体温升高（通常大于 38℃），面色潮红，皮肤灼热；比较严重的可出现呼吸急促，皮肤湿冷，恶心，呕吐，脉搏细弱而快，血压下降等呼吸、循环早衰症状。处理时除按先兆中暑的方法外，应尽量饮水或静脉滴注 5%葡萄糖盐水，也可用针刺人中、合谷、涌泉、曲池等穴位。如体温较高，可采用物理方法降温；对于出现呼吸、循环衰竭倾向的中暑病人，应送医院救治。

（3）重度中暑。重度中暑是中暑中最严重的一种。多见于年老、体弱者，往往以突然谵妄或昏迷起病，出汗停止可为其前驱症状。患者昏迷，体温常在 40℃以上，皮肤干燥、灼热，呼吸快，脉搏大于 140 次/min。这类病人治疗效果很大程度上取决于抢救是否及时。因此，一旦发生中暑，应尽快将病人体温降至正常或接近正常。降温的方法有物理和药理两种。物理降温简便安全，通常是在病人颈项、头顶、头枕部、腋下及腹股沟加置冰袋，或用凉水加少许酒精擦拭，一般持续半小时左右，同时可用电风扇向病人吹风以增加降温效果。药物降温效果比物理方式好，常用药为氯丙嗪，但应在医护人员的指导下使用。由于重度中暑病人病情发展很快，且可出现休克、呼吸衰竭，时间长可危及病人生命，所以

应争分夺秒地抢救，最好尽快送条件好的医院施治。

3. 中暑的急救措施

（1）搬移。迅速将患者抬到通风、阴凉、干爽的地方，使其平卧并解开衣扣，松开或脱去衣服，如衣服被汗水湿透应更换衣服。

（2）降温。患者头部可捂上冷毛巾，可用50％的酒精、白酒、冰水或冷水进行全身擦拭，然后用电扇吹风，加速散热，有条件的也可用降温毯给予降温，但不要快速降低患者体温，当体温降至38℃以下时，要停止一切冷敷等强降温措施。

（3）补水。患者仍有意识时，可给一些清凉饮料，在补充水分时，可加入少量盐或小苏打水。但千万不可急于补充大量水分，否则会引起呕吐、腹痛、恶心等症状。

（4）促醒。病人若已失去知觉，可指掐人中、合谷等穴，使其苏醒。若呼吸停止，应立即实施人工呼吸。

（5）转送。对于重度中暑病人，必须立即送医院诊治。搬运病人时，应用担架运送，不可使患者步行，同时运送途中要注意，尽可能地将冰袋敷于病人额头、枕后、胸口、肘窝及大腿根部，积极进行物理降温，以保护大脑、心肺等重要脏器。